지역정체성과 제도화

지역지리학의 새로운 모색: 내포(內浦)지역 연구

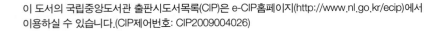
이 도서의 국립중앙도서관 출판시도서목록(CIP)은 e-CIP홈페이지(http://www.nl.go.kr/ecip)에서
이용하실 수 있습니다.(CIP제어번호: CIP2009004026)

지역정체성과 제도화

| 임병조 지음 |

지역지리학의 새로운 모색: 내포(內浦)지역 연구

Regional Identity & Institutionalization

내 고향은 내포(內浦)이다. 하지만 내포에 살고 있는 동안 내포라는 지명을 들어본 적이 거의 없었다. 나의 무관심 때문만은 아닐 것이라는 생각에 내포지역의 전화번호부를 뒤져본 적이 있다. 내포에 관심을 갖기 시작했을 무렵으로 10여 년 전이었던 그때 당시 '내포'를 이름으로 사용한 가게나 단체는 단 세 개뿐이었다. 세 개라도 있다는 것이 의아했을 만큼 그때까지 내포는 지역으로서의 의미를 갖고 있지 않은 이름이었다. 지금 이 책을 마무리하면서 다시 전화번호부를 검색해보았다. 숫자가 열일곱 개로 늘어나 있을 뿐 아니라 음식점, 이벤트 회사, 부동산 중개소, 중장비 회사, 신문사 등 다양한 업체들이 내포를 이름으로 사용하고 있었다. 10여 년 사이에 내포에 대한 관심이 많이 높아졌고 잊혔던 내포가 새롭게 하나의 지역으로 인식되기 시작했음을 의미한다.

그렇다면 내포를 지역으로 부활시킨 주체는 누구이며 어떻게 부활의 과정이 진행되었을까? 이 책은 이러한 궁금증에서 출발했다. 그런데 이러한 궁금증을 풀기 위해 내포에 다가갈수록 문제가 단순하지 않음을 알 수 있었다. 내포와 관련된 다양한 주체들의 입장을 분석하기 위해서는 먼저 나름의 기준이 필요했다. 내포의 범위, 상징 등이 주체들의 주요 관심사항이며 이견을 보이는 내용이기 때문에 이에 대한 연구가 필요했다. 이를 위해서는 내포가 지역으로 성립되고 소멸된 역사적 과정을 알아야 했다. 결국 지금의 내포를 보다 정확하게 이해하기 위해서는 내포의 역사적·문화적 특징과 함께 이것이 형상화되고 부각된 과정에 대한 종합적인 접근법이 적절하다고 판단했다.

그렇지만 지역을 정확하고도 체계적으로 설명할 수 있는 방법론을 세우기가 쉽지 않았다. 전통적인 지역지리학 연구방법이 의미가 없는 것은 아니지만 세계화라는 빠른 변화와 규격화 시대의 지역을 설명하는 데는 분명한 한계가 있기 때문이었다. 오늘날 지역의 특성이 만들어지는 데는 관련 주체들의 의도가 영향을 미치는 경우가 대부분이다. 즉, 저절로 '형성'되기보다는 누군가에 의해 '구성'되는 측면이 강하다. 이러한 과정에는 다양한 주관적 가치관과 권력관계가 작용하며, 포함이나 배제와 관련된 경계 설정의 문제가 대두되기 마련이다. 또한 오늘날의 지역은 규격화·획일화의 홍수 속에서 차별성을 의도적으로 부각시키려는 모습을 보이고 있다. 따라서 지역에 대한 올바른 이해를 위해서는 '차이'를 적절히 고려하지 않을 수가 없다.

이러한 고민의 과정에서 주관성, 차이, 권력관계, 그리고 경계의 개념을 적절하게 반영할 수 있는 개념으로서 '정체성(identity)'에 관심을 갖게 되었다. '정체성'은 고대 이래로 오랫동안 관심의 대상이 되어온 철학적 개념이다. 개념 자체가 매우 막연하고 모호하여 단순하게 이해하기 어렵기 때문에 철학적 논쟁이 해결되지 않은 채 지속되어왔다. 그럼에도 그간의 논쟁을 통해 '개별성', '내적 동질성', '다양한 내적 동질성의 형식적 통합'이라는 일반적 정의가 도출되었다. 이러한 정체성개념이 오늘날의 지역을 설명하는 데 적합한 개념이라고 판단했다. 다른 지역과 구별되는 유일성과 내부적 동질성은 전통적 지역개념이며, 다양한 질적 특성들이 지역 관련 주체들에 의해 형식적으로 통합됨으로써 구성되는 것이 오늘날 지역의 특징이기 때문이다.

다양한 질적 특성들의 형식적 통합과정, 즉 지역정체성의 구성과정은 '제도화(institutionalization)'로 설명이 가능하다. 지역정체성이 만들어지기 위해서는 지역과 관련된 다양한 주체들이 생산한 질적 특성들이 영역(territorial shape)을 획득하고 상징(symbolic shape)으로 형상화되는 과정이 필요하다. 영역과 상징은 제도(institution)가 출현함으로써 표준화되고 강화되며 확산된다. 지역은 이러한 과정을 통해 구성되며 이를 지속적으로 반복하게 된다. 이러한 전체적 과정이 바로 제도화이다.

이와 같은 지역정체성과 제도화 개념을 바탕으로 내포에 접근했다. 내포는 지역으로서의 의미를 상실했던 역사를 가지고 있다. 이에 따라 다른 어떤 지역보다 영역과 상징과 관련된 논의가 활발하게 이루어지고 있으며 다양한 제도들이 이 과정에 개입하고 있기 때문에 지역정체성과 제도화 개념으로 설명하기에 적절하다.

박사학위를 마치고 난 후 조금 여유를 가지고 작업을 돌이켜 보면서 지역을 설명하는 방법론을 중심으로 글을 재구성하고 싶은 욕구가 생겼다. 물론 학위 논문을 진행하면서도 고민을 많이 했던 부분이지만 방법론과 사례연구를 더 적절하게 연결시킬 필요가 있다고 생각했기 때문이다. 이후 몇 편의 논문을 진행하면서 내용을 첨삭하여 이 책을 구성하게 되었다. 한국의 모든 지역을 설명하는 데 가장 적절한 방법론이라고 말할 수는 없지만, 미흡하나마 지역을 종합적으로 설명하는 하나의 경험적 연구사례를 만들었다는 것에 의미를 두고 싶다.

고향인 내포에 대한 애착과 추억에 비해 그에 상응하는 지역에 대한 정보와 깊은 지식을 갖고 있지는 못했다. 그럼에도 내가 태어나서 자란 곳이라는 단 한 가지 사실만으로 의미를 부여하고 격려해주신 한국교원대학교 류제헌 교수님이 아니었으면 이 책은 세상 빛을 보지 못했을 것이다. 류제헌 교수님의 지도와 격려에 머리 숙여 감사드린다. 주경식 교수님, 오경섭 교수님, 이민부 교수님, 권정화 교수님, 김영훈 교수님의 진심 어린 격려는 평생 잊지 못할 것이다. 학위 논문에서 문제점을 일일이 바로잡아주시고 논문의 전체적인 방향과 구체적인 용어까지 세심하고 치밀하게 살펴주신 공주대학교 최원회 교수님과 고려대학교 홍금수 교수님께도 깊은 감사의 말씀을 드린다. 언제나 나의 어리석은 질문을 해결해주는 경인교육대학교 전종한 교수님께도 감사의 말씀을 드린다. 부족함이 많은 글을 출판할 수 있도록 허락해주신 도서출판 한울의 김종수 사장님과 거친 글을 꼼꼼하게 다듬어준 편집진에게도 깊이 감사드린다. 상업적 성공을 기대하기 어려운 글임에도 훌륭한 무대를 마련해주셔서 감사할 뿐이다.

무엇보다 항상 믿음으로 격려해주는 아내가 아니었으면 이런 결과물을 얻지 못했을 것이다. 아내 이정숙과 사랑하는 아들 희건, 희현에게 이 책을 바친다.

2009년 11월

임 병 조

1. 왜 지역지리학인가?

'지역(region)'은 지리학의 가장 기본적이고 중심적인 개념으로 지리학의 탄생 이래로 지금까지 지리학자들의 관심의 대상이 되어왔다(Paasi, 1991). '땅을 기술'하는 지역지리학을 출발점으로 하는 지리학의 특성은 근대지리학 태동기까지 이어져 훔볼트(A. Humboldt)와 리터(K. Ritter)에 이르기까지 여전히 지리학의 주류는 지역지리학이었다. 지역은 모든 지리적 현상들이 종합적으로 통합된 곳이기 때문에 이에 대한 관심은 지리학 연구에서 가장 기본적인 것으로 간주되기도 한다(Natoli, 1988). 한국 역시 근대 이전 지리학은 대부분 지역지리학의 색채가 강했다. 그러나 이처럼 지역지리학의 중요성이 인정되어왔음에도 '지역'은 통일적인 개념으로 제시되거나 받아들여지지 못하고 시대에 따라, 국가 혹은 지역에 따라, 또는 연구자에 따라 매우 다양하게 받아들여지고 해석되어왔다.

이처럼 지역 간의 차별성은 지리학 탄생의 근원이며 출발점(Hartshorne,

1939)이었음에도, 지역지리학은 구체적인 연구대상을 제시하지 못하고 막연히 공통의 공간 내에 분포하는 모든 현상에 관심을 갖는 속성 탓에 과학적 방법론이 대두되면서 학문으로서의 가치를 의심받는 상황에 처했다. 이에 대한 자구책으로 과학적 방법론, 즉 계통지리학이 체계를 잡게 되고 이의 성장과 함께 지리학은 이원론적인 발전과정을 걷게 되었다. 그렇지만 지역지리학은 국가적 필요성과 맞물리면서 20세기 중반에 이르기까지 독자적 영역을 구축하고 나름의 위상을 유지했다. 그러나 이와 같은 전통적 지역지리학은 1950년대에 이르면서 접근법의 한계와 급격한 사회적 변화로 인해 본격적인 위기를 맞았다(손명철, 2002).

1980년대에 이르러 전통 지역지리학 방법론에 대한 반성과 함께 영국, 프랑스를 중심으로 지역지리학을 부활시키고자 하는 시도가 있었다. 1980년대 이후의 시기에 제시되었던 다양한 지역개념들은 사회이론과의 관련성 속에서 방법론적인 체계를 찾기 위한 노력으로 요약될 수 있다(Gilbert, 1988). '세계화(globalization)'로 표현되는 오늘날에는 '단일성(unity)' 또는 '차별화(differentiation)' 등으로 지역을 정의하는 것이 더욱 어려워졌다. 지역의 경계가 모호해지면서 '동질성(homogeneity)' 또는 '결절성(nodality)'이라는 전통적 요소들의 의미가 축소되고 새로운 지역개념을 모색해야 할 필요성이 더욱 커진 것이다. 전통적 지역은 이제 '객관적인 실체'로 정의되기 어려운 상황에 처함으로써 지역으로서의 의미가 상실되고 그 성격 또한 약화되거나 해체되는 경우까지 나타나고 있다. 그러나 지역의 '해체(deconstructing)'와 획일화로 요약될 수 있는 세계화의 물결은 반대로 지역에 대한 관심을 불러일으키고 있다. 지방화(localization)로 표현되는 이러한 경향은 세계화에 맞서 지역의 특징을 부각시키고 강화하고자 하는 움직임으로 나타나고 있다.

이와 같은 학문 내적·외적인 상황에서 지역 연구의 의의는 첫째, 지리학 내부의 학문적 분절성을 극복하고 지리학 전체의 발달에 공헌할 수 있다는 것이다. 1950년대를 기준으로 그 이전을 지역지리학 중심의 근대지리학 시대로, 그 이후를 과학적 방법론을 중심으로 하는 현대지리학의 시대로 양분하는 것은 바람직하지 않다. 양자는 각기 서로 다른 역할과 특징을 가지고 있으므로 지리학 전체로 볼 때 분리가 아닌 적절한 결합의 문제가 지리학의 장래와 관련이 있는 과제이다(김상호, 1983). 그럼에도 오늘날은 계통지리학의 분야 내에서조차 학문적 분열이 아주 극심하다. 학문 분야의 세분화, 또는 전문화는 학문 전체의 발전을 전제로 한다. 따라서 모든 계통적 연구는 배타성보다는 통합성을 전제로 할 때 더욱 의미가 있고 가치가 있다. 지리학 연구는 지리학에서 다루어지는 서로 아주 다른 현상들을 모두 묶어세울 수 있는 통합적 주제를 필요로 하며, 하트(J. F. Hart)의 주장처럼 어디에도 지역개념만큼 이를 만족시킬 만한 개념은 없다(Hart, 1982). 따라서 지역지리학은 여전히 지리학 내 각 분야 간의 공동의 이해를 도모하고 통합할 수 있는 훌륭한 도구가 될 수 있다.

둘째, 경험적 연구의 축적을 통해 지역지리학의 내용을 풍부하게 함으로써 한국의 지역을 연구하는 데 적합한 연구방법론의 토대를 마련할 수 있다. 오늘날 한국 지리학계의 지역지리학 연구성과는 양적인 측면에서 대단히 빈약하다. 이러한 사실은 지역지리학 연구의 필요성을 더욱 크게 한다. 한국의 지리학은 전통적 지역지리학에서 중요한 내용이었던 인간-환경 관계의 분석이나 헤트너(A. Hettner) 또는 하트숀(R. Hartshorne) 식의 지역지리학이 많은 비판을 받고 지리학 전체가 과학적 방법론으로 전환을 꾀하던 시기에 들어와서야 본격적인 지리학 연구가 이루어지기 시작했기 때문에 한국의 지역지리학 연구는 풍부한 자료를 쌓아놓지 못했고 그 토대가 약한 태생적 한계를 지니고 있다. 그러나 1980년대 이후 세계적으로 지역지리학에 대한 관심이 다시 고조되면서, 한국에서도 지역지리학에 대한 관심이 새롭게 촉발되었다(대한민국학술원, 2002). 비록 뒤늦게 시작되긴 했지만 지역지리학을 둘러싼 이론적·방법론적 논의는 실천적 연구에 비해 상대적으로 활발하게 전개되고 있다고 판단된다. 따라서 경험적 연구의 축적을 통해 지역지리학의 내용을 풍부하게 하고 한국의 지역을 연구하는 데 적합한 연구방법론을 모색하는 과정은 한국 지리학 발달사에서 중요한 의미를 갖는다.

셋째, 지역지리학 연구결과의 축적을 통해 학교 교육과정에서 지리교과의 내용을 풍부하게 할 수 있다. 현행 지리교과는 교사와 학생들로부터 '외울 것이 너무 많다', '복잡하다', '보지도 못한 것을 외우기만 한다', '내용이 너무 많다'는 등의 문제점을 지적받고 있다(윤옥경, 2003). 이것은 지리교과를 구성하는 계통지리 내용과 지역지리 내용에 모두 적용되는 문제이지만, 사실의 나열이 중심이 되는 지역지리 단원에서 더욱 부각되는 지역지리 교육의 문제점으로 보아도 틀리지 않을 것이다. 지역지리 교육은 원리나 보편적 개념을 적용할 수 없는 한계로 인해 비효율적이고 쓸모가 없다는 인식이 교사들 사이에 퍼져 있는 것이 지역지리 교육의 또 하나의 문제점이다(최홍규, 2001). 학교 지리교육의 내용이 입시와 직결되어 그 가치가 평가되는 상황에서 교과서 내의 지역지리 내용이 정당한 위치를 얻는 것은 사실상 매우 어렵다. 결국 입시 중심으로 왜곡된 교육구조가 지리교육에서 '지역지리는 쓸모없다'는 인식의 한 원인이 되고 있는 것이다.

지리학이 가장 일반적으로 지리학자 이외의 사람들에게 접근하고 있는 통로는 중등학교까지의 교육과정이다. 그러므로 '지역의 이해'라는 상대적으로 실용적인 지역지리가 학교 교육과정에서 외면당한다는 것은 지리학의 정상적 발전을 방해하고 위상을 떨어뜨리는 결정적인 원인이 될 수 있다. 현실적으로 지역지리 교육내용을 입시제도에 맞춰간다는 것은 문제를 근본적으로 해결하는 방법이 될 수 없으므로, 지역지리 교육은 '지역 이해'

의 틀로서 보다 현실적인 역할에 충실해야 한다. 정보를 가장 효율적으로 보여주고 설명하고 보존하기 위해 정보를 조직하는 데 지역은 가장 기본적인 교육적 도구이다(Hart, 1982). 반면에 계통지리는 학문적 탐구에 유리한 방법론과 논리성을 갖추고 있다. 지역지리학과 계통지리학은 서로를 부정해야만 자신이 존립할 수 있는 대립적·대칭적 개념이 아니다. 대립적 개념이기보다는 상호보완적 개념이며(Sack, 1974), 양자 간의 유기적 관계의 정립은 지리교육과도 밀접한 관련이 있다. 따라서 계통지리 내용과 지역지리 내용이 유기적으로 결합되어 지리교육에 활용된다면 학습자가 실제 지역을 이해하는 데 도움을 줄 수 있으며, 나아가 지리학의 위상을 높이는 데도 기여할 수 있다.

넷째, 지역지리학은 우리가 일상적으로 접하는 지리적 환경의 이해를 돕는 훌륭한 도구이다. 훌륭한 이론이란 사물이 작동하는 방법에 대한 생각 이상도 이하도 아니다. 이것은 복잡한 패턴과 과정의 질서를 단순화하여 드러내기 위한 시도일 뿐이다. 또한 현실 세계에 대한 우리의 이해를 돕는 것이 아니라면 이론은 그다지 큰 가치를 갖는다고 볼 수 없다(Hart, 1982). 이러한 측면에서 지역지리학은 우리를 둘러싸고 있는 지리적 환경에 대한 이해를 돕는 좋은 도구가 될 수 있다. 지역지리학은 비교적 접근이 용이한 이론 및 방법론으로 일상생활과 직결되는 지식과 정보를 제공해줄 수 있기 때문이다.

1980년대 이래 그동안의 경제성장 과정에서 대두된 각종 국토 및 지역문제가 심각한 사회적 이슈로 부각됨에 따라 지리학적 연구도 우리만의 독특한 국토공간 구조의 재편성 문제와 함께 각종 지역문제(지역격차, 지역문화, 지역주의, 지역정체성 등)를 이해하고 해결하는 데 깊은 관심을 갖지 않을 수 없게 되었다(안영진, 2002). 지역개발이나 지역문제 등의 해결은 기본적으로 지역에 대한 이해를 기반으로 해야 한다. 더욱이 지방자치가 활성화되면서 지역문화와 지역정체성 등에 대한 관심이 급속히 늘어나고 있다. 지역지리학 연구는 지역을 구성하는 다양한 요소들을 종합적으로 고려함으로써 지역을 정확히 이해하고, 나아가 이를 바탕으로 지역문제를 해결하고 적절한 지역개발계획을 수립하는 선행조건이 될 수 있다.

세계화 시대는 빠른 사회적 · 경제적 변화와 규격화, 통일화로 설명될 수 있다. 이러한 변화는 지역의 특징이 소멸되어가는 것으로 해석될 수도 있지만, 반대로 새로운 특성들이 아주 빠른 속도로 재생산되고 있음을 의미하는 것이기도 하다. 교통, 통신의 발달에도 지역적 차별성은 사라지는 것이 아니라 여전히 중요하며 다른 방법으로 오히려 강해지고 있다(Thrift, 1990). 따라서 이것은 과거와는 다른 새로운 의미의 지역지리학이 필요하며 지역지리학의 역할이 더욱 커질 수 있음을 의미한다. 지역의 현상을 종합적으로 연구하는 지역지리학은 지역 연구에서 많은 경쟁력을 갖추고 있는 분야이다(이재하, 1997).

2. 이 책의 구성

지역지리학 연구가 갖는 이와 같은 여러 가지 의의를 달성하려면 연구방법론을 모색하는 것과 함께 경험적인 연구결과를 만들어내는 것이 동시에 필요하다. 이에 따라 이 책은 크게 두 가지 방향으로 전개될 것이다.

첫째, 오늘날 한국의 지역을 이해하는 데 적절한 연구방법론을 모색해보는 것이다. 지리학의 탄생 이후 지금까지 많은 지역개념들이 제시되었다. 그러나 어떤 지역개념도 시간적 · 공간적 경계를 넘어 모든 지역을 설명하는 데 적합한 개념으로 받아들여지기는 어려웠다. 모든 개념이나 원리는 상대적인 것으로 사회적 · 경제적 · 문화적 상황을 반영하기 때문이다(Claval, 1993). 즉, 사회적 · 경제적 · 문화적 조건의 변화는 필연적으로 지역개념의 변화를 가져올 수밖에 없었다. 결국 모든 시대, 모든 지역에 공통적으로 적용할 수 있는 완벽한 지역개념은 본질적으로 성립할 수 없으며 시대적 변화는 끊임없이 새로운 지역개념을 요구하고 있는 것이다.

사회적 · 경제적 · 문화적 변화의 속도가 가속화되었던 20세기 이후 지역개념은 더욱 빠르게 변천해왔다. 특히 1950년대 이후의 급속한 사회적 · 경제적 변화는 구미의 지리학계에 큰 영향을 미쳐 지역지리학이 후퇴하는 결과를 가져왔다. 그러나 이 시기에도 지리학은 여전히 발전을 계속하고 있었다. 1950년대 이후 등장한 '공간(space)' 또는 '장소(place)' 등의 개념은 "지리학이 '지표면(earth surface)'을 연구대상으로 하는 학문"이라는 본질이 변화하지 않고 있음을 보여준다. 다만 지표면을 '종합적(synthetic)으로 고찰'하는 지역적 접근법이 그 이후 전반적으로 다소 소홀히 여겨지는 원인이 되었다. 그러나 이러한 후퇴는 이후 새로운 지역개념이 모색되는 밑거름이 되어 1980년대에 들어서면서 그 정립이 다양하게 모색되었다. 세계화와 지방화라는 상반된 개념이 공존하는 오늘날의 특징은 지역의 고찰에 획기적인 접근법의 변화가 필요함을 의미하는 것이다.

이러한 관점에서 제1장에서는 오늘날의 지역을 이해하는 데 적합한 새로운 지역지리학 연구방법론을 모색해보고자 한다. 이를 위해서는 먼저 지금까지 등장한 다양한 지역개념들을 간략하게 정리하는 과정이 필요했다. 특히 1980년대 이후 등장한 신지역지리학에서 제기된 지역개념들을 집중적으로 검토하고 이를 토대로 새로운 지역개념의 도출을 시도했다. 새로운 지역개념의 핵심은 정체성(identity) 개념이다. 따라서 정체성개념에 대한 철학 및 사회학적 논의를 검토했으며, 이어서 이를 지역개념에 적용했다. 최종적으로 지역정체성의 형성을 통한 지역의 구성과정을 설명하기 위한 개념으로 제도화(institutionalization) 개념을 도출했다.

둘째, 제1장에서 도출된 지역정체성과 제도화의 개념을 실제 지역에 적용하여 경험적 연구결과를 만들어내는 것이다. 새로운 지역개념의 필요성은 한국의 지역지리학에서도 똑같이 제기되고 있다. 한국의 지역지리학은 구미와는 상당히 다른 역사와 배경을 갖고 있다. 즉, 20세기 전반까지 활발하게 이루어졌던 지역지리학 연구가 많은 경험적 결과물을 생산함으로써 지리학의 발달에 크게 공헌했던 구미에 비해, 한국은 20세기 초반을 식민지라는 단절의 역사로 대신함으로써 구미와는 매우 다른 지리학 발달의 역사를 갖게 되었다. 해방 이후 지리학이 본격적으로 도입되어 빠르게 성장했지만 당시는 구미지역에서 지리학 전체가 과학적 방법론으로의 전환을 꾀하던 시기였다. 구미의 경우는 지역과 관련된 풍부한 경험적 연구를 바탕으로 계량혁명을 경험하고 지리학이 계통지리학 중심으로 변화했던 반면, 한국의 경우는 지역지리학의 단계는 생략된 채 계통지리학과 지역지리학의 관계 설정에 대한 논의가 정리되지 않은 상태에서 계통지리학 위주의 학풍이 형성된 것이다(권정화, 1997). 그러므로 한국의 지역지리학 연구는 단절의 역사를 보완하는 경험적 연구를 병행할 필요성이 있다.

이 글의 나머지 부분은 두 번째 목적을 달성하는 데 할애되었다. 사례지역으로는 충청남도의 서북부지역인 '내포(內浦)'를 선정했다. 내포는 고려 말 이후 오랫동안 지역으로서의 의미를 유지하다가 일제강점기 이후 지역으로서의 의미를 급격하게 상실한 역사를 가지고 있으나 1990년대 이후 그 의미를 새롭게 획득해가고 있는 지역이다. 이 과정에서 영역 및 상징에 대한 관심과 논의가 활발하게 전개되고 있으나 관련 주체들 간에 일정한 합의에는 이르지 못하는 양상을 보이고 있다. 현행 행정구역제도와 전혀 일치하지 않는 지역일 뿐만 아니라 실질적인 지역으로서는 긴 단절의 역사를 가지고 있기 때문이다. 따라서 제도화 개념을 적용하여 지역정체성의 형성을 통한 지역의 구성과정을 살펴보기에 적절한 사례지역이 될 수 있을 것이다.

제2장에서는 내포의 영역적 형상의 발달과정, 즉 내포가 이름을 얻고 하나의 지역으로서 경계를 만든 역사적 과정을 살펴보았다. 시기적으로는 문헌에 등장하는 고려시대 말부터 지역으로서 언급이 지속되는 조선시대 말까지이다. 영역적 형상의 발달과정은 장소인식의 변화, 행정구역의 변화, 장시망(場市網)의 발달에 따른 지역권의 성립 등 세 가지 측면에서 살펴보았다.

제3장에서는 내포의 상징적 형상에 대해 살펴보았다. 상징적 형상은 지역정체성의 형성에서 매우 중요한 것으로 지역에 따라 다양하게 나타나며 관련 주체들의 입장에 따라 다양하게 제시된다. 내포지역의 경우에는 자연지리적 상징, 방언, 민요와 시조, 사대부문화, 종교(천주교) 등이 대표적인 상징적 형상으로 나타나고 있다고 보고 이의 특징과 분포를 살펴보았다.

제4장에서는 조선시대까지 하나의 지역으로 존재하던 내포가 소멸되어가는 과정을 정리했다. 구한말에서 일제 강점기 동안에 진행된 이 과정은 행정구역의 변동과 시장권의 변동에 따른 지역구조의 변화과정을 통해 살펴보았다.

제5장에서는 지역정체성이 새롭게 형성되면서 내포가 지역으로 재구성되어가는 과정을 살펴보았다. 내포 논의가 등장한 배경과 주요 관련 주체들의 입장, 그리고 영역, 상징, 제도 등이 다시 만들어져가는 과정을 정리했다.

마지막으로 제6장에서는 지금까지 전개된 내용을 전체적으로 요약·정리하고 이를 토대로 지역지리학의 발전을 위한 제언을 제시해보았다.

이를 위해 여러 자료들을 활용했다. 지리학사적 논의와 정체성과 관련된 철학 및 사회학적 논의, 그리고 역사적 과정에 대한 논의가 병행되어야 하기 때문에 관련 논문 및 단행본을 비롯하여 고문헌과 고지도 등을 활용했다. 활용한 자료들은 각 장별로 권말에 정리하여 첨부했다.

3. 지역지리학 연구대상으로서 내포(內浦)의 특징과 적합성

내포의 지역범위를 정확히 설정하는 것은 무리가 있으며 실제로 약간의 견해차가 있을 수 있다. 이에 따라 이 책에서는 내포의 지역범위를 포괄적으로 정하는데, 오늘날의 행정구역을 기준으로 태안군, 서산시, 홍성군, 예산군, 당진군 전 지역과 보령시의 동(洞)부, 주교면, 주포면, 오천면, 천북면, 청라면, 청소면 일대, 아산시의 선장면, 도고면, 신창면 일대가 연구지역에 포함된다. 논의에 필요한 경우에는 서천군과 청양군 지역에 관한 내용도 부분적으로 포함시켜서 다루었다.

한국에서 통용되어온 일반적인 대지역 구분은 여러 개의 도를 포괄하거나 또는 한두 개의 도 정도를 포함하는 규모로 이루어진다. 북부, 중부, 남부 등으로 지역을 구분하는 일반적 구분이나 영남, 호남 등의 전통적 지역구분이 보통 이러한 정도의 규모를 바탕으로 이루어진다. 그런데 이러한 규모의 지역은 동질성이나 결절성에서 실질적으로 하나의 지역을 형성하기가 어려워서, 실제로 북부, 중부, 남부 식의 대지역은 지역지리학의 실질적 연구대상이 되기에는 적절하지 못하다. 영남, 호남과 같은 지역은 북부, 중부, 남부 등의 대지역에 비해 좀 더 작은 규모이지만 역시 지역지리학의 구체적인 연구대상이 되기에는 규모가 크다고 볼 수 있다. 반면에 시·군 규모의 지역은 행정구역이라는 인위적 지역과 일치하기 때문에 지리학에서 의미를 부여하는 지리적 지역개념과는 차이가 있는 경우가 많다.

앞으로 이 책에서 다룰 내포는 충청남도 서북부의 시·군 7개를 포함하는 범위를 대상지역으로 한다. 이 지역은 충청남도 전체 면적의 1/2 정도

〈그림 1〉 내포지역의 범위

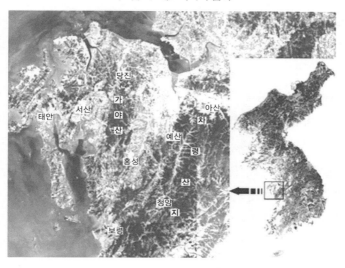

를 차지하며 시·군 단위 행정구역과 도 단위 행정구역의 중간 정도의 규모라 할 수 있다. 이러한 규모의 지역은 한국에서 흔하게 나타나지 않으며, 규모 자체로도 상당한 독특성을 가지고 있다. 또한 실질적인 지리적 지역으로서 의미를 가지면서도 자료의 수집이나 원활한 답사가 가능한 규모이므로 지역지리학의 연구대상으로서 의미 있는 사례가 될 수 있다.

자연환경 측면에서 내포를 살펴보면 내포는 기후적으로 온대와 냉대의 경계선상에 위치하고 있다. 대략 차령산지를 기준으로 그 서북부에 해당하는데, 냉대와 온대의 점이지대에 속하므로 식생환경이 다양하고 이에 따라 다양한 농업형태가 나타난다. 지형적으로는 동남부를 가로지르는 차령산지로 조선시대 공주목 관할지역과 경계를 이루고 있다. 비교적 높은 산지를 이루는 차령산지와는 달리 내포의 대부분은 넓은 화강암 풍화지역과 오랜 침식으로 낮아진 서부의 편마암 산지로 이루어져 있다. 북쪽으로는 아산만이 경기도 지역과 자연적 경계선을 형성하고 있다. 따라서 내포는 차령산지 및 아산만이라는 자연적 경계로 다른 지역과 구별된다. 자연적으로 규제된 단위지역은 오랫동안 하나의 단위생활 지역으로 지속되면서 문화적 · 역사적인 단위지역의 성격도 포함하는 경향이 있다. 그러므로 한국의 생활지역은 자연적인 단위지역, 사회적 · 경제적인 단위지역, 문화적 · 역사적인 단위지역 등의 성격을 함께 갖는 경우가 많다(오홍식, 1995). 내포 역시 자연적 경계를 바탕으로 사회적 · 경제적인 단위지역, 문화적 · 역사적인 단위지역을 형성해왔다고 볼 수 있다.

실제로 이 지역은 역사적 · 문화적으로 많은 동질성을 갖고 있다. 고려 말 이후 등장하여 행정구역으로 구획된 적이 없었지만 내포는 대략 조선시대 홍주목 관할지역과 일치한다. 공식적인 행정지명으로 쓰인 적이 없었음에도 내포가 조선시대까지 오랫동안 주민들의 입에 오르내렸다는 것은 동질성 또는 결절성을 기반으로 하는 하나의 지역이었음을 의미한다. 특히 문화적 동질성은 방언, 종교(불교, 천주교), 유교 및 사대부문화 등에서 잘 드러나고 있다(임병조, 2000). 이와 같은 동질성을 지표로 한 본격적인 지역지리학적 연구가 이루어지지 못했다는 점에서는 한국 대부분의 지역이 비슷한 실정이지만, 내포는 특히 행정구역과 일치하지 않음으로 인해 개별적인 역사적 · 문화적 요소조차도 통합적으로 규명되지 못한 상태이다. 따라서 지역개념을 적용하여 분석해볼 필요와 충분한 가치가 있다.

지역지리학적 방법론을 적용할 필요성은 내포가 완벽한 단절의 역사를 가지고 있다는 점에서도 도출될 수 있다. 최근 빠르게 커지고 있는 내포지역에 대한 관심은 다양한 입장의 차이를 보이고 있다. 이러한 현상은 수십 년에 걸친 단절의 역사가 내포에 대한 매우 자의적인 해석을 낳을 여지를 만들어놓았기 때문이다. 이와 같은 현상이 일어나기 전에 내포에 대한 지역지리학적 연구가 충분히 이루어져 있었다면 지금의 다양한 이견들이 훨씬 효과적으로 통합될 수 있었을 것이다. 내포를 지역지리학적 방법론을 적용하여 분석하는 것은 이러한 측면에서도 많은 의미가 있다.

내포에서는 최근 일부 지역이 조선시대의 '근기권(近畿圈)' 개념으로 복귀하고 있으며, 이에 따라 내포지역 내의 경제적 핵심지역은 변동하고 있다. 이러한 변화는 지방자치제도의 정착과 지역개발정책의 활성화 등 국내 상황과 밀접한 관련이 있으며, 서해안고속도로 등 교통로의 발달, 나아가서는 대중국 교역의 활성화 등 국제적인 환경의 변화와도 연결되고 있다. 이러한 급격한 변화의 와중에서 내포문화권을 특정지역으로 개발하고자 하는 정책이 수립되어 충청남도 차원에서 사업을 진행하고 있다. 이러한 사회적·경제적 조건들은 내포에 대한 관심을 촉발했고 지역범위가 넓은 만큼 다양한 견해들이 표출되고 있다. 따라서 내포지역의 특징은 이 지역을 새롭게 구성하고자 하는 주체들의 입장을 정확히 해석하는 것으로부터 규명할 수 있을 것이다.

이처럼 내포는 지역의 본질적 특성을 잘 갖추고 있다. 즉, 시·군 단위의 행정구역을 뛰어넘지만 한국의 일반적 지역구분에 의한 대지역보다는 작은 지역의 규모와 지리적 지역구분이 가능한 토대 위에 역사적 변천과정이 잘 드러나며 많은 문화적 동질성을 갖고 있다. 행정구역처럼 명확하지는 않으나 비교적 잘 드러나는 영역을 가지고 있으며, 이미 오래전부터 지명 및 언어 등의 상징이 존재해왔다. 또한 조선시대 사대부들에 의해 '대를 이어 살기 좋은 곳', 또는 '양반의 고장'이라는 인식이 만들어져 왔고 오늘날에는 자치단체나 향토사학자, 지역의 전문 연구기관 등에 의해 지역 정체성을 정립하기 위한 시도들이 많이 이루어지고 있다. 따라서 오늘날의 내포는, 전통적 의미의 지역개념을 활용한 분석과 함께 새로운 지역개념을 활용한 해석이 필요하며 그러한 가능성을 충분히 가지고 있는 지역이다. 내포는 다양한 지역지리학적 접근이 가능할 뿐만 아니라 다양한 접근법을 활용할 때에 비로소 정확한 분석과 해석이 가능한 지역인 것이다.

Regional Identity and Institutionalization

Regional Identity and Institutionalization

Regional Identity and Institutionalization

Regional Identity and Institutionalization

제1장

지역정체성의 구성과 제도화 과정

정체성은 매우 다중적이고 복합적인 의미를 갖고 있기 때문에, 다양한 주체들에 의해 다양하게 해석되고 이를 바탕으로 구성되는 측면이 강한 오늘날의 지역을 이해하는 데 아주 적절한 개념이다.

1. 지역개념의 변천

가보지 못한 미지의 세계에 대한 관심은 인류의 탄생과 함께 지속되어 왔다. 미지의 세계에 대한 관심은 자연스럽게 사람들이 여행을 동경하도록 만들었지만, 근래에 이르기까지 신분적·경제적 한계로 인해 모든 사람들이 원하는 곳에 여행을 갈 수는 없었다. 하지만 여행을 가지 못하는 사람들에게도 '여행기'라는 간접적인 형태로나마 미지의 세계에 대한 경험이 제공되었다. 호기심의 차원에서 신화적 기술에 머물러 있던 초기의 여행기들이 지역지리학의 출발점이 되었다. 이후 지도가 발달하고 관심 영역이 늘어나면서 초기의 여행기들이 점차 지리서 형태로 발전하기 시작했다. 지형, 지역 구분, 생활방식, 민족 등 포괄적인 내용들이 다루어지기 시작하면서 지리학자는 자신의 경험뿐만이 아니라 타인의 경험을 집대성하는 역할을 하게 되었다(James, 1972).

근대기에 접어들면서 나침반과 측량기술 등 지도 제작의 배경이 되는 지식과 과학기술이 비약적으로 발전하며 지역에 대한 기술(記述)의 내용이 크게 증가했고 정확도도 매우 높아졌다. 19세기 후반에 지리학자들은 경관과 주민의 다양성에 대해 자세하게 기술하는 수준을 넘어 자연적인 조건이 인간의 생활방식, 특히 인간 사회에 어떻게 영향을 미치는지를 설명하고자 했다. 지역의 범위를 정하고 위치를 정확히 지적하며 어떤 인간집단이 그곳의 자연의 압박에 대처하고 극복하며 적응하고 그러한 자연지역을 인간생활에 유리한 환경으로 어떻게 바꾸어가는지 등이 지리학의 중요한 관심사가 되었다.

20세기에 들어서면서는 시대적·학문적 변화와 함께 지역지리학은 부침을 거듭하면서 다양한 지역개념을 만들어냈다. 지금까지 많은 지역개념들이 제시되었고, 그중 어떤 것도 모두가 만족할 만한 객관적 개념으로 받아들여지지 못했음에도 여전히 '지역'은 지리학의 중요한 부분이며 다른 분야에서도 중요성이 강조되고 있다(Paasi, 2002). 이에 따라 많은 연구자들이 여전히 지역에 대한 관심을 나타내고 있고 이들에 의해 꾸준한 연구가 이루어지고 있다(안영진, 2002). 그러나 지역에 대한 연구는 아직도 새로운 접근법에 관한 이론적 연구를 필요로 하며 이에 기초한 경험적 연구를 한층 더 요구하고 있다. 특히 '정보화', '세계화'로 표현되는 오늘날에는 지리적 환경뿐만 아니라 모든 것들이 예전과는 비교할 수 없을 만큼 많이, 그리고 빠르게 변화를 거듭하고 있으며 지역 또한 마찬가지이다. 따라서 변화하는 환경에 걸맞은 새로운 지역개념의 정립이 요구되고 있다.

그러나 그리스 시대의 최초의 지역지리학 이후로 지속적으로 논의되어온 개념과 방법론 없이는 오늘날의 호기심을 만족시키고 새로운 관심사를 받아들이는 것은 분명 불가능하다. 새로운 지역개념은 이전의 지역개념을 바탕으로 해야 할 것이며, 또한 지리학 내적·외적인 환경의 변화를 고려하는 것이어야 한다. 새로운 지역개념의 모색은 먼저 기존에 논의되어온 지역개념에 대한 검토에서 출발해야 한다. 여기에서는 지리학의 발달사와 궤를 같이하는 지역개념의 발달사를 근현대시기 이후부터 간단히 정리해보고자 한다.

1) 근현대시기의 지역개념

20세기에 접어들면서 유럽에서는 지역에 대한 관심이 더욱 활발하게 제기되었다. 특히 프랑스의 지역지리학은 전체적인 지리학사에서 중요한 부분을 차지하며 독특한 특성을 갖고 있다. 제2차 세계대전 이전의 프랑스 지리학은 주변국과의 관계, 식민지 개척 등 현실적 필요성 때문에 지역지리학을 중심으로 발달했다. 많은 지리학자들이 지역지리학 연구에 힘을 기울였음은 물론 대학에서 생산되는 박사학위 논문은 대부분이 방대한 분량의 지지(地誌)였을 만큼 지역지리 연구가 한 시기를 풍미했다(권정화, 2005).

비달(P. Vidal)은 지역 연구의 고전적 전형을 만들었는데 생활양식(genre de vie)에 대한 분석이 그의 대표적인 공헌이다(한국지리정보연구회, 2003). 그는 요소의 종합과 세계적 관점, 야외 관찰과 조사, 그리고 서로 다른 현상들이 다양하게 조합되고 변모하는 것과 이들 현상의 변이를 기술하고 설명하는 데 관심을 두었다. 또한 자연환경이 인간에 미치는 영향에 관심을 가졌으며, 역사적 관점으로 지역이 지닌 고유한 개성을 탐구했다.

독일의 지역지리학은 리히트호펜(F. P. W. Richthofen)이 규정한 특수지리학의 맥을 이어왔으나 20세기에 접어들면서 신세대 학자들에 의해 과학적 지지로 점차 변모했다. 1920년대 말 이후에는 전통적인 자연지리학적 접근방법에서 벗어나 인문지리학적 내용을 강화시켜갔으며 후발 자본주의 국가로서 민족계몽적 활용에 초점을 맞추기도 했다. 이 시기는 독일 지역지리학의 전성기이면서 한편으로는 전통적인 지역지리학 방법론을 둘러싼 논쟁이 격화되었던 시기이기도 했다. '헤트너(Hettner) 지지도식'에 대한 비판이 일각에서 제기되면서 이에 대한 대안으로 비교지역지리학적 특성을 가진 '경관' 개념을 바탕으로 한 방법론이 제시되었다(안영진, 2004).

그러나 경제적 발달 수준이 다른 지구상의 여러 지역에 포괄적으로 적용될 수 없는 방법론의 한계와 급격한 사회적·경제적 변화는 여전히 경관과 가시적 행동에 관심을 갖고 있던 연구자들을 곤란하게 했다(Buttimer, 1971). 이후 지역지리 논의는 촌락의 형태 및 주민생활, 산업 등에 집중되었다. 그런데 촌락의 형태에 관심을 갖는 연구는 인간활동을 도외시했으며, 반대로 주민생활이나 산업에 관심을 갖는 연구는 환경을 피상적으로만 다루었다(Claval, 1993). 이와 함께 상대적으로 계통지리학적 연구조류가 발달하면서 지역지리학 연구의 영역은 세밀한 사례연구 중심의 연구로 축소되어갔다.

미국은 지리학의 역사가 짧고 지리적 환경에서도 유럽과는 많은 차이를 보이기 때문에 유럽의 여러 나라들과는 약간 다른 지역지리학 역사를 갖고 있다. 그러나 미국의 지역지리학도 1920년대와 1930년대에 지리학의 중추를 이루다가 1960년대 이후 공간 개념에 기초한 계통지리학의 발달과 함께 급격히 쇠퇴한다는 점에서 유럽 국가들과 유사한 성쇠과정을 겪었다고 볼 수 있다. 미국에서는 1920년대 이후 큰 영향을 미치고 있던 환경결정론의 부작용에서 벗어나기 위해 지리학자들이 지역개념에 많은 관심을 기울였다. 사우어(C. O. Sauer)는 지역을 정의함에서 형태를 중시하고 지역을 유기체로 인식했다(Sauer, 1925). 이에 반해 하트손(Hartshorne, 1939)은 지역은 유기체처럼 실재하는 것이 아니며 지리학자들이 연구를 목적으로 만들어낸 인위적인 개념에 불과하다고 보았다. 그러나 이러한 하트손의 지역개념은 실제적인 연구방법론에서 많은 혼란을 야기했기 때문에 제2차 세계대전을 전후한 시기에 지역개념을 재정립하기 위한 노력이 활발하게 일어났다. 그러나 경험적 연구에 기초하여 지역개념이 뿌리를 미처 내리기도 전에 미국의 지리학은 빠르게 계량화의 길을 걸으면서 단절의 역사를 겪게 되었다(류제헌, 1987).

근대지리학의 성립 이후 계속된 지역에 대한 접근법, 또는 지역개념의 정립을 위한 시도들은 공통적으로 지리학을 학문으로 정립하고자 하는 노력의 일환이었다. 인간과 환경 사이의 복잡한 관계를 배경으로 하는 지역을 이해한다는 것은 매우 복잡한 현상 속에서 고도의 질서체계를 이해하는 것을 의미한다. 따라서 지역지리학은 전통적으로 지리학의 핵심, 또는 그 가까이에 자리를 잡고 있었다(Haggett, 1977). 특히 제2차 세계대전 이후에는 '지역'이라는 용어를 지리학만의 전문적인 용어로 만들기 위한 노력이 이루어졌고(Hart, 1982), 이후로 지역은 지리학의 주요한 개념으로 자리를 잡았다.

1947년에 성립된 AAG(Association of American Geographers) 산하의 '지역연구위원회'는 이전까지의 연구성과를 토대로 지역을 분류했다. 지역연구위원회의 분류는 명쾌한 것은 아니었으나 지역을 지역 설정의 기준이 되는 요소의 수에 따라 정의되는 단일주제(single feature)지역과 복수주제(multiple feature)지역, 지역을 구성하는 요소의 분포에 의해 정의되는 동질(uniform)지역[또는 형태(formal)지역], 지역이 수행하는 기능에 의해 정의되는 결절(nodal)지역[또는 기능(functional)지역] 등으로 분류했다. 이러한 분류는 이전까지의 연구성과를 집대성한 것으로 근현대 지리학의 지역개념을 요약·정리한 것으로 볼 수 있다. AAG 지역연구위원회의 지역 분류는 오늘날까지도 지역을 분류하고 정의하는 기준으로 널리 쓰이고 있다.

일반적으로 지역은 공간적 단위를 형성하는 장소(place)의 기능적 통합체, 또는 유사한 장소의 집단화를 의미하는 것으로 지리학자들이 사용하는 개념이다. '통합' 또는 '집단화'는 지역이 주체가 되어 스스로 이루어가는 것이라기보다는 지리학자의 의도에 따라 이루어진다. 특히 동질지역 (형태지역)은 이러한 성격이 강한 지역으로 지역을 정의하는 지표를 '어떤 것'으로 설정하는가에 따라, 그리고 '몇 개'의 지표를 활용하는가에 따라 그 형태가 달라진다. 어떤 지리적 특색도 분포가 똑같이 일치하는 경우는 없기 때문이다. 따라서 동질지역은 어느 정도는 지리학자의 의도가 개입된 창조물의 성격을 갖고 있다(Jordan et al., 1997).

동질(형태)지역은 그 경계선을 통해 형태를 확인할 수 있다. 그러나 기준이 되는 지표의 분포가 명확한 선으로 표현되는 경우는 없으며 대부분 면으로 나타난다. 복수주제지역일 경우에는 경계면의 넓이가 보다 더 넓어진다. 각각의 지표들이 각기 다른 분포를 갖기 때문이다. 결과적으로 동질(형태)지역은 명확한 경계를 갖기보다는 기준(criteria)의 분포밀도가 높은 곳과 그렇지 않은 곳으로 구별될 수 있다. 밀도가 점차적으로 낮아지다가 전혀 나타나지 않게 됨으로써 지역의 경계를 넘어서게 되는 것이다. 따라서 동질(형태)지역은 핵심(core)과 주변(periphery)의 패턴을 갖는다.

전통적으로 동질(형태)지역은 통일적(uniform)인 성격을 갖는다. 그러나 지표에는 통일적인 성격을 갖지 않으면서도 지역으로서의 기능을 수행하는 지역이 분명히 존재한다. 이처럼 정치적, 사회적, 경제적으로 일정한 기능을 수행하기 위해 조직된 공간적 범위가 기능(결절)지역이다. 기능지역은 기능을 통합하고 선도하는 중심점(결절, node)에 의해 만들어진다. 따라서 기능지역 역시 동질지역과 마찬가지로 고정적이고 명확한 경계를 갖지 않는 경우가 많으며 핵심과 주변의 구조를 갖는다. 그러나 상대적으로 동질지역에 비해 경계가 명확한 경향을 보인다. 그러나 경계는 지역의 이해에 그다지 큰 의미를 갖는 것은 아니다. 지역을 연구할 때는 지역의 경계를 단순히 구분하는 것보다는 지역을 이해하는 것이 훨씬 중요하다(Hart, 1982). 따라서 경계를 설정하기 위해 많은 시간을 할애하는 것보다는 핵심과 주변을 구별해내는 것이 더욱 의미 있는 일이다. 지역의 경계는 불명확하지만 핵심과 주변은 분명히 존재하기 때문이다. 또한 핵심은 지역의 특징을 주변에 비해 보다 잘 드러내는 곳이기 때문이다.

기능지역 개념은 주로 도시지역과 관련이 깊은 지역개념으로 제2차 세계대전 전후 당시의 급변하던 사회적·경제적 상황을 잘 반영했다. 동질성으로 설명이 가능한 농촌지역이 대부분이었던 시기까지 도시는 기존의 지역개념으로는 설명하기 어려운 지역이었다. 기능지역은 동질지역과 공간적으로 일치하지 않을 가능성이 크다. 예를 들면 방언과 같은 문화요소의 분포범위와 정치적 기능을 수행하는 행정단위는 서로 일치하지 않는 경우가 많다.

2) 신지역지리학의 지역개념

1950년대 말에 형성된 새로운 지리학 연구조류는 공간경제이론(spatial economic theory)에 기초를 두고 있다. 이 이론은 개방경제하에서 농업 및 산업의 특화, 중심 또는 산업지역의 형성, 도시망의 건설 등을 설명하기 위한 개념적 토대를 제공했다(Claval, 1993). 1950년대와 1960년대에 대부분의 지리학자들은 사회과학적 방법론에 보다 더 관심을 보이기 시작했으며 신실증주의자(neo-positivist)로 불렸던 사회학자들 사이에 유행하던 개념을 받아들였다(이희연·최재헌, 1998). 당시의 주요 관심사는 과학적 접근법이었으며 지리학자들은 계량적 방법에 흥미를 갖기 시작했다. 그들은 사회는 복잡한 구성체이며 물질적·자연적 영역에 적용되는 것과 유사한 법칙을 통하지 않고는 낱낱이 분석하기가 어렵다는 사고를 받아들였다. 이에 따라 순수하게 기술적이었던 전통적 지역지리학은 점점 평가절하되어갔다.

지역지리학이 사회적 공헌을 많이 하여 인지도가 높았던 프랑스에서도 지역지리학은 1950년대 이후 위상이 빠르게 하락하고 말았다. 이는 정치적·사회적 요구가 약화되면서 발생한 자연스런 현상이다. 지역지리학의 전통이 강했던 프랑스에서 지역지리학이 쇠퇴하기 시작했다는 것은 곧 프랑스 지리학의 위상이 예전에 비해 많이 떨어졌음을 의미하는 것이다. 이러한 현상은 지리학에 대한 정치적·사회적 요구가 약화된 것과 함께 국내의 경기가 침체되어 지역지리 연구의 물적 토대가 약화됨으로써 더욱 가속화되었다. 또한 이것은 해양학, 기상학, 인구학, 생태학 등 계통학문의 발달로 기존 지리학 영역이 분할되어 지리학 고유의 영역이 축소되었기 때문이기도 했다. 그뿐만 아니라 프랑스의 전통적 지역지리학 방법론에서 주류를 이루었던 역사적 방법이 한계를 드러냄으로써, 자연지리학과 역사지리학을 통합해주었던 지역지리학이 쇠퇴하면서 양자가 분리되기 시작했고 각각 점차 전문화되어갔다(손명철, 1995).

공간조직에 대한 분석의 발전과 함께 지역 연구는 더 이상 지리학자들의 관심을 불러일으키지 못했다. 1970년대 전후, 지역 연구는 관심의 대상에서 많이 벗어나서 실질적으로 영어권 국가에서는 거의 사라졌다(Claval, 1993). 프랑스에서도 영미권의 영향으로 공간분석지리학이 지리학의 주류를 형성했다. 지역 연구가 유지되기는 했지만 이를 실천하는 사람은 계속 줄어들었다.

그 후 1980년대에 이르러 지역지리학이 부활할 조짐이 나타나기 시작했다. 지역지리학의 퇴조가 보다 심하게 진행되었던 영어권 국가들에서 장소(place), 로케일(locale), 로컬리티(locality) 등과 같은 개념들이 등장했다. 길버트(A. Gilbert)는 프랑스어권 국가와 영어권 국가들에서 새롭게 발달한 지역지리학 주제에 대해 개관했다(Gilbert, 1988). 길버트의 연구 이후 이와 관련된 연구가 한층 증가했다. 이러한 부활의 원인은 법칙적인 메커니즘만을 고려함으로써 인간 존재의 다양성을 간과했다는 학문 내적인 비판에서 찾을 수 있다. 인간의 감수성과 인간이 일상적으로 필요로 하는 요소들은 그들의 삶에서 항상 중요한 부분을 차지한다. 그럼에도 공간분석에서는 많은 측면들이 설명되지 않는다. 하비(D. Harvey)는 정의, 자유, 평등 등 인간 사회에서 의미 있는 가치를 강조했으며 공간구조 분석방법으로는 이를 평가할 수 없다는 사실을 상기시켰다(Harvey, 1969).

동시에 인간주의적 접근법은 장소와 개성에 대해 관심을 갖기 시작했다 (Tuan, 1974). 세계의 다양성에 대한 관심이 늘어나면서 지역 연구의 부활이 두 가지 움직임으로 나타났다. 그 첫 번째 움직임은 급속한 세계화에 따른 장소의 재구조화에 대한 관심이었다. 두 번째는 생활세계(life-world)[1]라는 주제로, 사람들이 자연에 대해 관심을 기울였던 의미와 그들이 공간을 만들어내는 방법에 관심을 갖는 경향이었다. 이와 같은 변화는 프랑스에도 영향을 미쳐서 프랑스에서도 지역지리학 연구가 다시 관심을 받기 시작했다. 클라발(P. Claval)은 지역조직의 실재에 관해 '지방분권화'되고, '객관적'인 분석을 통해 지리적 사실을 이해하고, 과거 및 현재 사회에서 부딪히는 문제점을 이해하는 방법론을 제시하고자 했다. 또한 그는 공간적 연결성의 존재론적 차원에 관해 논의했다. 그의 접근법은 프랑스의 전통적 지역 연구에 기반을 두고 그 속에서 최근의 학문적 진보를 통합하는 방법을 찾고자 하는 것이었다(Claval, 1993).

그러나 많은 이론적 논의에도 경험적 연구가 부족했다는 것이 이 시기의 특징이었다. 따라서 지역지리학이 냉전의 종식과 신자유주의의 부각

---

1) 문화적으로 규정된 일상생활의 시공간적 배경(setting), 또는 영역(horizon). 개개인은 독특한 방법으로 세계를 해석하지만 이들에 의해 공유된 세계가 생활세계이다. 생활세계에 대한 탐구는 객체와 주체, 사고와 행동, 인간과 환경 등을 과학적으로 구분하는 것을 거부하는 현상학적 접근법을 활용한다(Buttimer, 1976).

등 급속한 세계질서의 변화를 담아내기에는 역부족이었다(Lovering, 1999). 1990년대 이후 지역지리학에 대한 논의가 줄어든 것은 어쩌면 당연한 귀결이었는지도 모른다.

영국의 지역지리학 연구자들은 전통적 지역지리학의 퇴조 원인을 지역의 특성을 강조하여 단순한 사실의 나열에 치중함으로써 이론이 결여되었으며 변화의 과정을 다양한 스케일(scale)로 조명하지 못하고 단순히 지역 자체에 국한했기 때문이라고 주장한다(이희연·최재헌, 1998). 따라서 1980년대 이후 영국을 중심으로 재조명되기 시작한 지역지리학(New regional geography, 신지역지리학)은 이론적 배경과 변화의 과정(process)에 무게중심을 둠으로써 이전의 전통적 지역지리학과 차별화된다(Pudup, 1988). 지역지리학의 부활 원인에 대한 영국 신지역지리학 연구자들의 견해는 첫째, 보편적 일반화를 추구하는 공간분석론의 시도가 한계에 도달했기 때문이며, 둘째 자본주의적 생산양식이 어떤 맥락에서 팽창하고 실행되는가를 이해해야 할 필요성이 등장했기 때문이라는 것이다(Johnston et al., 1990).

신지역지리학 방법론에 대한 논의는 국내에서도 이미 많이 이루어진 상태이다. 기존의 논의들을 종합하여 신지역지리학의 특징을 요약해보면 다음과 같이 정리할 수 있다. 먼저 신지역지리학은 실재론(realism)과 포스트모더니즘을 철학적 기반으로 하며 지역을 연구하는 데에 지역에 대한 기술(describe)보다는 설명(explanation)에 중점을 둔다. 연구대상 시점은 현재(혹은 미래)를 포괄하며 지역 고유성 형성의 메커니즘을 파악하는 데서 다른 지역과의 관련성, 즉 개방성을 중요시한다. 또한 지역을 설명할 때 지역의 개별적 의미와 역할을 파악하는 데 관심을 갖는다(손명철, 2002).

전통적 지역지리학이 학문으로서의 가치를 의심받았던 가장 결정적인 원인은 과학적 방법론의 부재와 대상의 불명확성 때문이었다. 이에 따라 신지역지리학은 이론적이고 방법론적인 논쟁에 관심을 기울임으로써 지역지리학을 지리학의 이원론을 극복하기 위한 방편으로 연구해왔다. 또한 신지역지리학은 현상보다는 동적 요소(process)에 관심을 갖는다. 지역을 단순히 인간활동이 이루어지는 무대가 아니라 사회적 상호작용에 의한 현장(locale)의 특성을 조정하는 것으로 인식하는 것이다. 또한 영국의 신지역지리학 연구는 경제적인 부분을 강조하여 지역을 바라보는 경향이 있다(Agnew, 2000). 이는 신지역지리학이 부상하기 시작했던 1980년대 당시 영국의 사회적·경제적 상황과 상당한 관련이 있는 것으로 볼 수 있다. 무한경쟁을 강조하는 신자유주의와 세계화 등으로 지역이 급변하면서 세계경제와의 관련성 속에서 지역의 특징을 파악하는 것이 필요했던 것이다(Thrift, 1990).

2. 지역개념의 다양성과 정체성개념의 도출

지역지리학은 1950년대 계량혁명 이후 30여 년 가까이 지리학 연구에서 주류를 벗어나 있었다. 1970년대 후반에 이르러서야 비로소 이론을 접목한 새로운 유형의 연구가 필요하다는 주장이 제기되었다(Gregory, 1978). 그후 10여 년간 영국을 중심으로 다양한 지역 연구방법이 제시되었고 비록 부분적이기는 하지만 경험적인 지역 연구가 시도되었다. 이러한 연구경향은 스리프트(N. Thrift)와 존스톤(R. J. Johnston)에 의해 '신지역지리학'으로 명명되었으며, 1980년대 후반에 이르면 영어권 국가들을 중심으로 더욱 다양화되었다. 길버트는 영어권과 프랑스어권 국가들을 중심으로 활발한 이론적 논의를 동반한 1980년대 이후의 지역지리학 연구동향을 유형별로 분류하고 분석했다. 길버트에 의하면, 지역에 대한 접근방법은 다음과 같은 세 가지 유형의 지역개념을 근거로 분류된다(Gilbert, 1988). ① 자본주의 발달과정에 대한 국지적 반응으로서의 지역(region as a local response to capitalist process), ② 동일시의 초점으로서의 지역(region as a focus of iden-tification), ③ 사회적 상호작용의 매개체로서의 지역(region as a medium for social interaction). 이와 같은 새로운 지역개념들은 동질성이나 결절성을 근거로 지역을 설정하는 전통적인 유형과는 본질적으로 다른 것이다.

파시(A. Paasi)에 의하면, 지역지리학에서 논의되어온 지역개념은 전과학적(pre-scientific) 관점, 학문중심적(discipline-centred) 관점, 비판적(critical) 접근 등의 유형으로 분류된다(Paasi, 2002). 여기에서 전과학적 관점은 지역을 통계자료 수집이나 지방통치 등을 위해 주어진 공간 단위로 보는 것이다. 이는 곧 지역을 현실적인 통치행위나 이와 관련된 기초 정보의 수집을 위한 공간적 범위로 보는 것으로, 근대지리학이 체계적으로 발달하기 이전 단계의 지역개념을 근거로 한다. 학문중심적 접근은 지역을 연구의 대상, 또는 결과물로 보는 관점이다. 지역 연구는 지역을 대표하는 객관적 지표들을 형태적 또는 기능적으로 분류하여 지역의 경계를 구분하고 설정하는 데 활용하는 것이다. 지역이 실질적인 단위(real units)인가 아니면 의도적으로 만들어진 가상의 구획인가에 대한 논쟁처럼 특정한 학문적 입장을 주장하기 위해 지역이 활용되기도 한다. 원칙적으로 지역은 학문적으로 사회화된 실례로서 주로 계량혁명 이전 시기의 지역개념들을 근거로 한다. 비판적 접근은 지역을 정체성의 형성과정이나 상호작용을 위한 체계, 그리고 자본축적의 표현으로 보고자 한다. 결론적으로 파시는 길버트에 의해 분류된 새로운 지역개념의 유형 모두를 근현대 지리학의 과학적 접근과 차별되는 비판적 접근으로 평가하고 있는 것이다. 이들의 논의를 바탕으로 최근까지 진행되어온 지역개념에 관한 입장을 정리해보면 다음과 같다.

첫 번째는 정치적·경제적 관점에서 지역을 바라보는 입장으로서 이는 신지역지리학의 가장 대표적인 입장이라고 할 수 있다. 영어권 국가를 중심으로 발달한 이러한 입장은 주로 마르크스주의 이론에 토대를 두고 있다. 이는 지역을 생산양식과 관련된 사회적 과정의 공간적 조직으로 보며, 노동력의 사회적 분화, 자본축적과정, 노동력 재생산, 우월성의 정치적·이념적 과정 등의 지역화(regionalization)에 주목한다. 이는 지역 상호간 경제적·정치적 차별성을 불균등 발전과정의 산물로 간주하며 이러한 차별성은 핵심지역(core-region)에서 나타난 시장권력이나 정치적 우월성에 의해 역사적으로 재생산되는 것으로 본다(Agnew, 2000). 영국의 일부 학자들은 지역을 특정한 계급적 실천(class practices)이나 독특한 문화 또는 지역주의(regionalism)를 통해 형성되고 변화하는 실체로 파악하기도 했다(Gilbert, 1988).

이들은 1980년대의 사회적·정치적·경제적 변화를 분석하면서 특히 공간적 차별성을 이해하는 것에 중요한 의미를 부여하고 그것의 기본 단위로 '로컬리티(locality)'에 관심을 두었다(Johnston et al., 2001). 실제로 1960년대 이후 영국 사회는 경제적·사회적으로 많은 변화가 있었으며 그 결과 생산력이 크게 증대된 반면 실업이 증가하고 직업구조의 변화가 발생했다. 유연성과 포스트-포디즘(Post-Fordism)에 대한 논쟁의 대두, 노동당의 몰락과 보수 우익의 득세와 같은 한 시대의 종말을 고하는 사건들이 일어나기 시작했던 1980년대에 영국을 중심으로 등장한 것이 다름 아닌 로컬리티 연구이다(Massey, 1994). 국가적 차원의 공간적 변이는 매우 중요하며 즉각적인 정치적 반응을 일으키므로 국가적 변화가 전국 각지에 어떻게 영향을 미치는가를 파악하는 것은 매우 중요한 과제였던 것이다(Massey, 1994).

두 번째 입장은 기본적으로 사회적 관계 속의 문화가 지역 연구에 기초적인 대상이라고 본다. 이러한 입장을 반영하는 연구는 프랑스에서 상대적으로 활발하게 진행되었다고는 하지만 전체적으로 볼 때는 그다지 활성화되지 않았다고 볼 수 있다. 이 경우에 지역은 특정한 집단과 특정한 장소 사이에 주민들의 특별한 인지를 기반으로 독특한 문화적 관계가 맺어지는 배경(setting)으로 정의된다. 이러한 입장은 지역을 동일시의 초점으로 간주하므로 특정한 집단이 다른 집단과 다르게 자신을 규정하는 방법에 특별한 관심을 가진다. 그러므로 여기에서 지역은 특정한 집단에 의해 일부 공간이 상징적으로 전유된 것이며 (주민)집단의 정체성을 구성하는 중대한 요소의 하나로 간주된다. 지역정체성에 대한 관심은 인간주의 지리학에 이어 포스트모더니즘 지리학이 출현하는 1980년대 이후 본격적으로 중대되기 시작했다. 이러한 관심의 중대는 주민들의 생활이 개인주의화되고 개성이 강조되면서 민족성, 계급, 직업, 또는 생활 근거지 등과 같은 전통적 범주보다는 개성과 개인적 입장에 따라 자신의 생활과 환경을 만들어가는 경향에서 영향을 받은 것으로 보인다(Paasi, 2003).

이와 같은 지역개념은 인간주의 지리학 이외에도 구조주의와 정보이론을 비롯한 다양한 배경을 가지고 탄생했다. 인간주의 지리학은 지역 연구의 관점을 주민의 시각으로 되돌리기 위한 시도의 일환으로 의도적인 주관성과 경험에 주목한다. 주로 프랑스 지리학자들에 의해 소개된 바 있는 구조주의적 관점은 지역의 집합적인 의미와 공통적 특징을 강조한다. 이는 특정한 지역에 대한 인식과 정체성의 기반이 되는 물질적 환경에 대한 개인적 이해의 형성에 기여하는 정보, 실천(practice), 지식체계 등에 관심을 갖는다. 이 경우에는 집단 상호간 관계 또는 집단 내부의 관계를 규명하려는 지역 연구의 주요 목적을 실현하기 위해 다양한 문화들이 공존하고 상충하는 지역에 각별한 관심을 갖는다. 정보이론에 근거하는 입장은 장소와 공간에 대한 집합적 사고방식을 고양하는 의사소통과정을 통해 특정한 지역집단의 구성원들이 연결되어 있다고 본다. 여기에서는 지역주민들이 자신들의 이해관계를 공유하고 일정한 지역적 특성을 생산하는 생활양식(lifestyle)을 통해 지역의 정체성을 규명하고자 한다. 왜냐하면 일정한 유형의 문화적 전수양식은 하나의 지역정체성의 형성과정에 적극적으로 개입하는 한편, 또 하나의 지역차별성(regional difference)의 형성과정에 참여하기 때문이다(Gilbert, 1988).

세 번째 입장은 사회 내부의 우월성과 권력을 지역적 차별성을 생산하는 기본적인 요인으로 본다. 이러한 입장은 지역을 '사회적 구성물(social constructs)'이지만 일정한 과정의 결과(results)가 아니라 과정(process) 그 자체로 보므로 역사적 시각의 중요성을 강조한다(Entrikin, 1996). 이는 하나의 지역이 사회적 상호작용에 일정한 매개체로 작용함으로써 사회적 관계의 생산과 재생산에 기초적인 역할을 한다고 가정한다(Gilbert, 1988). 그뿐 아니라 사회 내부의 개인과 집단을 연결하는 관계에 초점을 두고 경제는 물론 문화와 상징까지 포함하는 사회생활의 모든 측면에 관심을 가진다. 여기에서 국가와 같은 사회적 공동체들은 공간적 범위를 중요한 구성요소로 하는 '상상의 산물'로 규정된다(Anderson, 1991). 특정한 지역은 시간상으로 사회의 집단적 동일시에 기반을 두는 한편 사회적 요인에 의해 끊임없이 도전받고 재생산되는 것이다. 지역, 경계, 상징, 제도 등은 자율적으로 진화하는 과정의 산물이라기보다는 공간, 재현(representation), 민주주의, 복지 등에 관련된 의미에 대한 끊임없는 투쟁의 순간적 표현이다.

이와 같이 지역을 사회적 구성물로 보는 입장은 하나의 지역을 로케일(locale)로 인식하는 영어권 지리학계와 영역(territory)으로 인식하는 프랑스어권 지리학계의 입장으로 대별되기도 한다(Gilbert, 1988). 그렇지만 하나의 지역을 로케일로 정의하든 또는 영역으로 정의하든, 그것을 이해하는 개념적 도구로 정체성을 중시한다는 사실은 양쪽 지리학계의 공통적 현상이다. '로케일(locale)'은 사회학자 기든스(Giddens, 1984)가 구조화이론

(structuration theory)을 통하여 제안한 용어로 '사회적 상호작용을 위한 배경(setting)이나 상황(context)'으로 정의되기도 한다. 기든스의 견해에 따르면 '구조화'라는 개념은 시간과 공간을 하나로 결합하는 작용을 하는 인간의 능력을 분석하는 데 적합한 것이다(Johnston et al., 2001). 기든스와 같이 하나의 지역을 로케일로 바라보는 입장은 사회적 정체성(social identity)이 시공간 속에서 구성된다는 사실을 특별히 강조한다. 여기에서 인간활동과 사회체제 상호간 고유한 관계, 즉 생성원인인 동시에 전수자라는 인간활동의 이중적 구조는 특정한 지역을 이해하는 기본적인 전제가 된다. 이러한 입장은, 특정한 지역 내부에서 개인과 제도를 연결하는 관계는 사회적 실천을 통해 연속적으로 재생산되는 동안 점진적으로 변형되어가는 것으로 이해한다. 이에 반해 하나의 지역을 영역(territory)으로 보는 입장은 사회적 정체성의 구성과정을 분석할 때 권력(power)이라는 요인을 사회적 상호작용과 동등한 차원으로 고려할 것을 제안한다. 이러한 입장은 캐나다의 퀘백(Quebec) 지역에서 활발히 연구된 바와 같이 특정한 지역이 사실상 영역으로 존재하는 현실을 '권력의 지리(geography of power)'라는 개념을 통해 증명하고자 한다(Gilbert, 1988).

동질지역, 기능지역과 같은 전통적인 지역개념은 공통적으로 '일정한 범위로 제한된 공간'을 전제로 한다. 이러한 유형의 지역들은 특정한 객관적 지표를 기준으로 설정되므로 일단 설정되고 나면 어느 정도 고정성을 가지는 정태적인 존재이다. 하지만 오늘날의 지역은 공간적 제약이 상대적으로 약화되었으며 지역 상호간 교류가 빈번하기 때문에 특정한 지역을 규정하기 위한 객관적 지표를 설정하기 어려운 경우가 많다. 이와 같은 역동적인 요소들은 특정한 장소 또는 특정한 집단에 작용할 때 지역의 일부는 포함하고 나머지는 배제함으로써 우리들이 지금까지 하나의 단일한 지역으로 생각해왔던 실체의 공간적 범위를 넘어서기도 한다(Allen et al.,

1998). 따라서 고전적 지역개념들의 시대적 적합성에 대한 의문이 특히 1980년대 이후 지속적으로 제기되어왔고 그 결과로 이상과 같은 다양한 지역개념이 등장했다. 오늘날 진행되고 있는 지속적이고 급격한 사회적 변화로 말미암아, 특정한 지역은 더 이상 객관적인 기준에 의해 단순히 규정되지 않고 각종 요인들의 상호작용에 의해 끊임없이 변동하고 있는 것이다. 최근의 지역에 대한 논의들은 바로 이러한 특징을 반영한 것으로 이 가운데에서도 특히 문화적 의미의 지역개념과 사회적 의미의 지역개념은 주관성과 사회적 관계에 의한 지역의 구성에 관심을 가지며 정체성의 개념과 밀접한 관련을 갖는다.

지역이라는 세계는 점차 복잡해지고 있으며 하나의 지역에는 크고 작은 스케일을 융합시키는 수많은 사회적 실천과 담론들이 작용하고 있다. 인접 사회과학과 마찬가지로 지리학 또한 내부의 여러 분야 사이의 경계를 넘어 주요 대상인 지역 또는 장소를 연구할 필요성이 새롭게 제기되고 있다. 실제로 최근에는 심지어 학문적 경계를 넘나드는 지역개념이 주로 도시계획에 관여하는 전문가, 정치인, 사업가에게 급속히 확산되고 있기도 하다(Gren, 2002). 이러한 지리학 내외의 상황 변화는 지리학자들이 사회적 관계, 제도적 체계, 이데올로기, 상징, 주관성(subjectivity)/정체성(identity) 등이 어떻게 지역(또는 장소)을 통해 담론과 실천으로 실현되는가를 탐구하도록 유도하고 있다. 이제 지역은 더 이상 수치나 물리적 형태를 근거로 설정하는 객관적 실체가 아니고 주민의 의식과 가치관을 포함하는 주관적 요소들이 작용하는 주관적 구성물이라는 인식이 확산되고 있다.

1980년대 이후 관광과 여가활동의 확장 등 생활의 변화에 따라 '장소판매(place marketing)'와 '장소판촉(place promotion)' 사업이 전 세계적으로 폭발적으로 증가해왔다(Ward, 1998). 한국의 경우도 최근 지방자치와 맞물리면서 장소판매와 장소판촉이 전국 각지의 열렬한 관심사가 되고 있다.

대부분 기초지방자치단체 단위로 추진되는 이러한 사업들은 절대 다수가 특정한 지역의 역사적·문화적 유산이나 특산물을 자원 기반으로 하고 있다. 하지만 이들이 궁극적으로 봉착하는 문제점은 역사적·문화적 유산이나 특산물이 오늘날의 행정구역 단위와 정확히 일치하기 어려운 경우가 많고 이러한 경우에 대한 주민들의 인식도 매우 다양하게 나타난다는 것이다. 특정한 지역에 대한 대립적인 견해들을 어떻게 통합하고 이러한 통합적 입장을 주민 전체가 수용할 수 있도록 어떻게 설득하는가는 이들 모든 사업의 중요한 과제가 되었다. 이러한 시대적 상황은 동질성(homogeneity)이나 결절성(nodality)과 같은 객관적인 지표를 기준으로 지역을 규정하는 과거의 지역개념을 포괄하고 확장하는 새로운 지역개념을 요구하고 있다.

포스트모던 시대에 부응하는 새로운 지역개념은 주체(subject)의 주관성(subjectivity)을 반영하는 것이어야 한다. 새로운 지역개념은 또한 특정한 지역을 역동성과 가변성을 속성으로 하여 사회적으로 그리고 지속적으로 '구성되는' 것으로 이해하는 것이어야 한다. 지역이라는 사회적 구성물의 변형 과정에 개입되는 헤게모니(hegemony)와 권력관계(power relations)도 반드시 적절하게 고려되어야 한다. 특정한 지역은 '그곳에서' 발견되기를 기다리고 있는 수동적이고 객관적인 실체가 아니라 우리들(또는 다른 사람들)의 주관적 구성물인 것이다. 이와 같은 특성을 갖고 있는 오늘날의 지역을 설명하는 데 적합한 개념으로서 '정체성' 개념을 들 수 있다. 정체성에 대한 정의는 매우 다양하게 내려질 수 있으나 대체로 주관성과 역동성, 다양성과 가변성을 바탕으로 구성되는 것으로 정의되고 있기 때문이다(Hall, 1993). '정체성' 개념은 최근 구미의 지리학계를 중심으로 많은 학문적 관심을 촉발하고 있다. 이는 정체성이라는 개념 자체가 '문화적 전환(cultural turn)'을 계기로 인문학은 물론 사회과학계의 핵심적 논제로 자리 잡고 있는 시대적 상황을 반영한다. 정체성이라는 용어는 과거에 단순히 '정체성'으로 이해되었던 것과는 달리 주관성과 역동성은 물론 다양성과 가변성을 강조하는 것으로, 그 자체가 시각의 선택에 따라 해석이 달라질 만큼 지극히 다중적이고 복합적인 의미를 내포하고 있다. 따라서 다양한 주체들에 의해 다양하게 해석되고 이를 바탕으로 구성되는 측면이 강한 오늘날의 지역을 이해하는 데 매우 적절한 개념이라고 볼 수 있다.

3. 포스트모던 개념으로서의 지역정체성

1) 정체성의 개념정의와 지역에 대한 적용

(1) 정체성의 개념정의

여기에서 잠시 검토해야 할 것은 '지역정체성(regional identity)'의 이론적 근거가 되는 '정체성'이라는 철학적 개념이다. 이른바 정체성이라는 개념에 대한 철학적 논쟁은 고대 이래로 상당히 오랫동안 해결되지 않은 채 지속되어왔는데, 이는 정체성개념 자체가 매우 막연하고 모호하여 단순하게 이해하기 어렵기 때문이다(Hall, 1996). 그동안 철학계를 중심으로 정체성이 내포하는 의미를 분석하고 이에 대한 기준을 설정하기 위한 시도들이 다양하게 진행되어왔지만 아직까지 일정한 합의에는 도달하지 못한 상태이다.

영어로 'Identity'라고 표현되는 용어의 사전적 의미조차도 상당히 다양한 양상으로 혼합된 채 다각적으로 통용되고 있을 정도이다. 예를 들면 최근의 정체성에 대한 논의를 대표하는 투겐트하트(E. Thgendhat)는 독일어로 'Identität'이라는 용어는 "개인(individual)이 구현하는 사회적 역할을 의미하기도 하지만 개인의 개별성(individuality)을 표현하기도 한다'라고 주장했다. 여기에서 한 걸음 더 나아가 헨리히(D. Hennrich)는 "이러한 용어는 개인의 고유한 성질뿐만 아니라 개인의 자립성도 표현해야 한다"라고 주장했다. 여기에서 또 한 걸음 더 나아간 안게른(E. Angehrn)은 "정체성에는 개별성, 성질, 같음(동일성)이라는 세 가지 논리적 의미가 포함되어 있으며, 이들은 제각기 '수적(數的) 유일성', '질적(質的) 동일성', '자아-동일성'과 대응된다"라고 주장했다(이현재, 2005).

안게른의 견해에 따르면 고대 철학에서 정체성은 자아가 '타자와 다름'이라는 의미, 즉 "어떻게 한 개체가 다른 것들로부터 구별되는가?"라는 '개별성'의 개념을 중심으로 논의되었다고 한다. 이러한 개별성이라는 개념은 바로 고대 스콜라철학에 근원을 두는 것으로 '수적 유일성'을 기준으로 정체성을 인식하는 것이다. 중세까지 이어진 이러한 철학적 경향은 대체로 개별화(individuation)라는 문제, 즉 하나의 개체를 다른 개체와 구별할 수 있는 궁극적인 기준이 무엇인가라는 문제를 해결하는 데 노력을 집중하는 것이었다. 근대에 접어들면서 정체성에 대한 철학적 관심은 '자아-정체성', 또는 '인격(person) 정체성'과 같은 '개인적 정체성' 자체에 집중되는 경향이 늘어났다. 이러한 관심의 저변에는 개인적 정체성이라는 문제가 해결되고 나면 개별화라는 보다 더 원초적인 문제는 자연스럽게 해결될 것이라는 전제가 깔려 있었다(유원기, 2004).

이에 반해 현대의 사회학자들은 정체성개념을 정의할 때 개별성보다는 특정한 집단에 소속되어 있는 개인의 '성질'을 규명하는 데 더욱 관심을 집중한다. 이들은 개인의 정체성을 규명하기 위해서는 그가 어떠한 집단의 구성원인가가 우선적으로 규명되어야 한다고 본다. 여기에서 개인의 성질에 대한 질문은 "그가 다른 사람과 어떻게 다른가?"가 아니라 "그가 어떤 부류의 사람들과 같은가?"가 된다. 하나의 개인이 성취하는 '내적 통일성'

은 그의 정체성이 성립되는 중요한 전제로 간주되어야 하므로 개인의 성질을 규명하기 위해서는 개인이 수행하고 있는 '역할'에 주목해야 한다. 개인의 역할은 그가 어떤 부류에 속하는 사람인가를 보여주는 지표이기 때문에 특정한 개인이 집단 전체와 공유하는 자신의 질적 정체성, 즉 동질성을 확인하는 기준이 되는 것이다. 또한 질적 정체성, 즉 동질성은 개인적 행위가 지향하는 모범과 이상, 또는 일상의 습관, 능력과 업적, 인생의 경험이나 기회 등을 통해 효과적으로 확인된다. 하지만 이들 대부분은 비록 개인이 실천하는 가치체계와 소속되어 있는 집단의 특성을 가장 잘 반영한다고 해도 시공간적으로 지극히 가변적인 질적 동질성을 파악하는 완벽한 수단이 되기는 어렵다.

이러한 난관에 필연적으로 수반되는 문제는 다름 아닌 집단에 대한 개인의 '내적 정체성', 즉 '같음'을 규정하고 구별하는 절차이다. 질적 정체성은 시각의 차이는 물론 시공간적 차이에 따라 매우 다양하게 정의되며, 일단 정의된 것이라 하더라도 시간의 경과에 따라 부단히 변화한다. 그러므로 '내적 정체성'을 중심으로 하는 정체성을 정의하는 데는 "어떠한 질적 정체성을 가지고 있는가?"라는 질문보다는 "다양한 질적 정체성들이 어떻게 모두 특정한 개인 자신의 것으로 통합되는가?"라는 질문이 보다 더 중요하다. 전자의 질문이 '내용적 정체성'이라고 한다면 후자의 질문은 '형식적 정체성'이라고 명명할 수 있을 것이다. 개인의 '내적 정체성'은 개인이 가지고 있는 질적 정체성들이 내용적으로 통일되기보다는 그것들을 모두 하나의 개인에게 형식적으로 통합시키는 과정을 통해 비로소 정당화된다. 다시 말해서 개인의 내적 정체성, 즉 자아-정체성의 정당화에는 개별적이고 다양한 요소들을 형식적으로 통합하고 표현하는 능력은 물론 주체적으로 종합하고 해석하는 능력이 필수적인 조건이 된다.

그 밖에 사회·정치이론을 취급하는 학계에서도 정체성이라는 주제는

〈표 1-1〉 정체성의 개념

	논리적 의미	논리적 의미와 연관된 개인의 구조	외적 시각에서 규정된 정체성	내적 시각을 가능하게 하는 행위능력	내적 시각 및 주체의 자율성
수적(數的) 정체성	개별성	타자와 다름	시공적으로 지시된 유일성		불가능
질적(質的) 정체성	성질	내적으로 다르지 않음	사실적 역할, 정체성	질적 정체성 구성 및 변형	가능
나정체성	동일성	내적으로 다르지 않음	시공적 연속성, 기록된 전기	다양한 질적 정체성의 형식적 통합	가능

자료: 이현재(2005).

끊임없이 다양한 논쟁의 여지가 있는 독특한 위치를 차지해왔다. 그 이유의 하나는 정체성이라는 개념이 개인적 차원에서는 개별적 존재의 유일성에 대한 근거가 되고, 집단적 차원에서는 개인이 스스로 소속된 집단의 가치와 신념을 공유하는 근거가 되기 때문이다(Taylor et al., 2004). 카스텔(M. Castells)은 정체성의 유형을 '정당화하는 정체성(legitimizing identity)', '저항 정체성(resistance identity)', '기획 정체성(project identity)' 등으로 분류했다(Castells, 1997). 여기에서 '정당화하는 정체성'은 사회제도를 통해 다른 사회에 소속된 다른 사람들에 대해 자신의 우월성을 확대하고 합리화하려고 구성하는 것으로 그 대표적인 실례가 민족주의이다. 이와 반대로 '저항 정체성'은 타자에 의해 우월성의 논리로 압박을 당하거나 평가절하되는 자신의 위치나 상황을 벗어나기 위해 구성하는 것이다. 이는 곧 일정한 사회제도에 순응 내지 복종하기보다는 반대 내지 위반하는 원칙을 만들어 이를 토대로 자신의 저항과 생존의 전선을 구축하기 위한 정체성이다. 마지막으로 '기획 정체성'은 어느 정도 유리한 사회적·문화적 여건을 갖추고 있는 사회 관계자들이 사회에서 차지하고 있는 자신의 위치를 더욱 확고히 하기 위해 구축하는 것이다. 이러한 정체성은 전체적인 사회구조의 변형을 기도할 때 필요한 것으로 그 대표적인 실례가 페미니즘이다. 흔히 페미니즘은 여성의 권리를 확보하기 위한 저항전선을 넘어 가부장적 제도에 도전하고자 할 때 등장하는 정체성이다. 또한 이는 역사적으로 깊은 연원을 가지고 있는 사회적 지배의 생산과 재생산은 물론 성(性)과 개성의 공고한 구조의 변혁을 도모하고자 할 때 자주 등장하는 정체성이다.

정체성은 개인적으로는 수적 유일성과 내적 동일성에 대한 인식을 근거로 하는 한편 사회적으로는 사회 내부에서 차지하는 개인의 위치를 근거로 구성된다. 이는 또한 사회를 지배하는 우세한 문화의 흐름이나 이에 작용하는 권력관계로부터 영향을 받으며 구성된다. 정체성은 끊임없이 진보하는 과정이며 자아(주체)와 타자(객체)와의 교섭 공간을 매개로 지속적으로 구성되고 실천된다. 정체성은 결코 고정되어 있는 존재가 아니라 사회적, 문화적, 역사적 차원에서 지속적으로 '구성(constituted)'되는 존재인 것이다(Taylor et al., 2004). 정체성은 궁극적으로 사회 내부에서 끊임없이 순환하는 문화적 의미의 순환에 관여하는 정치적 과정 그 자체이다.

(2) 정체성개념의 지역에 대한 적용

철학에서 논의된 정체성개념을 지역에 적용해보면, 먼저 수적 유일성을 전제로 하는 정체성은 보통 보편성을 부정하는 배타적인 정체성이므로 객관화되기 어려운 문제점이 있다(이현재, 2005). 정체성은 형성과정에서 어느 정도는 주관성을 전제로 하지만, 보편성을 부정하는 수적 유일성만으로는 정체성을 객관적으로 인정받기 어렵다. 왜냐하면 정체성은 자기에 대한 인식과 타자에 의한 인식이 마치 동전의 앞뒷면과 같이 필연적으로 상호 결부되어 구성되기 때문이다(Calhoun, 1994). 예를 들면 예술가의 독창성은 사회적 보편성 또는 타자에 대한 부정을 통해 구현되는 것이 아니라 오히려 대중의 이해가 가능한 보편적 언어로 표현되어야 한다.

지역정체성도 다른 공동체의 구성원에 의해 구체적으로 이해될 수 있을 때 비로소 그 가치와 의미를 충분히 인정받는다. 다시 말해서 수적 유일성은 정체성의 성립에 필요조건이 될지는 몰라도 충분조건이 되기는 어렵다는 것이다. 수적 유일성에 근거한 정체성은 지명이나 상징과 같은 외부적이고 물질적인 표현을 통해 어느 정도 성립될지도 모른다. 하지만 오로지 외부적 시각에 의해 확인되는 개별성은 당사자의 내부적 시각에 의해 달성되는 지역의 내적 통일성을 결여하고 있으므로 객관적으로 완전히 인정받기 어렵다.

근대 이전에는 여행기나 답사기에서와 같이 특정한 지역이 독특하다(unique)는 이유로 '객관적 실체'로 인정받았지만 근대 이후에는 그렇지 못하다. 지역정체성은 '수적 유일성'에 덧붙여 '내적 통일성'을 근거로 정의되고 설명될 때 비로소 객관성을 획득한다. 여기에서 지역의 내적 통일성은 철학자 안게른이 언급한 '질적 정체성'을 기준으로 평가된다. 근대 이후 유럽의 지리학계에서 발전시킨 바 있는 형태지역과 기능지역의 개념이 바로 이러한 질적 정체성, 즉 동질성을 기준으로 정의되었던 것이다. 이러한 지역개념은 주로 "지역이 어떤 사회적 역할을 수행해야 하는가?"라는 질문과 밀접한 관계를 가지고 발달했다. 지역의 역할은 그것이 지향하는 가치체계나 지역공동체의 특성을 다양한 스케일의 다른 지역과의 관련성 속에서 드러내는 것이다. 다른 지역과의 관련성 속에서 지역이 수행해야 할 역할이나 지역공동체의 특성을 명확히 규정하는 것은 지역의 내적 동질성이 전제되어야 가능하다. 하지만 지역의 특성을 정의하는 다양한 지표들이 내용적으로 통일되기 어려운 바가 있으므로 오로지 내적 동질성만을 기준으로 한다면 지역정체성개념을 완벽하게 규정하기는 어렵다. 실제로 지역의 질적 특성들은 사회적 변화와 맞물려서 가속적으로 변질되고 다양화되어왔기 때문에 객관적으로 정의되기 어려운 경우가 많다.

그러나 이러한 다양한 특성들은 형식적으로 하나의 지역범위로 묶이고 이러한 특성들을 주민들이 '지역의 특성(지역과 같음)'으로 받아들일 때 지역정체성이 성립되기도 한다. 이와 같은 하나의 지역을 범위로 하는 다양한 질적 정체성의 형식적 통합은 곧 주민들이 지역정체성을 인식하는 필수적 조건이다.

> 인격적 정체성을 갖고 있다는 의식적 느낌은 두 가지 관찰에 동시에 의존하고 있다. 자신의 정체성과 시간적 연속성에 대한 직접적인 인식은 물론, 타자도 나의 정체성과 연속성을 인식하고 있다는 인식이다(Erikson, 1976; 이현재, 2005, 재인용).

이와 같은 에릭슨(E. Erikson)의 견해를 지역에 적용해보면 지역정체성은 내적 시각과 함께 외적 시각에 의해 인식되는 것으로 이해된다. 하지만 오로지 외적 시각에 의존하는 정체성의 증명은 실천적 맥락에서 궁극적으로 객관적 의미를 획득하기 어렵다. 왜냐하면 여기에는 주민의 내적 시각에 의해 확인되는 모든 것이 동일한 지역의 특성이라는 의식이 결여되어 있기 때문이다. 지역정체성의 내적 시각은 다양한 질적 정체성을 동일한 지역의 것으로 종합하고 판단하는 주민들의 능력에 의해 좌우된다. 이와 같은 주민의 능력은 질적 정체성이 만들어지는 원칙을 이해하고 타자 혹은 다른 지역의 시각에서 이러한 질적 정체성을 생각하는 보편적인 능력을 갖출 때 획득된다. 특정한 지역의 주민들은 보편적인 능력을 통해 특수한 규범이나 특성을 추상화하여 다양한 특성들을 통일성 있게 연관시킴으로써 궁극적으로 지역정체성을 구축한다. 지역정체성은 기존의 질적 정체성을 가감하여 내용적으로 종합하기보다는 오히려 이를 있는 그대로 나의 것으로 통합하는 능력을 통해 구축되는 것이다.

오늘날에는 지역정체성의 개념을 중심으로 지역의 연구와 이해에 접근해야 할 필요성이 점점 더 커지고 있다. 민주주의의 성장과 지방자치의 발달, 지리정보에 대한 접근 가능성의 증대 등의 영향으로 지리학자뿐만 아니라 다양한 주체들이 지역에 대해 관심을 갖기 시작했고 다양한 입장을 적극적으로 개진할 수 있기 때문이다. 예를 들면 장소판매가 활성화되고 이에 따라 실천적 주체의 역할이 활발해지고 있는 것을 쉽게 볼 수 있다. 안게른이 정의한 질적 정체성과 자아-정체성은 각기 고유한 내적 시각과 실천적 능력의 결합에 의해 하나로 통합된다. 실천적인 의미가 있는 주체의 자율성은 단순히 자신이 타인과 다름이 아니라 자아의 내적 정체성(같음)을 전제로 할 때 비로소 성립될 가능성이 있다. 지역의 주체, 즉 주민들의 실천적 역할은 특정한 개인 또는 집단에 의해 타율적으로 강요되기보다는 주민들이 주체적으로 받아들이고 동의한 정체성으로부터 출발한다. 오늘날 실용적인 측면에서 주체의 실천적 역할을 담보할 수 있는 지역정체성이 절대적으로 요구되고 있는 것이다. 그러므로 지역정체성이라는 개념이 한국의 지역에 대한 연구와 이해에 접근하는 중요한 코드가 되어야 한다는 사실은 분명하다.

2) 포스트모던 지역개념으로서의 지역정체성

(1) 차이의 개념과 지역정체성

① 포스트모더니즘 관점에서의 정체성에 대한 비판적 검토

정체성의 근저에는 "주체(subject)가 객체(object)를 통합하는 원리, 즉 자연과 사회 내부에서 주체가 자기 것들은 물론 다른 것들을 자기 자신과 같은 것으로 만드는 원리"가 작동하고 있다(이성백, 2002). 이와 같은 정체성의 원리는 '주체와 객체의 관계'를 "인식의 주체와 인식의 대상이 되는 객체가 상호대립적이다"라고 보는 근현대 철학의 입장에서 출발한 것이다(김지영, 2004).

실제로 근현대 철학이 이전의 철학과 다른 것은 주체의 인식을 넘어선 객체는 존재하지 않는 것으로 가정하고 사고한다는 사실이다. 철학이라는 학문 자체가 스스로 처한 시대적 상황을 개념적으로 정의하려는 시도라고 이해한다면 근현대 철학 역시 그 당시의 사회적 상황을 반영하는 사유체계인 것이다. 근현대 철학의 핵심적 개념인 근현대성(modernity)은 공간적 제약의 붕괴와 대량생산체제로 대표되는 자본주의적 경제구조, 이성적 판단을 전제로 다수의 의견을 따르는 합리적 의사결정구조와 보편주의는 물론, 이를 기반으로 하는 정치적·경제적 민주주의를 반영하고 있다. 근현대성은 인간 해방의 주체가 되는 이성에 대한 신념에서 출발했으며, 이러한 합리주의는 자본과 권력으로부터 억압받는 다수를 해방시키는 역할을 수행했다. 오랫동안 서구사회의 정신적 근간이 되어온 합리주의는 시민혁명의 토대가 되었을 뿐만 아니라 다수결의 원리와 계급적·집단적 사고에 근거한 거대담론이 수용되는 이념적 토대가 되었다.

그러나 이성에 기초한 합리주의가 서구사회의 진보에 커다란 기여를 하는 한편으로, 이성이라는 주체가 인간에게 '동일화(identification)'의 폭력을 행사해왔다는 비판이 오래전부터 제기되어왔다. '사회(또는 자연)와 인간 주체의 합일'에는 주관성(subjectivity)이 개입되므로, 주체는 비록 개별적이지만 주관성의 정당성을 획득하는 단계를 거쳐 집단 구성원 다수의 동의를 얻어내는 결과에 도달한다. 하지만 이와 같이 특정한 정체성이 개인이나 집단에 의해 구성되고 동의되는 과정에서 다양한 주체들이 단일한 유형으로 획일화되는 부작용을 수반한다. 정체성의 구성에는 주체가 객체를 지배하기 위해 객체의 차별성이나 고유성을 억압하고 객체를 주체 자신의 주관적 형식으로 통합하는 원리, 즉 객체를 주관화하는 원리가 작동하고 있다. 따라서 이러한 이성에 기초한 합리주의는 포스트모던 시대의 다변화하고 있는 사회에 참여하는 구성원들의 다양한 요구를 존중하고 포용하기가 어렵다. 최근에 들어 근현대성에 대한 이러한 비판은 형식적 민주주의와 경제적 성장이 상당히 진전된 구미 선진국을 중심으로 적극적으로 제기되고 있다. 포스트모더니즘은 근현대 철학에서의 정체성의 원리를 주체가 객체를 자기 수중에 장악하는 지배원리로 해석하는 사유체계인 것이다.[2]

타자(Other)를 주체의 정체성의 일부로 포섭한 근현대의 담론에서 진정한 타자의 의미와 위치를 찾는다는 것은 불가능하다. 여기에서 주체는 본질적인 실체가 아니라 외부에서 제공된 이미지로부터 자기인식을 하는 분열적인 존재이다. 라캉(J. M. E. Lacan)은 '거울단계(le stade du miroir: mirror phase)'의 설명을 통해 자타가 인정하는 듯이 보이는 동일시라는 과정이 실제로는 만성적 자기오인에 기반을 두고 있다고 주장했다.[3] 거울에 비친

---

2) 아도르노(T. W. Adorno)의 주장에 의하면 정체성의 원리는 주체의 특정한 형식을 객체에 부과하여 객체가 이 주관적 형식에 따르도록 강제하는 것이다. 이 과정에서 객체의 고유한 성격은 희생되기 때문에 정체성의 원리는 객체의 고유성을 억압하면서 주체의 원리에 복종시키는 지배의 원리이며, 또한 사물의 독자성을 파괴하고 그것을 인간을 위한 사물로 만드는 원리이다(이성백, 2002).

3) 거울단계는 크게 세 시기로 나눌 수 있다. 첫 번째 단계에서 어린아이는 거울에 비친 자신의 모습을 실재하는 타자로 지각한다. 즉, 자신과 타자를, 이미지와 실재를 혼동하고 있는 상태이다. 그러나 두 번째 시기에서 어린아이는 거울 속의 '타자'가 실재하는 존재가 아니라 이미지일 뿐이라는 사실을 깨닫게 된다. 이미지와 실재를 구분하는 행동을 하게 되는 것이다. 세 번째 시기에는 거울에 비친 자신의 모습이 단지 이미지일 뿐이라는 사실과 함께 그 이미지가 바로 자신의 이미지임을 확신하게 된다(김형효, 1990).

이미지를 통한 자기인식은 자기 내부가 아닌 외부로부터 주어진 것이며 실상은 좌우가 뒤바뀐 상태로 되어 있다. 이와 같이 자기정체성을 구축하는 주체에게 자기인식이란 애초부터 자신의 존재가 결여되고 소외되어 있는 상태에서 진행되는 것이다(양석원, 2001). 그러므로 포스트모더니즘 철학의 타자(Other)에 대한 논의는 주체로 환원되지 않고 동화되지 않은 '타자(Other)의 타자성(Otherness)'을 탐구하는 것에서 출발한다. 들뢰즈(G. Deleuze)의 주장에 의하면 타자가 기본적으로 존중되려면 자아에 대한 의식과 대상의 구별이 전제되어야 한다. 자아에 대한 의식과 대상의 분리를 가져오는 타자의 작용으로 인해 우리는 공간과 시간을 연속적인 것으로 인식하는 것이다. 우리들이 현재 세계를 연속적인 것으로 인식하는 이유는 자아가 타자와 함께 현재 세계에 거주한다고 인정하기 때문이다. 우리들이 보고 듣고 생각하는 것이 한정되어 있음에도 현재 세계가 온전하다고 믿는 이유는 우리들이 지각하지 못하는 부분을 타자가 지각하고 있고 또한 우리들이 앞으로 지각 가능한 부분을 인정하기 때문이다(Deleuze, 1969; 김지영, 2004, 재인용).

이와 같이 포스트모더니즘의 입장에 의하면 서구의 형이상학은 '같음', 즉 동일성(identity)의 논리를 위해 '다름', 즉 차이성(difference)을 차별해온 폭력적 위계질서였다. 이제는 타자와의 평화로운 공존을 위해 기존의 정체성개념은 차이성에 합당한 의미와 위치를 부여하는 새로운 개념으로 정의되어야 한다(이성백, 2005). 오늘날의 정체성개념은 내부적으로 같은 성질(동질성)만을 강조한 나머지 다른 성질(이질성)을 무시하는 방향을 탈피하여 새롭게 정의될 필요가 있다. 모더니즘, 즉 근현대주의는 정체성을 확고하고 안정적인 성질로 간주하는 반면 포스트모더니즘은 정체성을 고정되어 있지 않고 '창조(creation)'와 '순환(recycling)'을 거듭하는 가변적인 성질로 이해한다(Bauman, 1996). 결론적으로 정체성이란 매우 복잡하고 부단히 변화하는 성질일 뿐만 아니라 사회적 정체성의 경우와 같이 단수가 아니라 개인과 집단에 따라 다양한 성질로 표현되는 복수로 존재한다.

정체성은 결코 통일되지 않은 채 더욱 분절되고 갈라져왔으며, 결코 하나가 되지 않고 오히려 서로 교차하고 반대되는 담론, 실천, 지위 등을 넘어 다중적으로 구성된다. 하나의 정체성은 급진적으로 역사를 창조하는 주체인 동시에 위치와 모습을 끊임없이 바꾸는 과정이다. 정체성은 시대적 담론을 통해 구성되므로 특정한 역사적·제도적 배경을 가지고 생산되는 것으로 이해해야 한다. 정체성은 특정한 양식의 권력으로부터 발생하며 내부적 차별성이 없는 '같음(sameness)'을 의미하는 전통적 의미보다는 차이와 배제를 동반한 표현에서 나온 산물로 이해해야 한다. 정체성은 '다름(이질성)'의 외부에서 '같음(동질성)'만으로 구성되는 것이 아니라 '다름(이질성)'을 포함한 내부에서 '같음(동질성)'으로 구성된다(Hall, 1996).

② 차이의 개념과 지역정체성

세계화의 추세와 더불어 급격하게 진행되어온 시공간의 압축은 공간적 장벽을 붕괴시켰고 보편성이 부각되는 배경이 되었다. 이는 다른 한편으로는 지역정체성을 암묵적으로 강화하여 공간과 장소에 대한 새로운 의미를 탐구할 필요성이 생성되는 원인이 되었다. 공간적 장벽의 붕괴로 장소와 공동체가 공간과 자본의 영향을 받기 쉬워짐에 따라 지역주의와 민족주의적 정서가 활용될 가능성이 커진 것이다. 장소, 개인, 공동체를 기반으로 하는 사회적 소속감의 상호간 유대가 강화됨에 따라 장소에 대한 충성심이 계급의식에 비해 우위를 차지하게 되었다(하비, 1989). 공간적 장벽의 붕괴는 상품과 자본 순환의 가속화와 전통적 산업입지의 변화를 유발하는 한편 장소 상호간 경쟁을 심화시켰다. 아이러니하게도 공간적 장벽의 붕괴로 인해 오히려 예전보다 지리적 환경의 고유성이 더욱 중요해진 것이다. 아무것도 없던 곳에 새로운 산업단지들이 출현하기도 하지만 전통적으로 기술과 자원조건이 좋았던 곳에 외부자본이 진출하는 것이 가능해진 것이다(하비, 1989). 이에 따라 지역들은 제각기 자기 장소의 특성을 강화하거나 부각시켜 차별된 다양한 공간을 창출할 필요성을 느끼게 되었다.

오늘날 사회에는 특정한 차별(차이)성을 억압하며 자신의 특권을 누려온 특정한 정체성이 여전히 존재하고 있다(Baldwin, 2004). 근현대는 이성 또는 합리주의라는 명분으로 남자는 여자에 비해, 백인은 비백인에 비해, 이성애자는 동성애자에 비해 특권을 누려온 시대이다. 현대 한국의 경우에 국가권력은 시민세력에 비해, 그리고 중앙정부는 지방자치단체에 비해 상대적 우월성을 유지해왔다. 중앙집권적인 절대권력이 오랫동안 현실정치를 지배해왔던 한국의 현대사는 국가중심적인 정체성을 양산하는 배경이 되었다. 이러한 중앙집권화는 실질적으로 다양한 지역들이 주체적인 정체성을 구성하는 것을 제한하거나 방해해왔다. 예를 들면 봉건제도에 대한 저항의 역사는 비민주적 국가권력에 의해 의도적으로 사장되거나 '충절'이라는 형태로 왜곡되어 지역정체성의 요소로 제시되었다. 이러한 지역정체성이 지역주민들의 자발적인 동의를 획득하지 못하는 것은 지극히 자연스러운 결과이다. 하지만 포스트모더니즘의 시각으로 볼 때 정체성은 확고한 범주에 의해 사회 전체적으로 확인되기보다는 주민들 상호간의 차별성을 포용하며 선택적으로 구성되는 것이다. 사회적 차이에 대한 인식은 정체성 구성의 메커니즘과 우월한 의미를 가진 헤게모니가 형성되는 과정을 추적하는 데 절대적으로 중요하다(Taylor et al., 2004). 특권적 주체의 입장뿐만 아니라 객체의 입장을 고려해야만 비로소 주민들의 자발적 동의를 획득하는 정체성이 구성되는 것이다.

오늘날의 세계는 정도의 차이는 있으나 합리적인 정치적 · 경제적 토대를 갖추고 있거나 아니면 최소한 이를 지향하고 있다. 최근에는 한국도 중앙집권적 정치권력구조가 지방분산적으로 변화하고 형식적 민주주의가 많이 발달했다. '다름(이질성)'에 합당한 위치를 부여해야 한다는 입장에서 보면 지역정체성은 국가 중심의 정체성에 대해 소수의 견해를 대변하는 것으로 이해된다. 따라서 지역정체성은 국가(민족)주의 이데올로기와의 합치 여부를 떠나 각 지역의 고유한 특성을 기준으로 정의해야 한다. '다름(이질성)'의 개념이 개입된 지역정체성이야말로 그 내용을 보다 더 풍부하게 함은 물론 주민의 자발적 동의를 얻어낼 수 있을 것이다.

(2) 주관성과 지역정체성

정치적·사회적 문제에 대한 주장과 정책, 사회운동 등은 장소와 정체성 또는 장소와 소속감의 상호관계를 정립하고자 할 때 과거의 역사나 지역 특성에 대한 일치된 이해에 크게 의존한다. 이와 같은 장소에 대한 정체성과 소속감은 특히 지역주의나 장소의 상품화 등과 같은 이념이나 행위들에 대한 심리적 기반이 된다(Massey, 1994). 그러나 문화나 역사와 같이 과거로부터 전해 내려오는 전통을 기초로 하는 지역의 특성은 외부적 조건의 빠른 변화에 민감하게 반응하는 경향이 있다. 외부적 조건의 변화에도 누군가가 본래의 지역 전통을 의도적으로 유지·보존한다고 하더라도 이는 과거의 복원 수준에 머물기 쉽다. 그렇지만 현재에도 주민들이 참여하고 있을 정도로 살아 있는 전통을 중심으로 하며 그들의 주관적 의식과 판단에 근거한 정체성이라면 지역의 특성을 강화하고 주민을 통합하는 원천이 될 수 있다.

엔트리킨(J. N. Entrikin)은 장소와 지역에 대한 사고를 주관적이고도 객관적인 차원으로 이원화해야 한다고 주장했다(Entrikin, 1994). 그의 주장에 의하면 지리학은 장소와 지역에 대한 사고에서 오랫동안 탈중심적인 관점,

즉 외부자나 관찰자의 관점에 집착해왔다고 한다. 그는 지리학의 지역적 접근을 혁신하려면 장소에 관한 전통적인 관점을 넘어 장소에 대한 경험을 포함하고 있는 인간의 주관성을 고려해야 한다고 했다. 일반적으로 정체성은 표현되거나 드러나기 어려운 주관성이 객관적인 역사나 문화와 결합되는 지점에서 형성된다(Hall, 1993). 지역정체성을 이해하려면 주민의 주관적 의식과 같은 주관성과 지역의 역사나 문화와 같은 객관성을 모두 고려해야 한다. 또한 개인과 사회가 공간상에서 통합되는 과정보다는 사회적 공간이 개인(또는 집단)에 의해 창조되는 과정을 중심으로 지역정체성을 탐구해야 한다. 지역정체성은 역사적으로 우발적인 과정을 거쳐 형성되며, 이러한 과정은 다양한 방식으로 정치적, 행정적, 경제적, 문화적 실체와 담론에 영향을 받는다.

주민의 의식이나 기억과 같은 심리적 지속성은 매우 다양한 정체성의 기준, 또는 정체성 구성요소의 하나가 되지만 객관적 실체로 쉽게 인식되지 않는 경우가 많다. 따라서 이것을 지역정체성의 구성요소로 활용하기 위해서는 의도적인 성형과정이 필요하며 이 과정에서 특정한 입장과 의도가 개입되기 마련이다. 지역정체성은 객관적으로 존재하는 것이 아니라 주관적으로 만들어지고 있는 것이다(Baldwin, 2004). 일례로 지방자치단체가 과거에 대한 특정한 기억을 의도적으로 되살려서 주민들의 의식에 주입하는 경우를 많이 볼 수 있다. 그런데 일방적으로 특정한 입장에 의해 부각된 요소들은 지역과 관련된 다양한 주체들의 동의를 얻어내기가 어려울 가능성이 크다. 지역개발계획의 수립에서 주민과 기업의 적극적인 참여를 유발하는 것이 점점 더 필수적인 조건으로 대두되는 것도 이러한 이유 때문이다. 따라서 다양한 주체들의 의견을 통합하는 것은 특정한 지역의 개발계획과 사업의 시행에 대한 신뢰도를 높이는 중요한 방법이다. 여기에서 다양한 주체들끼리 갈등하고 대립하는 의견을 통합하는 효과적인 방법은 지역(또는 국가)의 정체성을 설계하는 것이다(Amdam, 2000). 정체성의 설계는 지역과 관련을 맺고 있는 다양한 주체들의 입장, 즉 주관성을 충분히 고려할 때 주체의 능동적 참여와 실천을 담보할 수 있다.

(3) 지역정체성과 권력관계

인간의 사회적 행동은 특정한 사회적 행위자에 의해 유도된다기보다는 그들 자신을 행위자로 표현하는 방법을 통해 지속적으로 재창조된다(Giddens, 1984). 이데올로기, 정치적·경제적 지위, 시민의식 등은 이견과 갈등의 원인이 되는 경우가 많지만 이러한 이견과 갈등으로부터 새로운 이미지가 생산된다. 이렇게 생산된 이미지가 유통되는 과정을 통해 이데올로기, 정치적·경제적 지위, 시민의식 등의 특성들은 또다시 만들어진다. 인간의 사회적 행동이 마치 스스로 재생산되는 것처럼 순환적이므로, 사회구조와 인간의 사회적 행동 사이에는 지속적인 상호관련성이 존재하는 것이다. 이러한 특성들은 민족, 인종, 다문화주의, 성별, 섹슈얼리티, 주민의식, 경제 등으로 인해 점점 더 복잡한 양상을 띠며 지역정체성의 형성에 직접적·간접적으로 관여해왔다.

그 밖에도 지역정체성의 형성에 관여하는 요소들은 자연에 대한 사고, 경관, 건축환경, 민족성, 방언, 경제적 성장 또는 쇠퇴, 주변-중심 관계, 주변화, 주민 또는 공동체의 상투화된 이미지, '우리들'과 '그들'에 대한 공통적인 인식, 실질적인(또는 가공적인) 역사, 이상적인 사회에 대한 의식, 주민들의 동일시에 대한 산발적인 논쟁 등이 있다. 때로는 언어와 방언이 국가(민족)와 지역의 정체성 형성에 핵심적인 역할을 하는 경우도 있다(Knox, 2001). 정체성은 다소 폐쇄적이면서 주민의 상상력 속에 존재하는 경향이 있기 때문에 이러한 요소들은 정체성을 구성하기 위한 담론이나 실제에서 의식적으로 활용되기도 한다.

개인적인 수준에서 지역정체성 또는 지역의식은 개인 또는 가족의 공간적 역사를 캐는 질문, 즉 "나는 어디에 속하는가?"에 대한 해답을 제공한다. 이동이 제한되어 있던 과거에는 정체성이 하나의 특정한 지역에 국한되는 경우가 많았지만 오늘날에는 특정한 지역에 국한되는 경우가 그리많지 않다. 하지만 오늘날 정체성의 구성은 사회적·경제적 지위, 출신지역은 물론 권력의 영향을 적지 않게 받는다. 집단을 구성하거나 해체하는 사회적 구분을 합법적으로 정당화하고 주민들이 이를 알고 믿도록 하기까지 권력관계가 지대한 작용을 한다. 지역정체성의 형성에는 주민 의식에 직접적인 영향을 주는 집단적인 호감(또는 적대감), 대중적 의견, 대중매체 등과 같은 사회적 요소들이 지속적으로 작용하는 것이다. 그러므로 최근에 정치지리학자들은 정체성을 국가주의, 민족주의, 지역주의, 시민정신 등을 이해하는 하나의 열쇠로서 취급하는 경향이 있다(Paasi, 2003).

정체성(동일성)과 차별(차이)성은 다양한 공간적 스케일(scale)상에서 발현되므로 특정한 지점의 정체성 또는 차별(차이)성은 스케일이 다른 또 다른 지역의 특성을 만들어내는 원인이 되기도 한다(Bell, 1999). 이러한 공간적 상호작용과정을 거쳐 정체성은 궁극적으로 일정한 영역(territory)을 가지며, 이와 같이 지역화(regionalization)된 정체성은 집단적 행위나 사고의 배경이 된다. 특히 정체성은 인종, 성, 종교, 계급 등과 같은 차별성과 혼합되었을 때 더욱 큰 에너지를 가지며, 진보적이든 보수적이든 상관없이 역동적인 정치운동의 배경이 된다. 사실상 이러한 집단적인 행위(사고)는 '우리들'과 '그들' 사이의 사회적 구분과 경계가 없다면 거의 성립되지 않는다. 그러므로 전략적으로 유사성이나 차별성을 강조하는 것이 집단적 행위(사고)를 유발하는 데 유리하다(Bernstein, 1997). 특정한 유형의 정체성은 대체로 길고 짧은 역사를 가지는 지역화 과정을 거쳐 집단적 행위(사고)로 표현되는 경우가 많으며, 또한 주민들의 일상적인 투쟁과정을 거쳐 형성되기 때문에 필연적으로 타자에 대한 반대(차이)를 함축하는 경우가 많다. 실제로 유럽에서 진척되어온 사회적 정체성에 관한 연구들은 집단적 소속감이 개인적 정체성의 주요한 구성요소이며 개인이 자신이 속한 집단을 다른 집단과 구별되는 긍정적 집단으로 보는 계기가 된다고 가정한다(Oysterman, 2004).

또한 정체성을 구성하는 사회적 관계는 본질적으로 매우 역동적이며 변화하는 속성을 가지고 있으므로 지역정체성은 고정되어 있는 것이 아니다 (Massey, 1994). 사회적 요소들은 '우리들'과 '그들' 사이의 경계를 만들어내거나 사회적 구분과 공간적 표현을 생산하고 재생산할 때 제각기 다른 위치와 입장을 점유하고 있다. 지역에 대한 개인적 경험은 점점 더 다양해지고 있을 뿐만 아니라 지역정체성에 관한 담론들은 더욱 필연적으로 '권력 기하학(power geometry)'의 표현이 되고 있다. 더구나 이러한 권력 기하학의 생산과 재생산은 주민들이 태어난 로컬리티(locality)나 지역에서만 발생하는 것이 아니라 다른 지역이나 국가와의 관계에서 발생하는 경우가 점차 많아지고 있다(Paasi, 2003). 이와 같은 상황은 정체성을 객관화하여 하나의 지역을 설정하는 기준으로 삼는 것을 점점 더 어렵게 만들며, 지역 정체성을 구성하는 주체들의 입장이 점점 더 갈등하고 대립하는 이유가 되고 있다.

(4) 경계의 의미와 지역정체성

경계(boundary)는 '지도상에 그어지는 선', 또는 '주권이 미치는 범위' 이상의 의미를 갖는 것으로 지역정체성, 주민의 행위, 인구 및 물자의 이동, 권력 등과 밀접하게 연결되어 있다. 이에 따라 1990년대에는 전 세계적으로 경계와 범위가 사회과학과 문화연구에서 핵심 단어로 부상했다(Anderson et al., 2003). 특히 정체성과 경계는 동전의 양면으로 보는 것이 일반적이며 이에 따라 물리적 또는 상징적인 경계는 정체성의 배타적인 구성요소로 간주된다(Hall, 1996). 그런데 많은 학자들은 범위, 정체성, 권력 등이 고정되어 있다는 사고에 문제를 제기해왔으며 경계 또는 범위의 비영속적이고 분절성이 강한 본질에 대해 주목해왔다. 경계 또는 범위는 물질적·상징적 차원에서 그리고 권력관계에서 '섞이고 융화되며 흐릿해지고 잡탕이 되는 공간'으로 이해되는 경향이 많아지고 있는 것이다(Bhabha, 1994). 따라서 주민 또는 장소 정체성은 순수하고 고정된 것은 아니며 정체성은 경계가 불분명한 공간의 내부에서 발생하는 수많은 상호작용의 결과라고 볼 수 있다. 이러한 사실은 경계가 어떤 일반적인 본질도 갖고 있지 않으며 변하지 않는 영속적인 실체가 아니라 사회적 구성물이자 투쟁의 결과물이고 권력관계임을 의미한다. 또한 경계는 역동적인 문화적 과정이다. 이것은 사회집단을 구별하고 그것에 의해 만들어지기도 하는 제도인 동시에 상징이다. 경계는 상징(iconography, 깃발, 유니폼, 조상 등), 기념물, 문학, 음악과 민속, 낙서, 유적, 경관 등에 나타나는데, 이들은 모두 지역정체성을 나타내고 상징한다. 따라서 연구자들은 다양한 재료들을 비판적으로 활용할 필요가 있는데, 매체담론(TV, 영화, 신문), 고급 또는 대중문화, 교육 등이 그것이다. 또한 연구자들은 경계가 어떻게 정당화되며 이들의 사회적·문화적 의미가 어떻게 만들어지는지에 관심을 가져야 한다. 제도 및 담론과 마찬가지로 경계는 다만 변경(邊境)에만 나타나는 것이 아니라 사회 속으로는 어디로든 확산된다. 이 모든 과정은 지역과 지역정체성은 실체로서 결론적으로 드러나는 것이 아니고 지속되는 과정이며 과제라는 사실을 표현한 것이다. 경계는 지역의 외곽을 따라서 형성될 뿐만 아니라 지역 내부에서도 만들어지며, 정체성 및 권력관계와 관련된 담론 속에도 자리를 잡고 있다. 경계는 뒤섞이고 불분명한 하나의 영역으로 물질적·상징적 실체들과 권력관계가 융합되는 지점이다(Anderson et al., 2003).

4. 지역정체성의 구성과 제도화 과정

1) 지역정체성의 구성과 제도화

오늘날은 모든 변화가 매우 빠른 시대로 지역의 특성 또한 예외가 아니다. 이러한 변화는 일반적으로 지역 상호간 차이를 줄이는 방향으로 진행되는 것처럼 보이지만 사실은 지역의 획일화에 못지않게 다양화라는 방향으로 나아가고 있다. 특히 한국의 경우에는 지방자치단체를 중심으로 지역의 다양화에 대한 관심이 증가하는 추세이다. 그러나 여기에서 중요한 자원이 되는 물질적 경관과 주민들의 의식이 모두 변형되거나 말소되어버려 연결고리가 상실된 경우가 많은 것이 한국 대다수 지역의 실정이다. 지역의 역사가 어떤 형태로든 남아 있더라도 이는 누군가에 의해 지금까지 규명되어 있을 수도 있고 그렇지 않을 수도 있다. 이러한 역사가 아직 규명되지 않았거나 아니면 벌써 규명되었다고 하더라도 주민들에게 널리 알려져 있지 않은 경우에는 지역정체성은 상당히 공허한 관념에 불과하다. 오늘날 주민들로부터 전폭적인 동의를 얻어내지 못한 정체성으로 그들의 실천을 요구하고 있는 지역들이 의외로 많다.

지역정체성은 사회적, 공간적, 역사문화적인 현상으로 고정적인 동시에 가변적이며 파괴적인 동시에 생산적인 특성을 갖는다(Raagmaa, 2002). 이는 사회집단이나 지역공동체에 의한 포함과 배제의 과정을 통해 구성되는 것이 일반적이다. 사회적 공간과 정체성은 역사를 통해 지속적으로 변화하지만, 가장 기본적인 사회적 욕구인 소속감은 음식이나 안전에 대한 습관적 욕구와 같이 거의 변함없이 지속된다. 최근의 정보사회가 새로운 정체성을 창조하고 있는 현실은 불과 10~20년 전의 상황에 비하면 매우 달라진 것이다. 초국적기업과 세계화로 대표되는 오늘날의 세계는 역설적으로 '지역공동체'에 대한 소속감에 근거한 정체성의 요구를 증가시켰다. 때때로 이러한 지역정체성은 주민들의 기본적인 사회적 귀속욕구를 만족시킬 수 있을지는 몰라도 나쁘게는 주민들의 열등감이나 자만심을 대신할 수도 있다. 지역들의 이익사회(gesellschaft)적 성격이 지나치게 강렬해짐에 따라 이에 대한 반작용으로 공동체(gemeinschaft)에 대한 요구가 부활했다. 그러므로 앞으로는 주민들의 교육수준이 높아지고 생활양식이 다양해지는 한편으로 다양한 스케일의 공간에서 진행되는 지역정체성의 구성과정을 더욱더 많이 목격하게 될 것이다(Raagmaa, 2002).

지역정체성은 사회적·역사적·문화적 차원에서 인위적으로 구성되는 것으로 물질적인 것(경관, 상징 등)과 정신적인 것(주민들의 의식, 신념 등)을 모두 구성요소로 망라하고 있다. 하지만 물질적 또는 정신적인 구성요소들은 지속적으로 변화하기 때문에 지역정체성 구성의 기준으로 이용되기에는 상당한 어려움이 있다. 정체성을 구성하는 다양한 요소들이 과거와 같은 상태를 얼마나 유지하고 있는가를 기준으로 정체성의 내용을 판단하는 것은 거의 불가능하다. 실질적으로 정체성에 대한 질문은 "우리는 어디서 왔는가?", "우리는 누구인가?" 등과 같이 '존재(being)'에 대한 것이기보다는 역사, 언어, 문화 등과 같은 자원의 지속적인 '생성(becoming)' 과정에 대한 것이다. 이러한 질문은 근원(root)보다는 경로(route)를 추궁하는 데 더욱 집중하므로 전통 그 자체는 물론이거니와 전통의 발명을 대상으로 한다(Hall, 1996). 결국 정체성은 사회적 합의에 의한 승인과 부인을 거쳐 사회적 소속감이나 법적 책임감을 부여하기 위해 인위적으로 규정한 것이다(유원기, 2004). 지역정체성은 자연적으로 생겨나거나 개인의 의지에 따른 행동에 의해 조성되는 것이 아니라 사회적인 합의를 거쳐 구성되는 것이다.

정체성의 구성에서 "어떤 일을 가능하게 하는 사람은 누구인가?", 또는

"이러한 일에 적당하거나 가치가 있는 사람은 누구인가?"라는 질문은 매우 중요하다. 이러한 질문은 다양한 사회적 긴장과 갈등을 동반하므로 실제로 '정체성의 정치'를 야기하는 원인이 되기도 한다(Calhoun, 1994). 이것이 의도하는 바는 타자들이 인식하고 있거나 인식하고자 하는 정체성을 부정하거나 모호하게 하며 심지어는 아예 대체하는 것이다. 따라서 정체성은 경우에 따라 매우 주관적이 되기도 하며, 의도하는 목적에 따라 지극히 다양한 형태로 표현되기 마련이다. 이처럼 지역정체성의 구성은 다양한 제도화 주체들의 감정적이고 직관적인 판단에 의존하는 것이므로, 이에 대한 분석은 '제도화(institutionalization)'라는 개념으로 접근할 필요가 있다(Keating, 2001). 여기서 제도화란 지역정체성의 구축을 위해 영역적 경계, 상징, 제도 등을 만들어내는 과정이다. 제도화는 한편으로는 담론, 사회적 실현, 의식 등의 근원이 되기도 하지만 또 다른 한편으로는 이들에 의해 통제되기도 한다. 이러한 제도화가 진행되는 동안 하나의 지역은 자기 고유의 정체성을 획득하므로 장소에 대한 인식은 제도화 과정을 설명하는 유효한 수단이 된다. 이렇게 주관적으로 구성되는 지역정체성은 이전부터 존재해왔던 객관적인 실체가 아님은 물론 때로는 주민들의 토착적인 지역의식(regional consciousness)을 초월한다. 지역주민뿐만 아니라 정치가와 지식인을 비롯한 타자들이 지역의 이미지에 대한 요구에 반응하고 이러한 지역의 이미지를 조작하고 지지하며 유통시키는 작업에 가담하고 있다(McSweeney, 1999).

대체로 지역정체성을 구성하는 제도적 요소에는 경제, 행정, 언어, 매체, 문학, 권력관계 등이 있다. 이러한 구성요소들은 복잡하게 얽혀서 혼합된 채 지역의 실체와 담론에 영향을 준다. 지역정체성의 제도화에 관여하는 다양한 조직과 기구를 포함하는 요인들은 지역의 의미와 기능을 제각기 다르게 이해하며 서로 다른 전략을 채택한다(Allen et al., 1998). 그러므로 제도적 실천을 통해 지역정체성이 어떻게 구성되고, 물질적이고 정신적인 지역 특성이 어떻게 창조되며, 다양한 사회집단이 어떻게 참여하는가에 특별한 관심을 가져야 한다. 특정한 지역의식의 재생산과정을 규명하려면 물질적이고 상징적인 지역 특성이 제도화되는 과정은 물론이고, 사회적 재생산과정의 물질적이고 역사적인 기반에 대한 이해가 필요하다.

일반적으로 특정한 지역의 정체성은 다른 지역의 정체성과 사회적 · 공간적 관계를 갖기 때문에 행정구역에 국한되지 않고 자신이 차지하는 공간적 범위의 수축 혹은 팽창을 반복한다. 그것은 일정한 공간적 범위에서 역사적으로 전개되는 사회적 · 경제적 관계에 의해 형성되며 역동적이다. 그러므로 지역정체성의 구성에 관여하는 제도화 과정은 시간과 공간을 기준으로 단계별로 개념화하는 것이 가능하다. 예를 들면 파시는 지역형성의 논리와 역사를 개념화하기 위해 제도화라는 개념의 논의를 본격적으로 시도한 바 있다. 그의 제안에 의하면 제도화 과정은 비록 도식화될 수 있는 위험성이 있기는 하지만 전체적으로 <그림 1-1>에서 보듯이 ① 영역적 형상(territorial shape)의 발달, ② 상징적 형상(symbolic shape)의 성립, ③ 제도(institution)의 출현, ④ 지역(region, locality)의 성립이라는 네 단계를 거친다고 한다(Paasi, 1991). 그러나 이와 같은 제도화 과정은 첫 번째 과정에서 네 번째 과정으로 순차적으로 진행되는 시간적 개념이 아니다. 지역에 따라 네 개의 단계 가운데 일부만을 통과할 수 있으며 진행순서가 서로 뒤바뀔 수도 있다. 이는 모든 지역이 반드시 공통적으로 경험하는 과정이 아니므로 지역정체성의 구성과정을 도식적으로 설명하는 도구로 활용해서는 안 된다. 가급적이면 제도화 개념은 지역정체성의 구성과정을 이해하는 하나의 유효한 수단으로 이용하는 것이 더 바람직하다. 왜냐하면 지역정체성은 객관적인 실체로 공인되기보다는 다양한 주체, 즉 제도화의 요소들에 의해 주관적으로 받아들여지고 의도적으로 만들어지는 것이기

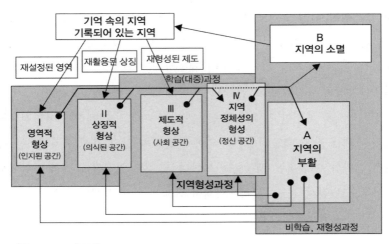

〈그림 1-1〉 지역 형성과정 : 지역의 소멸과 부활

자료: Raagmaa(2002).

때문이다.

　지역정체성은 지역을 사회적·경제적·정치적 공간으로서 인위적으로 조성하는 데 필요한 핵심적인 요소이다(Anderson, 2002). 특정한 지역에 '속한다'는 느낌은 집단적인 결속력을 강화하는 패권적인 지역정체성에 동의하거나 저항하는 기능을 하며, 경제적 이익을 추구하는 지역정체성을 육성하는 기반이 된다. 그렇지만 이러한 정체성이 무엇으로 구성되며 집단적 행동이나 정치적 행위에 어떠한 영향을 주는가를 설명하는 것은 결코 쉬운 일이 아니다. 지역정체성의 분석에 접근하는 방법은 문화적·역사적인 과정을 추적하는 것과 정치적·경제적 맥락으로 접근하는 것으로 대별된다(Paasi, 2003). 지역의 특성에 따라 가장 적합한 방법을 양자택일하면 되겠지만 실제 연구에서는 이들 양자는 완전히 분리되지 않는다. 사실은 특정한 지역이 영역의 경계를 획득하고 이러한 영역을 상징하는 구조가 조성된 다음, 무엇보다도 이러한 구조를 강화하기 위한 제도가 출현하는 과정을 탐구하는 역사적 접근법이 필요하다. 제도화의 과정에서 모든 단계에는 공통적으로 일정한 권력관계에 영향을 주는 정치적·경제적 배경들이 작용하고 있으며 최종 단계가 또다시 새로운 단계의 시작이 되기도 한다.

지역정체성은 우선적으로 주관성에 기초하지만 주관성은 행동의 자율성과 주체의 자기비판을 기반으로 한다. 지역정체성은 일정한 형상과 위치로 고정되지 않는 하나의 과정이나 과제(project)로 이해해야 한다(Baldwin, 2004). 과거의 지역정체성은 오늘날 명료하게 형상화될 가능성이 있지만, 현재의 정체성은 그렇지 못하며 미래에는 또 다른 형상으로 재구성될 가능성이 있다. 지역정체성은 자아와 외부세계와의 끊임없는 상호작용을 통해 지속적으로 재구성되므로 현재를 기준으로 과거를 복원하는 것은 올바른 방법이 될 수 없다. 그러므로 제도화의 개념은 현재를 포함하는 일정한 시점을 절대적 기준으로 삼지 않고 지속적으로 변화하는 과정으로 지역정체성을 이해하는 데 매우 유용하다.

2) 제도화 과정

(1) 영역적 형상의 발달

영역적 형상의 발달과정은 지역이 경계를 획득하고 공간구조에서 독특한 단위로 규정되는 과정이다. 경계의 핵심은 지리적 경계 그 자체가 아니라 사람들이 그것에 의미를 부여하는 상징적 경계이다. 영역은 지역을 구성하는 가장 기본적인 요소로서 영역적 형상의 발달과정은 경제, 정치, 행정 등의 사회적 현상이 지방화(localization)되는 것과 관계가 있다. 영역(territory)이라는 용어는 지리적 공간과 권력을 함축적으로 의미하며 여기엔 권력관계가 중요한 역할을 한다. 지방화를 통해 지역의 변화가 발생하고 지역이 경계를 획득하며 공간구조에서 독특한 단위로서 규정된다(Paasi, 1991).

영역적 형상은 전통적 지역개념 가운데서 결절지역의 개념과 유사한 특성을 갖는다. 즉, 결절점이 영향력을 미치는 범위, 곧 지역의 핵심을 중심으로 형성되는 일정한 세력범위를 의미한다. 따라서 결절지역의 개념은 영역적 형상을 이해하고 이를 오늘의 의미에 맞추어 재정립하는 데 중요한 근거가 될 수 있다. 장소인식도 이와 유사한 의미를 갖는다. 지역주민들이 전통적으로 가지고 있던 장소인식은 지역의 영역적 형상과 밀접한 관련을 갖는다.

(2) 상징적 형상의 성립

상징적 형상의 성립과정에서는 지역을 상징하는 특정한 구조가 만들어진다. 상징적 영역은 역사나 전통과 함께 만들어지며 사회적 인식의 재생산을 촉진한다. 상징적 체계의 중요한 기능 중 한 가지는 현상(역할, 가치, 정체성, 특권 등)을 법제화하고 강화하며 고무하는 것이다. 영역 이데올로기 또는 지역정체성(국가주의, 지역주의, 공동의 문화유산에 대한 사고 등) 등과 같이 지역의 구성원들이 공유하는 신념, 가치, 이데올로기, 또는 의미체계 등이 여기에 포함될 수 있다(Paasi, 1991).

상징적 형상은 전통적 지역개념 가운데 동질지역의 개념과 관련을 갖는다. 오늘날 지역을 대표하는 상징의 요소들은 대부분 역사적, 문화적 요소들이며 이들의 분포를 통해 동질지역의 설정이 가능하기 때문이다. 그러나 결절성과 동질성, 장소인식 등은 각각 영역적 형상이나 상징적 형상에 단선적으로 영향을 미치기보다는 복합적으로 영향을 미친다고 볼 수 있다. 예를 들면 문화적 동질성은 지역의 상징적 형상의 요소이기도 하지만 핵심과 주변의 패턴을 보이기 때문에 지역의 영역적 형상을 파악하는 근거로 활용될 수도 있다.

지역의 구성과정에서 상징적 형상의 역할은 매우 중요하다. 사회적 단위로서의 지역사회는 구성원들과의 상징을 통한 상호작용과정을 통해 상대적으로 독특한 집합적 정체성, 즉 지역정체성을 갖게 한다. 다양하게 나타나는 상징들을 '지역의 것'으로 주민들이 받아들일 때 상징적 형상은 지역정체성을 강화하고 이를 통해 지역을 구성하는 데 결정적인 역할을 할 수 있기 때문이다. 특히 문화적 과정으로서의 상징은 개인적·집단적 정체성을 만들어내는 데 효과적이다. 따라서 일반적으로 상징적 형상은 지역의 역사, 전통과 관련이 깊다.

(3) 제도의 출현

제도의 출현과정에서 제도란 일반적으로 다양한 역할에 대한 기대에 의해 표준화되고 통제되는 비교적 지속적인 행동양식이나 시설이다. 이들은 영역적 상징과 기호의 역할 및 중요성을 강화하기 위해 등장한다. 또한 다양한 스케일에서 생산된 사회적 인식이나 소속감을 지속적으로 재생산하는 역할을 한다. 개인을 넘어선 집단적 사고체계나 가치의 생산은 구성원들을 사회화시키고 나아가 정체성을 구성하는 결정적인 원인이 된다. 대중매체, 교육기관 등의 공공시설이나 정치·경제·법률·행정 분야의 지방적 또는 비지방적 실체들이 여기에 포함된다(Paasi, 1991).

제도는 입장에 따라 다양한 목소리를 낼 수 있기 때문에 특히 지역의 구성과정에서 중요한 역할을 하는 요소이다. 또한 제도는 주관적 판단에 따라 지역에 대한 입장의 차이를 보일 수 있다. 그뿐 아니라 일반적으로 권력관계와 밀접한 관련이 있다. 따라서 지역정체성의 형성에 결정적인 영향을 미치는 요소이면서 지역을 이해하는 데 필수적인 요소이다.

(4) 지역의 성립

지역의 성립과정은 지역이 형성되고 난 후 제도화 과정이 연속되는 것과 관계가 있다. 영역과 상징이 성립되고 이를 강화하고 표준화하는 제도에 의해 지역정체성이 형성된다. 지역의 구성에서 필수적 요소인 지역정체성은 지역 성립의 절대적인 전제조건이다. 정신공간으로서의 지역정체성이 성립되면 지역은 성립되지만 지역정체성의 구성에 실패하면 지역은 소멸되어 기록이나 기억 속의 지역으로 전락한다. 그러나 지역이 소멸할 경우에도 또다시 재영역화, 재상징화, 재제도화 등의 과정을 통해 다시 지역의 구성과정을 밟을 수 있다(Paasi, 1991).

지역의 구성에 성공하게 되면 영역은 '장소판매'에 이용되거나 자원과 권력을 차지하기 위한 이념적 투쟁에서 하나의 무기로 활용된다. 예를 들면 영역은 사회 내부의 지역주의 이데올로기(ideology of regionalism)나 지역정책에 유리한 자원이나 권력으로 이용된다. 이후에도 지역은 다양한 주체들의 입장과 목적에 따라 영역과 상징을 끊임없이 형성하며 지역정체성을 만들어낸다. 지역은 머물러 있는 정태적인 존재가 아니라 끊임없이 재구성을 되풀이하는 동적인 존재인 것이다.

3) 제도화 개념의 한국지역에 대한 적용

오늘날 포스트모던 상황에 처한 지역은 내부적으로 점차 복잡해지고 있으며 공간적 제약이 약화되고 있다. 이러한 현상은 과거와 같이 제한된 공간과 특정한 지표면과의 관련성을 기준으로 정의되는 정태적인 지역개념으로는 설명하기 어렵다. 지역은 주민들의 이해관계가 직접적으로 표출되는 공간이기 때문에 지역과 관련이 있는 주체들의 입장과 가치판단에 따라 매우 다양하게 인식된다. 외부인이나 연구자들에 의해 수동적으로 정의되었던 전통적 접근법만으로는 오늘날의 지역에 대한 설명이 어려워지고 있다. 사회적 관계, 제도적 체계, 이데올로기, 상징 등과 같이 다양한 특성들이 주관성에 기초하여 인식되는 것이 오늘날의 지역이다. 한국의 경우에는 최근에 이르러 민주주의가 성장하고 지방자치가 발달하면서 지역과 관련을 맺는 많은 주체들이 다양한 견해들을 활발하게 개진하고 있다. 이와 같은 다양한 견해들을 어떻게 통합하고 선택하며 주민들이 자발적으로 동의하고 수용하도록 할 것인가는 지역의 생존에 필요한 가장 중요한 과제의 하나가 되었다. 이같이 오늘날 지역 이해에 필수적인 다양성과 주관성 또는 역동성과 가변성을 설명하기에 적합한 개념이 지역정체성(regional identity)이다.

지역을 정의하는 기준(criteria)의 분포밀도 또는 특정한 기능, 그리고 주민 의식 등은 시간적·공간적으로 지속적인 변화를 거듭한다. 지역 설정의 기초가 되는 모든 지리적 특색은 고정불변이 아니며 환경과 인간의 상호작용과정을 통해 끊임없이 변화하기 때문이다. 그러므로 지역에 대한 연구는 시간적 배경에 관심을 가져야 하며 지역은 과정으로 이해되어야 한다. 또한 지리학자는 다양한 지역개념 가운데 어느 것이 적절하다는 주장을 해서는 안 된다. 왜냐하면 하나의 지역을 설명하기 위해서는 여러 가지 유형의 지역개념이 필요하기 때문이다.

오늘날의 지역은 과거의 역사가 퇴적되어 만들어진 것이다. 그러므로 현재 현상적으로 드러나고 있는 지역의 특성을 정확히 이해하고 설명하기 위해서는 지역의 형성과정 또는 변화과정을 탐구하는 것이 올바른 방법이다. 오늘날의 지역은 특히 지역과 관련된 주체들의 입장에 크게 영향을 받는다. 주체들의 역할은 지역의 특색뿐만 아니라 경계에도 많은 영향을 미친다. 지역이 주체들의 정치적·경제적 입장을 반영하여 구성될 가능성이 커진 것이다. 그런데 지역과 관련을 맺고 있는 주체들은 지금까지와는 전

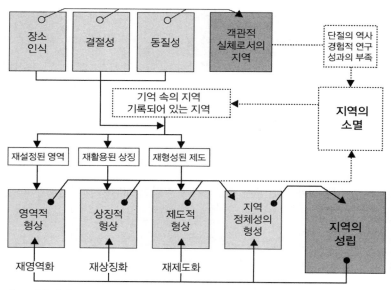

〈그림 1-2〉 지역의 구성과정

자료: 필자 작성.

혀 다른 새로운 지역의 특색을 만들어낼 가능성보다는 오랫동안 해당 지역에 축적되어온 특색 가운데 일부를 추출하고 이를 확대하거나 재생산하여 활용할 가능성이 크다. 그러므로 현재의 지역을 이해하기 위해서는 지금까지의 지역을 이해하는 과정이 반드시 필요한 것이다.

과거의 축적으로서 지역을 이해하는 것은 오늘날 지역을 의도적으로 구성해가는 여러 입장을 정확히 분석하기 위한 필수적인 선결과제이다. 기록이나 기억 속에만 남아 있는 지역을 오늘의 의미에 맞게 재구성하기 위해서는 전통적 의미의 영역과 상징에 대한 정확한 이해가 필수적이다. 이를 바탕으로 영역이 재설정되고 상징이 재활용되며 제도가 다시 형성되기 때문이다.

서구사회와는 다른 역사를 갖고 있는 한국사회는 해방 이후 급격한 사회적·경제적 변화에 따라 근현대적 특징과 포스트모던 현상이 공존하는 모습을 보이고 있다. 지리학의 발달사도 역시 서구의 학계와는 매우 다른 양상을 보이고 있다. 장소인식, 동질성, 결절성에 기반을 둔 객관적 실체로서의 지역에 대한 경험적 연구결과가 많지 않은 것이 한국 지리학계의 현실이다. 서구에서 지역지리학 연구가 활발하게 진행되던 시기에 한국은 식민지 역사를 겪고 있었으며, 해방 이후에는 바로 계통지리학 중심의 지리학이 유입되었기 때문이다. 많은 지역들이 정리되지 못한 채 지역으로서의 의미를 상실하여 기억 속의 지역 또는 기록으로만 전해지는 지역으로 남게 되었다. 따라서 최근 한국사회에서는 소멸한 지역에 대해 영역을 재설정하고, 상징을 새롭게 만들거나 재활용하며, 다양한 제도들이 출현하는 양상을 보이고 있다. 따라서 한국의 지역을 이해하는 접근법에는 지역지리학의 일반적인 발달과정과 함께 한국사회의 특수성을 고려한 방법론의 모색이 필요하다.

이러한 측면에서 동질성, 결절성으로 대표되는 전통적 지역개념과 포스트모던 지역개념인 정체성개념이 조화를 이루는 접근법이 오늘날 한국의 지역을 이해하는 적절한 접근법이라고 볼 수 있다. 즉, 영역적 형상의 발달은 장소인식이나 결절지역의 개념으로 접근이 가능하며, 상징적 형상의 성립은 다양한 문화요소를 지표로 하는 동질지역의 개념으로 접근할 수 있다. 이러한 요소들이 지역정체성 구성의 배경이 되고 있음은 물론이다. 또한 지방자치의 발달과 함께 다양한 제도들의 활동이 두드러지면서 다양한 입장들이 표출되고 있다. 다양한 제도들은 차이, 주관성, 권력관계 등과 깊은 관련을 갖기 때문에 지역정체성의 개념으로 접근할 필요가 있다. 또한 지역정체성의 형성을 통한 지역의 구성과정, 즉 제도화의 개념으로 지역에 접근할 필요가 있다. 이러한 접근법을 지역에 다양한 방법으로 적용해 볼 때 지역의 특징에 대한 보다 의미 있는 결과를 얻어낼 수 있다.

제2장

영역적 형상 발달의 역사적 과정

내포는 역사적으로 다양한 원인에 의해 경계를 획득하고, 경계 내에 독특한 문화를 축적해왔다. 이러한 역사적 배경은 단순히 '흘러 간 과거'가 아니라 오늘날의 내포와 관련이 있는 제도적 요소들에 다양한 방법으로 영향을 미치고 있다.

영역은 지역을 구성하는 가장 기본적인 요소로서 영역적 형상의 발달과정은 지역이 경계를 획득함으로써 지표공간에서 독특한 단위로 규정되는 과정이다. 내포는 고려시대 말에 등장한 이후로 단 한 차례도 하나의 행정구역으로 활용된 적이 없는 특이한 지역이다. 따라서 시대에 따라 그 영역에 대한 정의가 변화해온 특성을 가지고 있다.

이 장에서는 내포의 영역적 형상의 발달과정을 크게 두 가지 측면에서 살펴보았다. 먼저 내포의 범위에 대한 인식의 변화과정을 살펴보고 이러한 변화의 원인을 추적해보았다. 내포의 범위에 관한 인식의 변화 원인은 행정구역의 변동과 시장권의 변화를 통해 확인해보고자 했다. 또한 시기적으로 내포가 지역으로 가장 명확하게 인식되었던 때가 언제인지를 규명해보았다. 따라서 이 장의 내용은 내포의 영역적 형상의 발달과정, 즉 내포가 이름을 얻고 하나의 지역으로서 경계를 만들어낸 역사적 과정에 관한 내용이다.

먼저 기록을 통해 내포라는 지역에 대해 관심을 갖고 주관적인 장소로서 내포를 인식했던 주체를 추적해보았다. 어떤 이유로 어떤 계층에 의해 내포가 인식되었는가는 내포를 이해하는 데 매우 중요한 과정이다. 이를 토대로 하여 내포 범위의 역사적 변화과정을 살펴보았다. 이는 지역으로서 내포가 가장 확고한 위치를 차지했던 시기를 알아내기 위해 필요한 과정이다.

내포는 행정구역명으로 쓰인 적이 없는 지명이지만 지역의 변화과정에서 행정구역의 변화와 일정한 관련이 있을 가능성이 크다. 일반적으로 행정구역과 지리적 지역은 직간접적으로 모종의 관련성을 갖기 때문이다. 이러한 맥락에서 행정구역의 변화과정을 알아보았다.

이어서 내포의 실질적 범위를 알아보기 위해 시장권의 변화를 통해 내포의 공간구조를 파악해보고자 했다. 주로 동질성과 결절성에 의거하여 지역을 정의해왔던 것이 전통적 지역개념이다. 일반적으로 문화적 요소들이 동질성의 지표가 될 수 있다면 결절성을 고려할 수 있는 일반적인 지표로는 정보 및 물자의 유통을 들 수 있다. 이 가운데 어떤 지표를 적용할 것인가 하는 문제는 지역의 특성을 고려하여 적절하게 선택하여 적용함이 타당할 것이다.

동질성을 탐구하는 것이 주로 지역의 핵심과 주변을 구분하고 지역을 표현하는 상징적 요소를 규명하는 의미를 갖는다면, 결절성에 대한 고려는 지역권의 성쇠과정을 파악함으로써 내포의 영역적 형상(territorial shape)의 변화과정을 규명하는 데에서 의미를 갖는다. 또한 결절성의 역사적 변화과정을 탐구해봄으로써 내포가 어느 시기에 지역으로서의 의미를 강하게 띠었으며 그러한 특징을 상실해갔던 시기는 언제인지를 구분해낼 수 있을 것이다. 그뿐 아니라 결절성과 관련이 있는 지표 가운데에는 '상징'으로서의 의미를 갖고 있는 요소도 포함되어 있다. 예를 들면 내포지역에서 활동했던 보부상단의 경우는 결절성을 나타내는 지표로서 내포의 영역을 알게 해주는 요소이며 내포를 상징하는 요소로서의 의미도 가지고 있다. 그러므로 결절성에 대한 탐구는 지리적 지역으로서의 내포를 규명하는 과정인 동시에 내포의 영역 및 상징 요소를 통해 지역정체성의 형성과정을 해석하기 위한 근거를 찾는 과정으로서 의미를 갖는다.

장시는 다수의 판매자와 구매자가 한 달에 몇 차례 주기적으로 일정한 날짜에 만나서 거래를 행하는 장소라고 할 수 있다. 따라서 장시는 일정한 권역을 형성하면서 지역의 상업경제를 이끌었을 뿐만 아니라, 정보의 교환이나 홍보의 장, 오락과 유희의 장으로서 역할을 수행했다. 그러므로 장시는 단순히 경제적인 측면을 넘어 사회적·문화적 의미를 갖는 공간으로서, 이에 대한 연구는 특정 지역의 실질적인 범위를 파악하고 지역의 특성을 이해하는 데 유용한 지표가 될 수 있다. 또한 15세기 이후 전국적으로 등장하기 시작했던 장시는 일정한 권역을 형성하며 농업 기반 사회의 유통망으로서의 역할을 충실하게 수행했다. 그러므로 장시는 도시적 취락의 발달이 미약했던 전근대시기 내포의 결절성을 조명하는 데 적절한 지표가 될 수 있다.

한편 장시의 발달은 인구나 교통의 발달 등과 같은 사회적 조건과 밀접한 관련이 있다. 그렇기 때문에 장시에 대한 연구는 행정구역의 변동, 인구분포, 교통발달 등과 같은 사회적 조건에 대한 고려를 필요로 한다. 따라서 내포의 장시에 대해 탐구해보는 것은 결절성을 기반으로 내포의 공간구조를 이해하고 나아가 내포 내에서의 중심지 체계와 그 변동을 설명하는 유용한 도구가 될 수 있다.

1. 내포의 범위에 관한 인식의 변화

1) 장소인식의 주요 주체

'내포'는 충청남도의 서북부지방을 일컫는 지리적 지역으로서 역사적으로 하나의 행정구역으로 구획되는 지역이 아니었다. 내포가 처음으로 기록에 등장한 시기는 고려 말까지 거슬러 올라가지만 지명으로 사용되면서도 행정구역으로 구획된 적은 한 차례도 없었던 것이다. 영남, 호남, 관서, 관북 등의 지명도 행정구역으로 쓰인 적은 없지만 도(道) 단위 행정구역과 대략 일치하는 경계와 규모를 갖고 있는 데 비해 내포는 고려시대 이래로 어떤 단위의 행정구역과도 일치하지 않는 경계와 규모를 갖고 있었기 때문에 우리나라의 일반적인 예에 비춰볼 때 매우 특이한 지역이라고 볼 수 있다. 이러한 내포의 특징은 시대에 따라 내포의 범위가 다르게 인식되는 원인이 되었다.

지역범위가 역사적으로 계속 변화해왔다는 것은 주민들의 지역에 대한 인식이 바뀌어왔거나 또는 지역의 의미가 바뀌어왔음을 의미하는 것이다. 따라서 어떤 원인으로 주민들의 인식 또는 지역의 의미가 바뀌게 되었는지가 내포지역의 특징을 알아내는 중요한 단서가 될 가능성이 크다. 또한 주민들의 인식을 정확히 알아내기 위해서는 내포를 인식했던 주요 주체들의 계급적 특색을 알아보는 것도 중요하다. 지명 속에는 특정 이데올로기와 권력의 영향, 그것의 지칭[命名] 범위로 표현할 수 있는 영역(territory)의 변화, 그리고 그것을 통한 장소 정체성의 인위적인 획득과 축소, 박탈 등의 상황에 대해서도 의미 있는 해석과 설명을 찾아낼 수 있는 여지가 있기 때문이다(김순배, 2009). 이는 원칙적으로 지명의 변화에 적용되는 명제이지만 반대로 지명에는 변화가 없으면서 지명이 가리키는 지역범위가 변화해온 경우에도 적용할 수 있다. 이러한 경우는 흔하게 나타나는 예가 아니며 내포지역은 그 대표적인 사례이다.

고려 말에서 조선 중기까지 내포에 대한 초기의 기록들은 주로 조운이나 방어와 관련된 것들이다. 『고려사』에서 내포에 대한 기록은 공민왕 대에 처음으로 등장하는데, 모두 왜구 및 전라도 조운선과 관련된 내용이었다.1) 『조선왕조실록』에도 내포에 대한 기사들이 여러 차례 등장하고 있는데, 대부분 통치행위와 관련된 기사들로서 내포를 충청병영이 위치한 장소로2) 또는 조운3)과 관련시켜 언급하고 있다. 조운이나 국방과 관련된 내

---

1) "전라도 도순어사 김횡이 운수선을 인솔하고 내포까지 와서 왜적과 싸워 패배했는데 절반 이상의 군사가 전사했다"(『고려사』 공민왕 13년 4월 丁酉). "왜적이 내포에 침범하여 병선 30여 척을 파괴하고 여러 주들에서 벼와 조를 약탈했다"(『고려사』 공민왕 19년 2월 己巳).

2) "…… 충청도 병영이 외진 내포에 위치하여 양남의 적로와 까마득히 멀다고는 하지만 이미 설치한 병영을 경솔하게 폐지하기는 참으로 어렵습니다"(『선조실록』 권107, 31년 12월 癸丑).

3) "…… 충청도 각 관의 전조(田租)는 전객(佃客)으로 하여금 수송하되, 내포 · 금천(金遷)에 이르게 하고 ……"(『태종실록』 권24, 12년 8월 庚辰).
"…… 전라도에서 매년 연저창 · 광흥창의 미곡을 조운하는데, 아울러 4만 60석입니다. 만약 모두 충청도 내포에 육지로 운수한다면 인마가 지쳐서 쓰러질 것입니다. 청컨대, 경상도의 예에 의하여 그 정도의 멀고 가까운 것과 경작하는 땅의 많고 적은 것을 상고하여, 전라상의 각 고을은 내포에, 중도 · 하도는 용안성이나 혹은 진포에 정월에서 2월에 이르기까지 육지로 운수하여 창고를 짓고 수납했다가 3, 4월에 이르러 모조리 그 군자로 조운하도록 하면 ……"(『태종실록』 권28, 14년 9월 壬午). "…… 다만 전라도의 전세는 모두 해로를 경유하여 간혹 표몰할 염려가 있으니, 신은 생각건대, 경상도의 1년에 상경하는 전세를 반을 감하여 그 도의 주창에 납입하고, 그 감한 수를 전라도 안에 이정하여 도를 나누어서, 상도의 여러 고을은 충청도의 범근내창에, 하도의 여러 고을은 각각 부근의 영산창과 덕성창에 예전대로 수납하게 하면, 충청도의 내포 선운이 표몰될 염려가 없고, 전라도의 해

용이 많다는 사실은 내포가 주로 국가나 관료들을 중심으로 인식되었던 지역이었음을 의미한다.

이를 뒷받침하는 자료는 내포라는 이름이 민중문화와 관련하여 이름이 붙여진 경우가 없다는 점이다. 즉, 풍속, 민속, 민요 등 민중문화 요소 가운데 '내포'라는 명칭이 사용된 사례는 찾아보기 어렵다. 물론 조선시대의 기록은 지배계급을 중심으로 하는 정사(正史)와 양반관료층이 저술한 문헌들이 중심이 되기 때문에 민중문화적 요소와 관련된 내용들이 적을 수밖에 없을 것이다. 그렇지만 내포에 관한 기록에서 민중문화와 관련된 내용을 전혀 찾아볼 수가 없다는 사실은 지역 특성의 한 단면을 잘 나타내는 것이다. 지역 문화요소 가운데 '내포제(內浦制)시조'가 지명을 사용한 유일한 사례인데 시조도 민중문화보다는 사대부문화로 분류하는 것이 일반적이다.

내포의 지역 특성에 대한 언급 가운데 가장 많이 인용되는 것은 '살기 좋은 곳'이라는 『택리지(擇里志)』의 기술이다.[4] 『택리지』의 저자인 이중환은 저술 당시에는 비록 몰락한 양반의 처지였으나 과거에 급제한 관료였고 당시 명문가 반열에 있던 여주 이씨(麗州李氏) 가문 출신이었다. 따라서 『택리지』의 기술도 다분히 양반관료의 입장을 반영했다고 볼 수 있다. 그러므로 내포는 지역에 세거하던 민중의 입장보다는 국가 또는 사대부들의 입장에서 인식되고 구획된 지역이었을 가능성이 크다. 『택리지』의 "터를 고르면 살 만한 곳이 충청도이고 그중 제일이 내포"라는 언급은 바로 사대부 중심의·지역관을 잘 나타내는 표현이다.

또한 "서울과 가까워서 풍속에 심한 차이가 없으므로 터를 고르면 살 만

운 또한 감생될 수 있을 것입니다 …… "(『성종실록』권77, 8년 윤2월 己酉).

4) "忠淸道則內浦爲上(충청도에서 내포가 제일이다)"(『택리지』「팔도총론」충청도 조).

하다5)"라는 『택리지』의 기록 역시 같은 맥락으로 해석할 수 있다. 이중환은 당쟁으로 관직에서 물러난 후 『택리지』를 저술했다. 당색으로 볼 때 남인계열에 속했던 그는 고향인 충청도에 정착하지 못하고 전국을 떠돌다 일생을 마쳤다. 『택리지』의 인심조(人心條)에서 이중환은 "당색이 비슷한 사람들과 어울려 사는 것이 가능한 곳을 사대부들이 살기에 좋은 곳"으로 언급하고 있다.6) 당시 내포는 대부분 기호학파의 영향권에 들었던 곳이었으므로 서울·경기지역과 '풍속이 비슷'한 지역이었던 것이다.

이상과 같은 내포에 대한 인식을 바탕으로 양반 관료계급은 실제적으로 이주를 단행한 경우가 많았다. "여러 대로 서울에 사는 집으로서 이 도에다 전답과 주택을 마련하여서 생활의 근본되는 곳으로 만들지 않은 집이 없다"7)라는 기술에서 당시 이러한 현상이 크게 유행했음을 알 수 있다. 내포지역에 연고를 두고 있던 관료 가운데 다른 지역에서 이주 정착한 사람의 수는 거의 내포지역에서 출생한 사람 수에 이를 만큼 많은 수를 차지하고 있었으며 이들의 원거주지는 한양과 경기도가 가장 많았다(임병조, 2000). 이러한 사실은 내포가 양반관료층, 특히 서울이나 경기도에 거주하던 양반관료층에게 매력적인 곳으로 인식되었음을 뜻하는 것이다. 이러한 현상은 '뱃길로 한양과 매우 가까운 것'도 중요한 원인으로 작용했다.8)

이처럼 지금까지 알려진 내포지역의 성격은 주로 양반 관료계급의 입장

---

5) "其風俗近京與京城無甚異故最可擇而居之"(『택리지』「팔도총론」충청도조).

6) "尋同色多處方可有(당색이 같은 사람이 많은 곳을 찾지 않을 수 없다)"(『택리지』「복거총론」인심조).

7) "京城世家無不置田宅於道內以爲根本之地"(『택리지』「팔도총론」충청도조).

8) "伽倻之東爲洪州德山幷在由宮之西與浦東禮山新昌舟船通漢陽甚捷(가야산 동쪽의 홍주와 덕산은 유궁진의 서쪽에 있으며 동쪽에 있는 예산, 신창과 더불어 배로써 한양과 통하여 매우 빠르다)"(『택리지』「팔도총론」충청도조).

이 많이 반영된 것이다. 즉, 내포는 조선 중기까지는 주로 조운이나 국방과의 관련성으로 인식되었으며 중기 이후로는 한양에 사는 사대부의 가거지(可居地)로 인식되었다. 내포를 정치적·군사적 원인으로 중요시했거나 특정한 목적으로 활용했던 계급은 양반 관료계급이었으며 이들에 의해 내포는 그 이름의 의미가 강화되고 확대되었다.

2) 내포의 범위에 관한 인식의 변화

(1) 17세기 이전

내포지역의 범위를 가장 잘 나타내주는 지표는 '내포'라는 지명이라고 볼 수 있다. 내포는 여러 가지 지리적 특징으로 구별이 가능한 지역이기도 하지만 무엇보다 '내포'라는 지명이 통용되었던 범위가 내포의 가장 정확한 범위일 것이기 때문이다. 그런데 역사적 기록에 의하면 내포라는 이름은 그 지역범위가 약간씩 바뀌어왔다. 이것은 내포가 행정구역이 아니기 때문에 나타날 수 있는 현상이기도 하지만 그것이 주민의 인지(perception)에 의해 정의되는 성격을 가졌기 때문이기도 하다. 내포의 범위를 추측해볼 수 있는 기록으로는 『고려사』와 『조선왕조실록』 등의 관찬 실록과 『택리지』, 『사연고』, 『대한지지』 등의 실학 서적, 그리고 「대동여지전도」와 같은 지도 등이 있다. 어느 정도 구체적인 지역범위를 설정하는 것이 가능할 정도로 수록 내용도 많고 구체적이다.

처음으로 역사에 내포가 등장했던 고려 말 당시의 내포지역 범위는 명확히 알아내기가 어렵다. 『고려사』에 언급은 되고 있으나 구체적 위치나 범위에 대한 내용은 없기 때문이다. 그러나 조운 및 왜구와 관련된 내용으로 보아 내포가 전라도에서 개경에 이르는 해로상에 위치한 지명임을 알 수 있다. 또한 내포는 고려 말에 이르러 지명을 획득함으로써 하나의 지역

〈그림 2-1〉 18세기 이전 홍주목(洪州鎭管) 관할지역

자료: 건설교통부 국토지리정보원(2003).

으로 인식되기 시작했다고 볼 수 있다.

　조선 초기부터 17세기까지 내포는 차령산지 서쪽 일대를 아우르는 넓은 범위로 인식되었다. 이 시기까지 내포에 대한 기록은 주로 『조선왕조실록』에서 확인된다. 예를 들면 『선조실록』에는 내포가 '충남 서북부의 홍주목 관할구역'으로 정의되고 있다.9) 『영조실록』의 기록에도 '호서 내포 18

---

　9) "공주(公州) 진관의 법이 잘 다스려질 경우 금강 일대는 근심할 것이 없을 것이며, 홍주(洪州) 진관의 법이 잘 다스려질 경우 내포 연해 등지를 모두 방어할 수 있으니

개 고을[10]'이라는 기록이 등장하는데, 이는 대체로 당시의 홍주목 관할 군현을 모두 포괄하는 범위이다.[11]

이 시기 기록의 특징은 내포를 조운, 국방, 그리고 가야산과 관련시킨 것이 대부분이라는 점이다.[12] 가야산은 오늘날의 예산군, 당진군, 서산시, 홍성군 등 충청남도 서부지역 시·군의 경계를 이루는 이 지역의 대표적인 산이다. 따라서 가야산 주변의 이들 네 개 시·군을 내포에 포함시킬 수 있다. 또한 충청병마절도사영은 원래 덕산현에 설치되어 있었는데 왜구의 침입을 막고자 1421년(세종 3년)에 해미현으로 옮겨져 약 230년 동안 내포지역의 군사적 요충지로 기능을 하다가 1652년(효종 3년)에 청주목으로 이설되었다. 덕산현은 가야산의 동쪽에 있던 현으로 1914년 행정구역 개편 전까지 독립된 군·현으로 존속하다가 오늘날의 예산군으로 통합되었다. 해미현은 가야산 서쪽에 있던 현으로 오늘날 서산시에 속한다. 따라서 가야산과 관련된 기사와 충청병영과 관련된 기사는 내포가 '가야산 주변'임을 의미하는 것이다.

한편 조운과 관련된 기사들은 호남지역의 공납물을 한양으로 운반하는 경로상에 내포가 위치함을 나타내고 있으며 조운선의 이동에서 상당한 장애가 되는 지역임을 알 수 있다. 또한 전라도 북부지역의 전세를 육로를

······ "(『선조실록』 권55, 27년 9월 辛卯).

10) "호서 내포 18개 고을이 이미 적지로 판명되었으니 ······ "(『영조실록』 권45, 13년 8월 癸未).

11) 조선 중기 홍주목의 관할구역은 평택, 온양, 아산, 신창, 예산, 대홍, 덕산, 청양, 당진, 해미, 서산, 태안, 결성, 보령, 남포, 비인, 서천, 홍산 등 18개 군현을 포괄했다.

12) "······ 그러나 정의길의 초사 가운데 이른바 정여립의 아들 1인이 아직도 가야산의 둔적소(屯賊所)에 있다느니 도내 내포 여러 곳의 적과 교통하고 있다느니 가야산에서 세 번 진법을 익혔다느니 ······ "(『선조실록』 권69, 28년 11월 戊子).

통하여 운반·집산할 수 있는 위치이기도 했음을 알 수 있다. 전라도에서 한양에 이르는 수로 가운데 태안반도 일대는 외해로 돌출되어 있고 섬이 많아 예로부터 조운선의 이동에 많은 장애가 있었다.[13] 천수만에서 가로 림만에 이르는 굴포(掘浦)운하를 만들기 위한 시도들이 역사적으로 여러 차례 있었던 사례[14]나 태안반도의 중간을 절단하여 천수만을 거쳐 태안반 도 서부해안으로 이어지는 수로를 확보하고자 했던 시도 등은 모두 이러 한 사실을 증명하는 것이다. 또한 이러한 조운로의 위험을 피하기 위해 육 로를 이용하여 내포의 포구에 전세를 보관했다가 한양으로 운반하도록 하 는 시도들이 이루어졌다는 사실은 내포가 내륙과 연결된 포구였음을 의미 하는 것이다. 조운과 관련된 기사를 통해 추정해볼 수 있는 내포의 위치는 서천에서 아산만에 이르는 서해안 일대와 내륙의 포구이다.

『조선왕조실록』의 내포와 관련된 기사를 종합해보면 내포는 충청도의 서해안 및 가야산 동부·서부와 관련이 있으며 내륙과 바다를 연결하는 포구 주변이었음을 알 수 있다.

---

13) "전라도의 전세를 배로 운송할 때 안흥량에서 해마다 배가 침몰하여 조운을 그르칠 뿐 아니라 또 물에 빠져 죽는 조군이 헤아릴 수 없이 많으니, 이에 대한 계획을 세 우지 않을 수 없습니다. 굴포를 파서 왕래할 수 있게 하거나 혹 그곳에 창고를 설 치하여 조선을 그 아래 정박시켜 창고에 곡식을 옮기고 나서 빈 배로 서산 경내로 돌아가 정박하게 한 다음 이어 육로로 운반하였다가 다시 배에 싣게 하소서"(『선 조실록』 권18, 17년 4월 壬申).

14) "굴포는 전조(前朝) 때 왕강(王康)이 시도했었지만 이루지 못했고 …… (중략) …… 이 굴포는 육지와 습지가 함께 이어져 물을 건너는 곳은 겨우 20리입니다 …… (중략) …… 그러나 1년간의 조선·상선의 패몰과 사람이 빠져 죽은 일 등을 계산해보면 그 경비가 거만(巨萬)에 이르러 계산할 수 없을 정도입니다"(『중종실 록』 권82, 31년 9월 己卯).

(2) 18~19세기 초

18세기 초에 이르면 조운제도는 크게 변화하게 된다. 여러 가지 현실적인 어려움으로 인해 점차 조세의 금납화가 진행되었던 것이다. 따라서 조운로상의 요충지였던 내포의 중요성이 대폭 작아졌으며 자연스럽게 조정의 관심에서 멀어지게 되었다. 또한 조운이 폐지되자 조운선을 노리는 왜적의 발호도 줄어들었다. 조운과 국방으로 주로 인식되었던 내포의 의미가 이 시기에 이르면 변화할 수밖에 없게 된 것이다. 이에 따라 내포의 서해안 지역은 관심의 대상에서 멀어졌다.

그러나 이 시기의 내포는 '터를 고르면 살 만한 곳'으로 주로 인식되었다. 이와 같이 양반관료층이 내포를 비롯한 충청도를 생활의 근본으로 삼게 된 배경에는 토지제도의 변화가 일정한 영향을 미쳤다. 조선의 토지제도는 과전법을 기본으로 했으나 관료의 수가 증가하면서 세조 이후 직전법으로 바뀌었다. 그러나 궁방전, 둔전 등 왕가 및 관청 소유의 면세토지와 공신전, 별사전 등 국가에서 지급하는 토지가 증가하면서 필연적으로 국가 재정이 궁핍해졌다. 이에 따라 명종 이후에는 직전법마저 유명무실해졌으며 이에 대한 반작용으로 양반관료들은 매입, 겸병, 개간 등의 방법으로 토지 소유를 개인적으로 계속 늘려갔다. 양란 이후에는 토지결의 감소로 국가 재정이 더욱 어려워짐으로써 국가에서 관료에게 지급하는 녹과가 격감했다. 따라서 이들의 토지 확대 욕구는 더욱 커졌고 이렇게 확대된 농장이 이들의 생활 근거가 되었다. 그런데 한양 가까이에는 이미 여유 토지가 없는 상태였으므로 좀 더 멀리 떨어진 곳까지 토지를 마련하기 위해 손을 뻗쳤다. 실제로 내포지역에 한양에 근거를 둔 양반관료층이 증가하는 시기는 조선 중기 이후로서 토지제도가 혼란해졌던 시기와 거의 일치한다.

신경준의 『사연고』를 통해서 이 시기 내포의 범위를 추정해볼 수 있다.

이 책에는 "俗名頓串 往來內浦者 多由此渡湖 右諸邑之在此浦上下 沿西者 稱 以內浦(세속에서는 돈곶포라고 칭하는데 내포 사람들이 대부분 이 호를 건널 까닭으로 왕래한다. 오른쪽의 많은 읍들이 이 포의 위쪽과 아래쪽에 존재한다. 연안 의 서쪽을 사람들이 내포라 한다)"라는 기록이 등장한다(김추윤, 1997, 재인용). 즉, 돈곶(頓串)의 서쪽이 내포라는 매우 구체적인 진술인데 「대동여지도」 에 의하면 돈곶은 삽교천과 무한천의 합류지점 바로 아래쪽에 위치한 포 구이다. 1895년 행정구역 개편 전까지 덕산현의 월경지였으며 이후 신창 현의 영역에 속했다. 건너편의 비방곶(菲方串)과 함께 돈곶포는 삽교천 하 류를 건너는 대표적인 포구였는데 면천과 신창·아산·공진창을 연결하 는 교통의 요충지였다. 이 포구의 서쪽에는 면천, 당진, 덕산, 홍주 등 많은 현들이 위치하고 있었다.

가장 구체적인 언급으로는 이중환의 『택리지』를 들 수 있는데 여기에서 는 '가야산 주변의 열 개 고을'로 정의하고 있다.[15] 「대동여지도」를 통해 가야산 주변의 고을을 찾아보면 가야산에 인접한 제현으로는 당진, 면천, 덕산, 홍주, 결성, 해미, 서산뿐이다. 그러나 『택리지』「팔도총론」(八道總

---

15) "忠淸則內浦爲上自公州西北可二百里有伽倻山西則大海北則與京畿海邑隔一大澤 卽西海之斗入處東則爲大野野中又有一大浦名由宮津非候潮滿則不可用船南則隔 烏棲山乃伽倻之所從來也只從烏棲東南通公州伽倻前後有十縣俱號爲內浦[충청도 에서는 내포가 좋다. 공주에서 서북으로 이백 여 리 떨어진 곳에 가야산이 있는데 서쪽은 큰 바다이고 북쪽은 경기의 해읍과 큰 펄(澤)을 두고 떨어져 있다. 서해가 쑥 들어간 곳이다. 동쪽에는 큰 들이 있고 들 가운데 또 큰 개(浦)가 하나 있는데 유궁진이라 한다. 조수가 가득 차기를 기다리지 않으면 배를 움직일 수가 없다. 남 쪽으로 오서산이 막혀 있는데 가야산에 이른다. 동남쪽으로 공주와 통한다. 가야 산 전후에 있는 열 개 현을 합쳐 내포(內浦)라 부른다]"(『택리지』「팔도총론」 충 청도조, 이익성 역, 1992: 108~109).

論)」에는 내포의 범위를 추측해볼 수 있는 다른 기술들이 여러 차례 구체적으로 등장하고 있다. 먼저 "(내포의) 유궁진(由宮津) 동쪽에 있는 예산과 신창은 뱃길로 한양과 통하여 매우 빠르다"라는 언급이 등장한다. 또한 "남사고(南師古)의 『십승기』에 의하면 유구(維鳩)와 마곡(麻谷)의 두 강물 사이가 병란을 피하는 곳이라 했다. 서쪽으로 고개 하나를 넘으면 곧 내포이다"라는 기록이 있는 것으로 보아 유구에서 차령산지를 넘으면 바로 내포가 됨을 알 수 있다. 따라서 차령 서쪽의 예산, 신창, 대홍현이 내포에 포함됨을 알 수 있다. 한편 '「복거총론(卜居總論)」 생리조(生利條)'에는 "충청도 내포의 태안 서쪽에 안흥곶이 있다"라는 기술이 등장한다. 따라서 가야산 이서지방의 태안도 여기에 해당한다고 볼 수 있다. 또한 "(내포의 여러 고을은 천석의 기이한 경치가 모자라지만) 오직 보령은 산천이 가장 훌륭하다"라는 기록이 있다. 그러므로 보령 역시 내포의 영역에 포함될 수 있다. '가야산 주변의 열 개 현'이라는 정의는 구체적인 숫자를 지칭한 것이기보다는 '10여 개'를 뜻하는 개방적인 표현으로 볼 수 있다. 이러한 기술은 내포가 구체적인 행정구역이 아니었기 때문에 지역범위에 대한 주민들의 인식이 뚜렷하지 않아서 나온 것으로 보인다.

이상의 사실들을 종합해보면 이 시기 내포의 범위는 조선시대 행정구역을 기준으로 신창, 예산, 대홍, 면천, 당진, 덕산, 홍주, 결성, 해미, 서산, 태안, 보령 등 12개 현에 해당하며 오늘날의 행정구역으로는 예산군, 당진군, 홍성군, 서산시, 태안군 전역과 보령시, 아산시의 일부 지역이 포함됨을 알 수 있다.

(3) 19세기 후반

조선 후기에 이르면 토지제도는 더욱 문란해지며 지배층의 토지 확대 욕구와 토지 겸병이 더욱 활발하게 일어난다. 내포 역시 한양 사대부의 경

〈그림 2-2〉 조선 후기의 내포: 「대동여지전도」

제적 근거지로서 인지도가 더욱 높아졌다. 내포는 비옥하고 넓은 토지와 한양과의 빠른 연결성으로 인해 양반관료층의 욕구를 실현하는 데 적절한 지역이었다. 따라서 조선 후기에는 가장 '내포다운' 곳은 아산만 일대가 되었다. 넓은 토지와 발달한 수로조건을 가장 잘 갖추고 있는 곳이 아산만 일대였기 때문이다. 이에 따라 내포의 범위는 좀 더 축소되어 인식되었다. 철종 연간(19세기 후반)에 제작된 「대동여지전도」에는 내포가 삽교천 하구의 지명으로 표시되어 있다. 구한말에 출간된 『대한지지』(현채 편, 1899)에 삽입된 지도에도 내포가 아산만 연안의 지명으로 표시되어 있다.

2. 행정구역의 변화

원론적으로 행정구역은 지리학의 탐구대상이 되는 지리적 지역과 일치

〈그림 2-3〉 구한말의 내포: 『대한지지』 삽지도

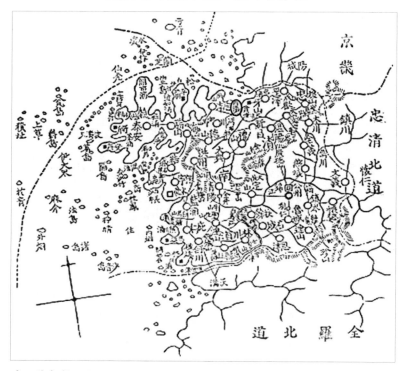

자료: 현채 편(1899).

하지 않는 경우가 있을 수 있다. 특히 경계의 변동이 심하거나 경계선의 역할을 할 수 있는 지형적 요소의 발달이 미약한 경우에는 그러한 특성이 나타날 가능성이 더욱 크다. 이러한 점에 주목하여 학자들은 이미 오래전에 행정구역을 중심으로 기초적인 자료를 수집하기 위한 통계학과 행정구역의 변화와 무관하게 지리적 특성을 파악하고자 하는 지리학을 의도적으로 분리한 바 있다(권정화, 2005).

실제로 국가 간의 경계 변동이 자주 일어났던 근세 유럽의 경우에는, 특히 행정구역과 지리적 지역 간의 구별이 상당 부분 타당성을 가졌다. 이러한 관습은 이후의 지리학에 계속 영향을 미쳤으며 한국 또한 마찬가지였다. 행정구역은 인위적이고 형식적인 구분이기 때문에 자연적·인문적 특성에 의해 구분되는 지리적 지역과는 차이가 있을 수 있다는 사고가 그것이다. 일면 타당성이 있는 이러한 구분법은 그러나 모든 지역에 공통적으로 적용될 수는 없다. 즉, 경계가 상대적으로 안정되어 있거나 또는 자연적·인문적 특성과 대체적으로 일치하는 행정구역 경계를 가진 경우가 얼마든지 있을 수 있는 것이다.

특히 지형적 장벽을 활용한 행정경계는 지역의 인문환경에도 많은 영향을 미치기 때문에 실질적인 지역으로서의 의미를 갖는 경우가 많다. 한국의 경우는 특히 행정구역의 경계가 대부분 전통적으로 산줄기나 하천 등 지형요소를 활용하여 설정되어왔다. 지형적 조건이 매우 복잡하기 때문에 소규모 행정단위까지도 이러한 지형요소들이 경계선으로 활용될 수 있었으며, 따라서 실질적으로 이들 지형요소들이 지리적 특성을 구분짓는 경계의 역할을 하는 경우가 많았다.

행정구역의 경계는 다양한 원인에 의해 변동될 수 있다. 정치적 변동이나 정복과 같은 강제적 원인뿐만 아니라 주민의 요구에 이르기까지 다양한 원인들이 행정구역 경계의 변동에 영향을 미칠 수 있다. 우리나라에서도 역사 이래로 여러 차례 행정구역의 변동이 있었는데, 특히 봉건왕조의 교체나 일제 강점 등 역사적 변동기에 상대적으로 규모가 큰 행정구역의 변동이 발생했다. 이 과정에서 중앙집권적인 권력구조가 안정됨에 따라서 행정구역이 점차 체계를 갖춰가는 것이 일반적이었다. 이러한 행정구역의 변동은 지명뿐만 아니라 경계의 변동과도 일정 부분 관계가 있었다. 안정된 중앙집권적인 권력구조에서 지방행정조직은 중앙의 정책을 수행하는 단위였지만 지방 수령의 자질이나 품성에 따라 지역 간 차별성이 나타날 수 있었다. 따라서 정책의 수행단위인 행정구역은 경계 내의 주민들의 행동이나 의식에 일정 부분 영향을 미칠 수 있다. 특히 자연적 경계와 행정구역의 경계선이 밀접한 관계를 갖는 경우에는 이러한 현상이 더욱 강화될 수 있다. 그러므로 특정 지역에서 행정구역 경계의 변화를 살펴보는 것은 해당 지역의 형성과정 및 특성에 관한 정보를 일정 부분 얻어내는 방법이 될 수 있다.

내포는 역사적으로 다양한 원인에 의해 경계를 획득하고, 경계 내에 독특한 문화를 축적해왔다. 이러한 역사적 배경은 단순히 '흘러간 과거'가 아니라 오늘날의 내포와 관련이 있는 제도적 요소들에 다양한 방법으로 영향을 미치고 있다. 따라서 내포에 대한 연구는 1차적으로 문화적·역사적인 접근을 활용하는 것이 의미가 있고 효율적이다. 또한 경계는 역동적인 문화적 과정이다. 즉, 한 지역의 영역은 외형상 그리고 내용상 역사적으로 변화가 있기 마련이다. 지역의 영역범위를 규정해보는 것은 지역정체성 탐구에 매우 효과적이고 의미가 있는 연구방법이다. 따라서 내포의 영역을 탐색해보는 것만으로도 많은 의미가 있는데, 이 과정은 필연적으로 역사적 과정에 대한 연구를 필요로 한다. 실제로 내포는 역사적으로 여러 차례 행정구역의 변동이 있었다. 그 변화과정을 알아봄으로써 오늘날 일반적으로 받아들여지는 내포의 지역범위가 어느 시기의 행정구역과 관련이 있으며 지역으로서의 성격이 강화 또는 약화되었던 시기는 언제였는지를 추측해보고자 한다.

1) 조선시대 이전

(1) 통일신라시대 이전

고조선이 대동강 유역에 중심을 두고 발달할 무렵 한강 이남지역에서는 수많은 부족국가들이 발달하고 있었다. 『산해경(山海經)』에는 한강 이남의 이 소국들이 진국(辰國)이라고 기록되어 있다. 진국의 수많은 부족국가들은 고조선에 비해 영토가 훨씬 좁았으며 정치권력의 안정성도 낮았다. 이후 위만에 의해 고조선이 멸망하면서 많은 고조선의 유민들이 남하했는데, 이 과정에서 규모가 작고 정치권력이 안정되지 못했던 이 소국들은 고조선 유민들에게 비교적 쉽게 장악당했다. 이들의 영향으로 많은 부족국가들이 해체·통합되어 삼한이 형성되었다.

오늘날의 내포에 해당하는 지역은 이 가운데 마한에 속했다. 마한의 영역은 오늘날의 경기도, 충청남도, 전라남북도를 아우르고 있었으며 약 54개의 소국으로 이루어진 부족연맹체였다. 이 54개국 가운데 17개국이 오늘날의 충청도에 위치했으며, 이 가운데 내포에 위치한 소국은 6개국 정도였다. 이러한 분포는 당시의 소국 분포밀도로 볼 때 비교적 밀도가 높은 편으로 구릉성의 평탄한 지형과 소금이나 물고기를 얻기 쉬운 해안에 가까운 위치가 당시의 생활환경에 유리했기 때문으로 풀이해볼 수 있다. 한편 삼한 가운데 가장 세력이 컸던 마한에서 연맹체의 장으로서 진왕(辰王)이 나왔는데 마한의 목지국(目支國)의 왕이 진왕이 되었다. 목지국의 위치에 대해서는 여러 학설이 있는데 대체로 오늘날의 익산 또는 직산설이 있으며, 일부에서는 예산설도 제기된 바 있었다(김정배, 1985). 이러한 결과를 통해 내포가 삼한시대부터 많은 인구가 거주하던 곳이었음을 짐작할 수 있다. 그러나 당시에는 중앙집권적인 권력체계가 확립되지 않았기 때문에 내포가 행정구역상으로 하나의 권역을 형성하지는 못했음을 알 수 있다.

중앙집권적인 국가통치체제가 본격적으로 확립된 것은 삼국시대부터이다. 삼국시대에 내포는 백제의 영토에 해당했다. 그 이전에는 내포지역에 여러 개의 소국이 존재했지만 백제시대에 이르러 중앙집권적 통치구조가 형성되면서 지방행정제도가 정비되었다. 백제의 지방행정제도는 5부제를 근간으로 했다. 그러나 전국을 단순히 방위를 중심으로 나누었기 때문에

<표 2-1> 내포에 있었던 마한 소국

순	소국명	백제시대의 현명	오늘날의 위치	비고
1	자리모로국(咨離牟盧國)	지육현(知六縣)	서산 지곡	
2	소위건국(素謂乾國)		보령	
3	고원국(古爰國)		당진 우강	
4	막로국(莫盧國)		예산 덕산	막로비리국 (莫盧卑離國)
5	고리비국(古離卑國)		홍성 결성	고리비리국 (古離卑離國)
6	지침국(支侵國)		예산 대흥	

자료: 천관우(1989).

실질적인 지역과 잘 일치하지 않았을 가능성이 크다(최범호, 2001). 즉, 백제시대에도 행정구역은 내포를 아우르는 형태로 발달하지 못했기 때문에 행정체계상의 동질성을 발견하기 어려웠을 것으로 보인다.

(2) 통일신라시대

통일 후 신라는 685년(신문왕 5년)에 전국을 9주로 정비했다. 신라의 영토로 편입된 과거의 고구려와 백제의 영토를 효과적으로 통치하기 위해 각각 주를 세 개씩 설치하고 신라의 영토에도 세 개의 주를 설치했다.[16] 이와 같은 9주 제도는 이후 경덕왕 때 일부 재정비되었는데 이전에 사용하던 이름 대신 '상주, 양주, 강주, 한주, 삭주, 웅주, 명주, 전주, 무주' 등 2음절의 행정구역명으로 바꾸었으며 주의 하부 행정조직으로 군, 그 밑에 현을 두었다. 또한 그 아래로 촌, 향, 부곡 등을 설치했다. 이때 내포는 웅주

---

16) 사벌주 · 삽량주 · 청주(신라), 한산주 · 수약주 · 하서주(고구려), 웅천주 · 완산주 · 무진주(백제).

(熊州)에 속했는데 당시 웅주의 치소는 공주였다. 또한 지방 통치를 효과적으로 하기 위해 설치했던 5소경 가운데 서원경(청주)의 관할에 들었다. 이를 통해 내포가 이때까지도 여전히 지방행정구역상의 중심지 역할을 수행하지 못했음을 알 수 있다.

통일신라 말 지금의 홍성 일대를 운주(雲州)라 지칭하는 기록이 등장하는데, 통일신라 말기의 이 일대는 후백제의 북쪽 경계선에 인접하여 견훤과 궁예의 치열한 세력경쟁의 소용돌이 속에서 대립과 연합을 반복했던 것으로 보인다. 궁예가 군사력을 강화하여 남하하자 웅주를 지키던 후백제의 장군 홍기는 자진하여 투항했고(904년), 이는 주변지역에 영향을 미쳐 운주도 후고구려와 연합하는 결과를 가져왔다. 그러나 궁예가 왕건에게 축출되고 후고구려의 영향력이 약해진 틈을 타 홍성지역을 비롯한 주변의 10여 주현은 후고구려와의 관계를 청산하고(917년) 후백제와의 연합을 도모했다(태조 원년 8월). 그 결과 홍성은 후백제가 멸망하는 934년까지 약 17년 동안 후백제와 고려의 각축장이 되었다.[17] 운주 성주 '긍준'의 존재 사실이나 호족 통합을 위한 왕건의 혼인정책으로 운주 사람인 '홍규'의 딸이 왕건의 열두 번째 부인(홍복원부인 홍씨)이 되었다는 사실 등은 나말여초 오늘날의 홍성 일대에 독자적 세력을 형성한 호족이 대두하고 있었음을 시사한다. 그러나 내포지역을 아우르는 세력을 형성한 것으로 볼 수 있는 증거는 나타나지 않는다.

---

17) 고려의 대상 홍유에 의해 유민 500여 호가 모집되고(『고려사』, 태조 2년 8월), 임존성이 공략되어 3,000여 명이 죽었으며(『고려사』, 태조 8년 10월), 927년 운주가 공략되어 성주 긍준이 격파되었다(『고려사』, 태조 10년 3월). 934년 태조의 운주 정벌군과 견훤의 군사 5,000명이 운주에서 격돌하면서 견훤군 3,000여 명이 격파된 후 고려는 웅진 이북 30여 성의 항복을 받아내었다.

(3) 고려시대

고려는 건국 직후인 943년(태조 23년)에 지방행정조직을 9주 5소경으로 편제했다가 983년(성종 2년)에 전국을 12주로 나누는 행정구역체계를 확립했다. 995년(성종 14년)에는 전국을 10도로 구획했는데 이때 오늘날의 충청도 지역을 중원도(中原道)라 했고, 1106년(예종 1년) 중원도에 하남도(河南道)를 병합해서 양광충청도(楊光忠清道)라 했다. 1171년(명종 1년) 하남도 지역을 다시 분리해서 2도가 됨에 따라 양광도라 했다가 1356년(공민왕 4년) 충청도라 했다. 우왕 말년에 이르러 충청도에 딸려 있던 평창군(平昌郡)을 교주도(交州道)라 하여 분리했다.

983년(성종 2년)에 단행된 행정구역 개편에서 내포는 통일신라 말기와 마찬가지로 공주에 소속되어 있었다. 그러나 1011년(현종 9년)이 되자 오늘날의 홍성에 운주를 두어 일대를 관할하게 했다. 이때부터 내포가 하나의 행정관할구역으로 통일되었다. 이전까지는 오늘날의 공주 또는 청주에 지방행정 중심지가 있었으므로 내포는 행정구역상 외방에 속했다. 그러나 운주를 설치하고 일대를 관할하도록 함으로써 기존의 행정체계와는 구별되는 독립적인 행정단위로서 지역을 형성하는 계기가 되었을 가능성이 크다. 이후 운주에는 1105년(예종 원년)에 감무를 두어 통치체제를 강화했고 1358년(공민왕 7년)에는 홍주목을 설치했다. 이때 홍주목의 관할에 들었던 군현은 혜성군(당진 면천 일대), 결성군, 대흥군 등의 3군과 홍양현(보령 천북 일대), 청양현, 이산현(예산 덕산 일대), 여미현(서산 해미 일대), 정해현(서산 고북과 해미 일대), 고구현(홍성 갈산과 서산 고북 일대), 보령현, 여양현(홍성 장곡 일대), 신평현(당진 신평 일대), 당진현 등 11현이었다. 이로써 내포가 행정구역과 관련을 갖고 특성을 만들어가기 시작했던 시기는 대체로 고려 중기 이후로 추측해볼 수 있다. 실제로 내포라는 지명이 기록상에 처음 등장하는 것은 공민왕 때이다.

행정	관찰사	목사	군수	현감, 현령		부직
군사	병사, 수사	첨절제사	동첨절제사	절제도위		
병사2 (관찰사 겸, 충청병사) 감영=충주 병영=해미		충주진관 (충주목사)	청풍, 단양, 괴산군수	충주판관, 연풍, 음성, 영춘, 제천현감		병사부직 =병마우후
		청주진관 (청주목사)	천안, 옥천군수	청주판관, 직산, 목천, 회인, 진천, 보은, 영동, 황간, 청산현감, 영춘현령		
		공주진관 (공주목사)	임천, 한산군수	공주판관, 전의, 전산, 은진, 회덕, 진잠, 연산, 니산, 부여, 석성, 연기현감		
		홍주진관 (홍주목사)	서천, 서산, 태안, 온양군수	홍주판관, 평택, 홍산, 덕산, 청양, 대흥, 비인, 결성, 남포, 보령, 아산, 신창, 예산, 해미, 당진현감		
수사2 (관찰사겸, 충청수사) 수영=보령		소근포 진관(태안)	당진포(당진), 파지도(서산)만호			수사부직 =수사우후
		마량진관 (비인)	서천포(서천)만호			

자료: 김이열(1965).

2) 조선시대

조선시대에 들어오면서 또다시 행정구역이 개편되었다. 1395년(태조 4
년)에는 양광도에 소속되었던 군현을 경기도에 이속시키고, 충청공홍도에
소속된 군현으로 충청도를 만들어 관찰사를 두었다. 이후 1413년(태종 13
년)에는 전국을 8도로 구분하는 행정구역 개편이 단행되었다. 그리고 충청
도를 관할하는 감영을 충주에 두었다.

세조 때에는 지방 수령이 군사직을 겸직하는 진관편제법으로 지방 행
정·군사 조직을 편성했다.[18] 이때 내포는 홍주목에 속했다. 당시 홍주목

〈그림 2-4〉 18세기 내포 행정구역

자료:『호구총수』; 超智唯七 編(1917); 朝鮮總督府(1912); 건설교통부 국토지리정보
원(2003).

의 지휘를 받았던 지역은 서천, 서산, 태안, 온양 등 4개 군과 평택, 홍산,
덕산, 청양, 대흥, 비인, 결성, 남포, 보령, 아산, 신창, 예산, 해미, 당진 등
14개의 현이었다. 따라서 조선 전기의 행정구역체계는 홍주목이 내포 전

---

18)『세조실록』9권, 3년 10월 庚戌.

체와 함께 외곽의 서천, 온양, 청양, 홍산, 비인, 평택 등을 모두 포함하는 행정조직체계였다. 고려 말기에 이어 조선 전기에도 내포를 하나로 묶을 수 있는 행정구역체계가 유지되었으므로 내포가 하나의 지역으로 인식되고 지역을 형성해가는 데 영향을 미쳤을 가능성이 크다.

이후 1602년(선조 35년)에는 충주에 있던 충청감영이 공주로 옮겨져 조선 후기까지 유지되었다. 따라서 충청도 전역을 책임지는 충청도 관찰사는 공주목사를 겸했으며 나머지 지역은 충주, 청주, 홍주 등 세 개의 목의 수령인 목사가 나누어 관할했다. 이때 내포는 대부분 홍주목의 관할에 들었는데 당시 홍주목의 관할에 들었던 군현은 태안, 서산, 면천 등 3개 군과 해미, 당진, 덕산, 예산, 청양, 결성, 보령, 대흥 등 8개 현, 그리고 신평, 여양, 고구, 홍양, 합덕 등 5개 속현 등이었다. 이 범위는 내포의 영역에 대한 일반적 정의와 거의 일치한다. 이러한 행정구역체제는 큰 변동 없이 조선 후기까지 지속되었다.

3. 내포지역권의 성립: 장시의 발달

1) 장시의 발생

한국의 장시(場市)는 대체로 15~16세기경에 등장하기 시작했다. 장시의 형성은 농업생산성의 증대와 관련이 깊다고 보는 시각이 지배적인데, 대체로 12세기부터 14세기 사이에 농업기술사적으로 매우 중요한 단계의 하나인 휴경법에서 연작상경농법으로의 전환이 이루어졌기 때문으로 본다(이태진, 1985). 그 결과 사회 전반적으로 농업 경제력이 향상되어 소농민들까지도 잉여생산이 가능해졌고, 이에 따라 시장을 위한 상품을 마련할 수 있게 되어 농촌에 뿌리를 두는 시장이 광범하게 형성되기 시작했다. 또한 장시의 발달은 전라도에서 먼저 시작되어 경상도·충청도로 이어졌는데 (宮原兎一, 1956; 이헌창, 1986, 재인용), 이 지역은 우리나라에서 농업에 유리한 조건을 갖추고 있던 대표적인 지역으로서 장시의 발달이 농업생산성과 밀접한 관련이 있음을 잘 보여준다. 농업생산력의 발전을 토대로 하는 소농 경영의 성장으로 인해 인구밀도는 높아졌으나 도시화는 크게 진전되지 않았기 때문에 도시시장보다는 농촌시장, 즉 장시가 상업의 주류를 형성했던 것이다.

탄생 초기인 15세기 초 무렵의 장시는 주로 흉황의 때를 당할 경우 농민들이 스스로 유무상천(有無相遷)하기 위해, 또는 지방 수령들의 진휼책으로 개설되기 시작했다(김대길, 1997). 그러나 장시는 탄생 초기에는 국가로부터 인정을 받지 못하고 금압의 대상이 되었다. 전통적으로 상업을 천시했던 조선 사회에서 말업인 장시는 본업인 농업을 소홀히 할 수 있는 원인으로 받아들여졌던 것이다. 또한 장시 개설로 교역이 활발해지면서 물가가 오를 뿐만 아니라 시장에서 물건을 자유롭게 교역할 수 있기 때문에 장물의 유통이 가능하여 도적질이 횡행한다는 주장도 제기되었다.[19] 그러나 이러한 경향은 15세기 후반에 이르면서 후퇴하여 일부 관료들을 중심으로 장시의 개설을 적극적으로 옹호하는 견해까지 등장했다. 이들의 주장은 주로 장시의 상호 구휼기능을 강조했다. 이후로도 폐단론과 유용론이 교차했으나 점차 수용하는 방향으로 바뀌어갔다.

산지의 발달이 상대적으로 미약한 내포는 일찍부터 농경지가 풍부하여 농업생산성이 높았다. 특히 홍성, 예산, 당진 등은 경지율이 상당히 높은

---

19) 『명종실록』 권3, 원년 2월 戊申.

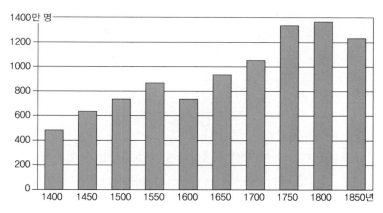

〈그림 2-5〉 조선시대 인구변화

자료: 미셸(1979~1980).

편이었다. 장시의 발달이 농업생산성과 관련이 깊다고 볼 때 이와 같은 조
건은 내포지역에 일찍부터 장시가 발달했을 가능성이 컸음을 의미하는 것
이다. 충청도 지역에 장시가 형성된 것은 대략 16세기 전반에 이르러서였
으므로[20] 내포지역도 이 시기를 전후하여 장시가 형성되기 시작했다고 볼
수 있다. 17세기 초에 서산(瑞山)에 거주하던 한여현(韓汝賢)이 저술한 것
으로 알려진『호산록(湖山錄)』에는 "本邑場市之設或五里程松下或鎭場壟
上或蛇池川邊本邑泰安海美民人來集者便之(본읍의 장시는 오리정 소나무 아
래나 진장 언덕 위, 또는 사지천변에 서는데, 본읍, 태안, 해미에서 와서 모이는 자
들이 편하였다)"라는 기록이 있다.[21] 이를 통해『호산록』이 저술되었던 17

---

20) 중종 11년(1516년) 충청도 관찰사 권민수(權敏手)가 도내(道內)에 장문(場門)을
   설치하겠다고 청한 바가 있는 것(『중종실록』권27, 11년 12월 丁未)으로 보아 이
   때부터 충청도에 장시가 형성되었음을 알 수 있다(곽호제, 2004).
21)『호산록』, 건(乾) 장시.

<표 2-3> 장시 수의 변동

	『동국문헌비고』 (1770년)	『증정동국문헌비고』 (1790년)	『임원십육지』 (1830년)	『여도비지』 (1856년)
전국	1,062	1,066	1,052	1,046
충청도	157	160	158	127
내포	42	43	39	38

자료: 이헌창(1994); 곽호제(2004); 김대길(1997); 김준식·김권수(1996).

세기 초에는 이미 서산에 장시가 개설되어 있었음을 알 수 있는데, 당시 내포의 다른 읍치들 역시 인구 규모나 생산성에서 서산에 뒤지지 않았으므로 내포의 대부분 지역에서 이 시기에 이미 장시가 발달하고 있었다고 추정해볼 수 있다. 그러나 이 시기는 전국적으로 장시 간 연계망의 형성은 미약했던 시기였다. 내포지역도 전국의 다른 지역과 마찬가지로 지역 외부의 다른 장시와의 교류보다는 지역범위 내에서의 교류가 활발했던 것으로 보인다.

장시의 발달을 위해서는 기본적으로 물산이 풍부해야 하며 이를 소비할 만한 소비자가 있어야 한다. 또한 이를 매개하는 상인이 있어야 가능한데, 18세기 이전에는 전체적으로 인구밀도가 낮고 교통발달이 미약하여 하나의 시장이 최소요구치를 만족시킬 만한 시장지역을 갖기가 어려웠기 때문에 이를 매개하는 상인의 역할이 상대적으로 중요했다. 상인들은 일정한 범위의 지역을 오가며 물건을 중개함으로써 최소요구치를 만족시키는 시장지역을 형성하고 유지하는 역할을 했다. 따라서 조선시대에 장시는 읍치나 진영(鎭營)뿐만 아니라 역이나 원과 같은 교통의 중심지에 형성되었다. 내포에서도 역시 홍주, 덕산, 면천, 서산 등 주요 읍치의 소재지와 평신(구진)과 수영 등 진영의 소재지에 장시가 형성되었으며 신례원, 역성 등 역원의 소재지나 광천, 평촌 등 포구에 장시가 형성되었다.

2) 장시의 발전

(1) 생산성의 증대와 상업 발달

체계적이고 전반적인 현상으로 보기는 어려우나 16세기 중엽부터 행상들이 등장하여 장시 사이를 오가며 교역을 했으며, 17세기 초에는 일정한 영역 내에서 장시가 교대로 열려 한 달 내내 장이 열리는 지역이 등장하기도 했다(이헌창, 1994). 장시의 밀도가 증가하여 일정한 수준에 이르게 되면 판매자 및 구매자의 편의 때문에 시장의 연계관계 형성이 불가피해진다. 화폐가 유통되기 시작한 숙종조에 이르면 장시의 발전이 더욱 본격화되어 산간지역에까지 확산되었다. 또한 17세기 후반부터 도시 인구가 증가하고 수공업 및 광업의 발달에 따라 임노동자가 증가하면서 상업의 발달이 더욱 촉진되었다.

18세기에 들어서면서 장시는 양적·질적 변화를 겪게 된다. 농산물의 수요가 증가함에 따라 상업적 농업이 더욱 발달하게 되어 18세기 중반에 이르면 전국의 각지에서 지역의 특성에 맞는 특산물들이 상업적으로 생산되는 것이 거의 일반화되었다.[22] 그뿐 아니라 각 지역에 포구가 발달하면서 선박을 이용한 상품의 수송이 활성화되었다. 이에 따라 포구가 새로운 유통 중심지로 발달했으며 이후 시장권의 중심지로 떠올랐다(김대길, 1997).

『택리지』에도 포구가 생리(生利)에 유리한 곳으로 묘사되고 있는 것을 보면 이미 18세기에 포구가 경제적으로 중요한 곳이었음을 알 수 있다. 당시 내포의 아산만 일대에도 많은 장시가 분포하고 있었는데, 이는 포구를

---

22) "鎭安之烟田全州之薑田林川韓山之苧田安東禮安之龍鬚田爲國中第一爲富人權利之資(진안의 담배, 전주의 생강, 임천·한산의 모시, 안동·예안의 삼베 등은 전국의 으뜸으로 부자들이 이문을 독점하고 있다)"(『택리지』「복거총론」생리조).

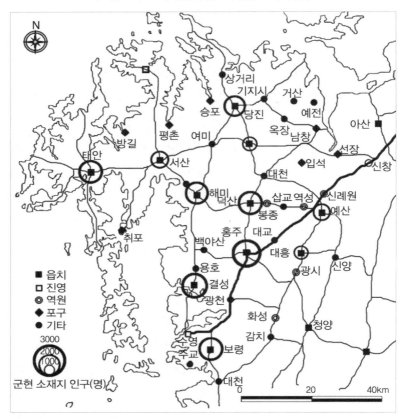

〈그림 2-6〉 18세기 장시 분포와 군현 소재지 인구

자료: 『동국문헌비고』; 『호구총수』; 이헌창(1994).

배경으로 상업활동이 활발해졌음을 의미한다. 내포에서 임운(賃運)의 출발
지로는 해창·웅포(보령), 석곶포(결성), 명천포(서산), 외창포(해미), 북창포
(당진), 강문포(당진), 고두포(예산), 신궁포(신창) 등이 있었다(최완기, 1989).

그러나 18세기 초까지의 장시는 고립적·분산적으로 기능하면서 주로
양적인 팽창을 하고 있었다. 이러한 장시의 성격이 초보적이나마 장과 장
사이의 상호 연관관계가 형성되는 성격으로 변화한 것은 대략 1730년대에

서 1740년대 사이이다. 이 시기에는 상호연관성과 함께 양적 팽창도 지속되어 전국적으로 1,000여 개의 장시가 등장하게 되었으며 이는 사상(私商)의 대두와 시전상인이 해체되는 기반이 되었다(한상권, 1981). 이와 같은 변화는 조정 일각의 '장시 폐해론'을 무력화시켰으며 이에 따라 국가 차원에서 전국의 장시를 파악하기에 이른다.

1770년에 편찬된 『동국문헌비고』는 전국의 장시가 체계적으로 조사되어 수록된 최초의 관찬 지리서이다. 1790년 무렵 충청도 전체의 장시 수는 160기에 달하여 많은 장시의 분포를 기록했다. 이 시기 내포에는 약 43기의 장시가 분포했다. 이는 충청도의 다른 지역에 비해 상대적으로 장시의 밀도가 높은 것이며, 특히 오늘날의 예산, 홍성, 당진 등의 지역에 집중도가 높게 나타난다. 농업생산성의 증대와 장시의 발달은 서로 밀접한 관련이 있으므로 이 지역들이 내포에서 농업생산성이 높았던 지역이었음을 추측할 수 있다. 또한 아산만으로 연결되는 삽교천, 무한천 등의 수로를 이용하여 어염시수(魚鹽柴水)의 교류가 활발했기 때문에 이 지역에 장시가 집중적으로 발달할 수 있었다.

<표 2-4>는 농경지 면적과 인구수의 상관관계를 잘 보여준다. 특히 홍주, 서산, 덕산, 면천 등의 군현이 넓은 농경지를 포함하고 있었으며 이에 따라 인구 역시 이들 군현에서 많은 분포를 보이고 있다. 전답의 결수를 기준으로 보면 홍주, 서산, 덕산, 면천은 대읍으로 볼 수 있고 나머지의 군현은 중읍으로 볼 수 있다(곽호제, 2004). 생산성과 함께 소비량 역시 시장의 형성에 중요한 전제조건임을 고려해볼 때 내포지역은 전반적으로 생산성이 높고 소비량이 많아 18세기에 이르러 많은 장시가 형성되었던 것으로 볼 수 있다.[23]

그러나 인구의 분포로 볼 때 18세기까지는 특별한 계층관계가 형성되지 못했던 것으로 보인다. 인구와 토지면적은 깊은 상관관계를 가지지만 홍

<표 2-4> 18세기 후반 내포 각 지역의 호구 및 농경지 면적

순	군현	호구		농경지(결)		
		호수(호)	인구(명)	밭	논	계
1	당진	3,714	15,538	2,464	1,218	3,682
2	면천	4,606	17,053	3,788	2,149	5,937
3	신창	1,941	8,122	1,782	1,293	3,075
4	홍주	12,646	52,761	6,812	5,547	12,359
5	결성	3,656	12,604	1,930	1,282	3,212
6	해미	2,763	9,698	2,247	1,234	3,481
7	태안	4,094	14,620	1,340	1,405	2,745
8	서산	6,823	28,137	4,844	2,368	7,212
9	대흥	3,388	13,638	2,462	1,310	3,772
10	덕산	5,361	18,970	3,867	2,771	6,638
11	예산	2,834	9,226	2,796	1,582	4,378
12	보령	4,106	17,536	2,297	1,432	3,729
계		55,932	217,903	36,629	23,591	60,220

자료: 호구는 『호구총수』, 농경지는 『여지도서』 각각 참조.

주와 서산은 절대면적이 넓었기 때문에 다른 현에 비해 인구가 많았다. 특히 홍주는 많은 월경지를 관할하고 있었기 때문에 면적이 넓고 인구가 많았다. 또한 농업 중심의 산업구조는 인구가 행정 중심에 뚜렷하게 집중되기보다는 내포 전 지역에 고루 분포하는 원인이 되었다.

---

23) "今之州郡墟市稍稍增多[지금 고을마다 허시(장시)가 점점 증가하여 ……]"(이익, 『성호사설(星湖僿說)』「곽우록(藿憂錄)」 생재조(生財條); 이 책은 1740년경에 저술되었다).

〈그림 2-7〉 18세기 내포의 인구분포

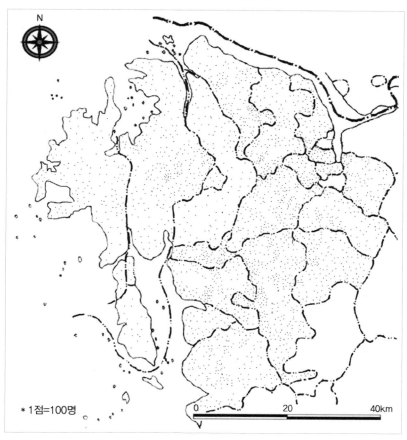

자료: 『호구총수』.

(2) 5일장의 성립

장시는 성립 초기에 한 달에 2회 내지 3회 개시되는 10일장 또는 15일
장이었으나 18세기 이후에는 대부분 5일장으로 정착되기 시작했다(김대길,
1997). 이 시기까지도 여전히 10일장이나 12회 개시되는 경우가 남아 있었
고 내포의 경우도 12회 개시장이 남아 있었으나 대부분은 5일장으로 굳어

<표 2-5> 18세기 내포 장시의 개시일 분류

5일장						월 12회 개시장	계
1, 6일장	2, 7일장	3, 8일장	4, 9일장	5, 10일장	소계		
9	7	7	6	9	38	5	43

자료: 『동국문헌비고』.

졌다. 내포 장시의 개시일별 분포를 보면 〈표 2-5〉와 같다. 전체 43개 장시 가운데 5일장은 38개로서 전체의 약 88% 정도를 차지하고 있었다. 우리나라의 장시가 5일장으로 발달한 것은 자급자족 중심의 농촌사회에서는 농업생산물을 비롯한 수공업제품을 5일 주기로 축적하여 판매하는 것이 효과적이었으며 일상생활용품의 수급도 5일 주기가 대체적으로 적정했기 때문으로 풀이된다.

18세기 후반은 해방 이후의 시기를 제외하고는 내포에서 역사적으로 가장 많은 장시가 발달했던 시기이다. 따라서 장시 간의 간격도 가장 가까웠던 시기라고 볼 수 있다. 「대동여지도」를 통해 대략적인 거리를 확인해보면 보통 20~30리 정도의 거리에 장시가 형성되었음을 알 수 있다. 예를 들어 예산권에서 교통의 요충지였던 신례원을 중심으로 「대동여지도」를 통해 인접한 장시 간의 거리를 확인해보면 신창 20리, 예산 10리, 역성 15리, 삽교 20리, 대천 30리 정도의 거리를 두고 있음을 확인할 수 있다. 그러나 서해안 일대는 상대적으로 장시의 밀도가 낮게 나타나는 반면 아산만 주변의 해안에는 높게 나타난다. 이것은 아마도 아산만 주변은 삽교천, 무한천 등의 하천이 합류하여 아산만으로 유입하기 때문에 물산(物産)이 모여들 수 있는 조건을 갖추고 있었던 반면, 서해안 연안은 이러한 조건을 갖추고 있지 못했기 때문일 것이다. 천수만과 가로림만에는 광천과 성연[聖淵 (평촌)]처럼 조수를 이용하여 배가 드나들 수 있는 항구가 발달하기도 했으

<표 2-6> 18세기 후반 형성원인별 내포 장시

구분	장시
읍치	신창, 예산, 덕산, 대흥, 홍주, 면천, 당진, 해미, 결성, 태안, 서산, 보령
진영	구진(평신), 수영
역원	광시, 역성, 봉종, 신례원, 화성역
포구	선장, 남창, 입석, 평촌, 방길, 취포, 광천, 승포

나,[24] 외해와 접하고 있는 서해안 쪽은 인구밀도도 낮고[25] 생산성도 떨어져서 장시가 발달하기 어려웠던 것으로 보인다.

(3) 장시 발달의 원인

내포의 장시는 주로 읍치를 중심으로 발달했다. 내포의 12개 읍치에 모두 장시가 형성되었는데, 읍치는 행정 및 경제의 중심지였기 때문에 이를 중심으로 장시가 발달했음을 알 수 있다. 이외에도 장시의 형성에 영향을 미쳤던 요인으로 중요한 것은 교통조건이었다. <표 2-6>에서 볼 수 있듯이 역원이나 포구는 장시의 발달에 영향을 미치는 대표적인 인자이다.[26]

---

24) "內浦則牙山貢稅湖德山由宮浦水大而源長洪州廣川瑞山聖淵雖溪港而通潮故並爲商船居留轉輸之所(내포 아산 공세호와 덕산 유궁포는 물이 크고 근원이 길다. 홍주의 광천과 서산의 성연은 비록 시냇물이나 조수가 통하여 상선이 머무를 수 있어 물건을 옮기고 나르는 곳이 되었다)"(『택리지』 「복거총론」 생리조).

25) "然近海多瘴瘇(바다 가까운 곳은 학질과 종기가 심하여)"(『택리지』 「팔도총론」 충청도조). 해안은 가거지로서 조건이 좋지 않은 지역으로 인식되었음을 알 수 있다.

26) 그렇지만 역원은 대부분 읍치에서 5~10리 정도의 거리를 두고 자리를 잡았기 때문에 별도의 장시가 형성될 수 있는 조건을 갖추지 못한 경우도 많았다. 예를 들면 서산의 풍전(豊田), 결성의 해문(海門), 신창의 창덕(昌德), 면천의 순성(順城) 등

특히 포구가 장시의 발달에 큰 영향을 미쳤다.

아산만으로 유입되는 삽교천과 무한천은 비교적 물이 풍부하고 하천이 길어 배가 다니기에 유리했으므로 이를 배경으로 선장, 남창, 입석 등의 장시가 발달했다. 서해안에도 여러 개의 포구를 배경으로 한 장시가 발달했다. 서해안의 경우는 하천이 짧고 수량이 많지 않았으나 밀물을 이용하여 배가 드나들 수 있었다. 서산의 평촌, 방길, 취포와 홍주의 광천, 당진의 승포 등이 이러한 예에 해당되나 포구를 배경으로 형성된 장시의 밀집도는 아산만에 비해 높지 않았다.

진영에 장시가 발달한 경우로는 내포에서 두 곳이 해당되었다. 평신(구진)은 과거 평신진이 있었던 곳이었으며, 수영은 충청수영이 자리를 잡고 있던 곳이었다. 이들 군사시설에는 많은 군인들이 주둔하고 있었다.[27] 여기에다 평신진의 경우는 목장이 설치되어 있었으므로 이와 관련된 인원이 있었고 제염업과 어업이 발달했기 때문에 위치상의 단점에도 장시가 발달할 수 있었다.

3) 계층구조의 형성: 영역으로서의 장시권

18세기 말부터 19세기 초에 이르면 장시의 성격은 또 한 번 크게 변화하게 된다. 상품이 증가하고 교역이 늘어나면서 규모가 큰 대장(大場)이 형

이 대표적이다. <표 2-6>의 '역원에 형성된 장시'는 대부분 읍치와의 거리가 10리 이상 떨어진 곳이다.

27) 18세기 중반(1757~1765년) 충청수영에는 수군절도사 휘하에 군병 7,049명이 주둔하고 있었고, 평신진에는 수군첨절제사 휘하에 감목관 등 관리가 49명, 군병 97명과 거노(艍櫓) 101명이 주둔했다(『여지도서』).

<표 2-7> 18~19세기 내포지역 장시 개시일의 변동

		장시명	비고
소멸된 장시		승포, 옥장, 남창, 역성, 화성역, 주교	※ 남창은 범근천으로 이전
새로 개설된 장시		범근천, 입석리, 옹암	
개시일이 변동된 장시	단순 변동	구진	1, 6 → 5, 10
		방길	5, 10 → 1, 6
		거산	5, 10 → 2, 7
	개시 횟수의 변동	태안	3, 5, 8, 10 → 3, 8
		삼거리	2, 4, 7, 9 → 5, 10
		면천	2, 5, 7, 10 → 2, 7
		당진	5, 10 → 2, 4, 7, 9
		결성	2, 7 → 2, 5, 7, 10

자료: 『동국문헌비고』; 『임원십육지』.

성되는데 이에 의해 규모가 작은 소장(小場)이 흡수되는 현상이 나타났다. 이러한 현상은 수적인 팽창에서 규모의 확대로 변화해가는 경향을 의미하는 것이다. 또 한편에서는 많은 수의 장시들이 상호 연계관계를 형성하면서 새롭게 등장하여 국지적·지역적 범위의 시장권을 형성했고 이에 따라 분산적으로 기능하던 벽지의 장시들이 폐지되는 추세가 나타났다(한상권, 1981). 읍치, 교역이 활발한 곳 등에 자리를 잡은 대장과 개시일이 같은 저차위 시장들은 개시일을 변경하거나 대장에 흡수·통합되어 소멸되는 현상이 나타나기 시작한 것이다(김대길, 1997). 즉, 이 시기의 시장들은 일종의 계층관계를 형성하기 시작했으며 일정한 규모의 공간구조를 형성하기 시작했음을 의미한다. 장시의 수적인 증가 및 장시 내부의 질적인 발달은 대부분의 장시가 5일장으로 통일되도록 했으며 점차 지역마다 시장권이 형성되는 원인이 되었다.

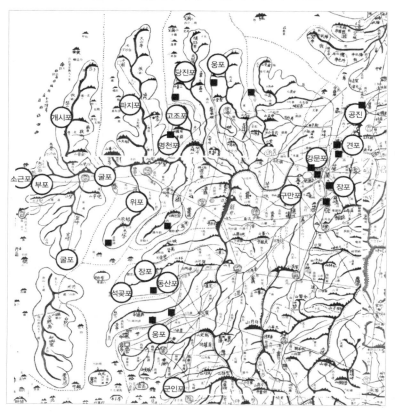

(1) 장시 수 및 개시일의 변동

앞에서 〈표 2-3〉을 통해 살펴보았듯이 19세기에 들어서면 내포지역의
장시 수는 약간 감소하는 경향을 보인다. 그러나 이것은 내포에서만 나타
났던 특징이 아니라 전국적으로 나타난 현상이었다. 이 시기 내포에는 약
39개 정도의 장시가 있었다. 이 수치는 이전 시기와 비교해볼 때 큰 변동
이 없는 수치이지만 내용상으로 볼 때는 소멸된 장시가 많았으며 새로 생
긴 장시가 이를 보충했다. 즉,『동국문헌비고』에 나타나 있던 장시 가운데

옥장·남창(면천), 역성(예산), 화성역(홍주), 주교(보령), 승포(해미) 등 여섯 개의 장시가 19세기에 이르러 소멸되었다. 반면에 범근천(면천), 옹암(보령), 입석(예산) 등 세 개의 장시가 새롭게 탄생했다. 여섯 개의 장시가 소멸된 원인을 정확히 알 수는 없으나 우선 공통적으로 인접한 장시와의 거리가 가까웠던 것이 원인이었던 것으로 보인다. 두 번째 원인은 승포(5, 10일)·옥장(1, 6일)·역성(5, 10일)의 예처럼 인근 장시와 개시일이 겹치는 경우로서 당진(승포)·옥장(기지·남창)·예산(역성) 등 주변의 대장과 개시일이 겹쳤던 것으로 보인다. 남창은 좀 더 포구에 가까운 범근천으로 이전한 것으로 소멸되었다고 보기는 어렵다(이헌창, 1994). 반면에 새롭게 등장한 장시는 포구에 발달했다는 것이 공통점이었다. 상업의 발달이 본격화되면서 포구는 내륙의 산물과 해산물 교류에 유리한 위치로 부상했다. 포구는 원래 내륙과 해안을 연결하는 결절지로서 교역에 유리하다. 더욱이 이 시기에 이르면 전반적으로 생산물들이 증가하고 비교적 원거리를 이동하는 교역활동이 활발해짐으로써 상업활동에서 하천 연안의 포구가 차지하는 비중이 높아졌다. 아산만과 연결되는 삽교천 연안의 범근천과 입석 및 천수만과 연결되는 근전천 연안의 옹암포구 등이 물자의 교류에서 중요한 위치로 부상했기 때문에 이곳에 새롭게 장시가 형성된 것으로 볼 수 있다.

(2) 시장권의 형성

① 시장권의 형성

이 시기에 나타난 두드러진 특징은 시장권이 형성되었다는 점이다.[28] 이전 시기에 이미 이러한 단초가 나타나기 시작했으나 이 시기에 이르러

---

28) 시장권이란 일정한 범위 내에서 4~5개의 장시가 개시일을 달리하여 그 지역 내에서 상품거래가 항상 이루어지는 것을 말한다(한상권, 1981).

서 시장권의 형성이 본격화되었다. 18세기 말부터 장시가 5일장으로 굳어지면서 10~40리 정도의 거리를 두고 상인이나 농민들이 장시를 순회하는 것이 가능하도록 개시일을 달리하는 경향이 나타나기 시작한 것이다. 이와 같은 시장권은 주민의 요구와 상인의 요구가 맞아 떨어지는 선에서 결정되었다. 구매자이면서 판매자이기도 한 주민은 인접한 장시 간의 개시 간격이 멀수록 장시를 이용하기에 유리했다. 농민들은 시장에 판매할 생산물의 축적에 일정한 기간이 필요했고 생활용품의 구매 역시 일정한 시간 간격을 두어야 실효성이 있었기 때문이다. 반면에 상인들의 경우는 매일같이 이동하면서 상품을 판매해야 했으므로 인접한 장시 간의 개시 간격이 가까울수록 유리했다.

장시권의 형성과정에서는 인접한 장시의 폐지와 개시일의 조정이 불가피했다. 앞서 살펴본 것과 같이 내포지역에서도 일부 장시가 폐지되고 개시일이 조정되는 과정이 있었다. 예를 들면 예산의 경우 역성장이 인접한 대장인 예산장과 개시일이 겹치면서 소멸했다. 그런데 예산장 주변에는 2, 7일에 열리는 장시가 없었고 2, 7일에 열리는 장시로서 가장 인접한 장시는 인근 읍치 소재지의 장시인 덕산장과 대흥장이었다. 따라서 삽교천과 무한천의 합류지점에 물류이동이 많아지면서 형성된 입석장은 2, 7일을 개시일로 선택하게 된다.

시장권의 중심에는 대부분 대장이 자리를 잡고 있었으며 이를 중심으로 시장권이 형성되었다.[29] 내포지역에서 장시망의 주요 중심이 되었던 읍치 가운데 인구를 기준으로 상위 다섯 개 지역을 중심으로 장시망을 나타내

---

29) 여기서는 절대적인 개념이 아니고 상대적인 개념이다. 대부분 시장권의 중심이 되는 장시는 읍치에 형성된 장시였다. 즉, 홍주, 예산, 서산, 면천, 해미, 덕산, 당진, 보령 등이 중심이 되었다.

<표 2-8> 『임원십육지』(1830년)에서의 장시망

개시일 중심 장시	1, 6일	2, 7일	3, 8일	4, 9일	5, 10일
보령	홍주	수영	대천	청양	결성
	보령				
	감장	옹암	용호	광천	광시
서산	여미	서산	태안	서산	구진
			대교		
	취포		평촌		해미
면천	기지시	당진	기지시	당진	삼거리
	여미				
	범근천	면천	대천	예전	
홍주	홍주	덕산	대천	봉종	해미
		백야	대교		광시
	감장	결성	용호	광천	결성
예산 (덕산)	범근천	면천	기지시	봉종	예산
		덕산	대천	선장	
	삽교	입석	신례원	신양	광시

주: 진한 색으로 표시된 장시는 두 개 이상의 시장권에 포함되었던 장시를 나타냄.
자료: 건설교통부 국토지리정보원(2003); 이헌창(1994) 재구성.

면 <표 2-8>과 같다. 각각의 장시망은 세력권의 크기에서 유사한 규모로서 대략 반경 40리 안팎의 세력권을 형성했다. 시장권은 곧 지역의 유통권이었던 것이다. 18세기 말 이래 각 지방의 장시는 대개 일정한 범위 내에 4~5개가 서로 개시일을 달리하면서 시장권을 형성하여 그 지역 내에서 상품거래가 항상 이루어졌다.

일정지역에 개설되는 4~5개의 장시는 개시일로 보면 각기 독립된 장시들이지만 각 시장권 내의 주민에게는 시공간적으로 하나의 장시나 다름없었다(김대길, 1997). 그러나 이들은 각각 독립적인 세력권으로 기능하기보다는 일부 세력권을 공유함으로써 내포 전체에 상품을 유통시킬 수 있었

〈그림 2-9〉 19세기 초(『임원십육지』) 시장권과 군현 소재지의 인구

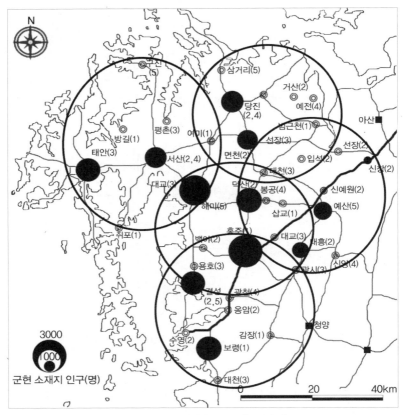

자료: 건설교통부 국토지리정보원(2003); 이헌창(1994); 『호서읍지』(1871).

다. 예를 들면 덕산장을 근거로 하는 상인들은 지리적 근접성을 활용하여
홍주나 해미, 면천 등지의 장시에도 진출하여 상품을 유통시켰으며 넓게
는 예전이나 신창의 선장장까지를 활동범위로 했다(곽호제, 2004).

따라서 지리적으로 가운데에 위치한 홍주를 중심으로 다섯 개의 시장권
이 내포 전체를 아우르는 유기적 관계망을 형성하고 있었다고 볼 수 있다.
이들 시장권은 각기 독립적으로 유지될 수 있는 구조를 하고 있었으나 해

당지역에서 부족하거나 많이 생산되는 상품을 인접한 시장권과 교류함으로써 내포 전체를 하나의 권역으로 묶을 수 있었다. 이는 19세기 당시 내포의 영역이 신창에서 보령에 이르는 지역이었음을 나타내는 것으로 시장권을 기준으로 볼 때 내포가 하나의 '결절지역'으로 기능했음을 나타내는 것이다.

② 내포의 보부상조직과 활동범위

보부상은 시장권과 깊은 관련을 맺고 있는 조직이었다. 조선 후기 지방 상업은 주로 장시를 중심으로 전개되었고 이 장시를 경제적 존재기반으로 삼아 활동하던 전문상인들이 보부상이었기 때문이다(손정목, 1977). 19세기에 조직화되어 충청남도 지역에서 활동했던 대표적인 보부상조직은 세 개나 되었다. 예산·덕산을 중심으로 예산·덕산·당진·면천권에서 활동했던 예덕상무사(禮德商務社), 홍주·광천을 중심으로 홍주·결성·보령·청양·대흥권에서 활동했던 원홍주육군상무사(元洪州六郡商務社), 그리고 한산·서천을 중심으로 부여·정산·홍산·비인·임천·남포권에서 활동했던 저산팔구보부상단(苧産八區褓負商團)이 그것이다. 이외에도 특별한 조직을 형성하지는 않았으나 아산·평택·온양·신창권을 무대로 활동하던 보부상들이 있었다(건설교통부 국토지리정보원, 2003).

보부상조직의 활동권은 모두 당시 홍주목 관할권에 전부 또는 일부가 포함되었다. 이 가운데 저산팔구보부상단은 공주목 관할에 속했던 한산을 중심으로 활동했으므로 내포의 영역을 벗어나는 활동범위를 갖고 있었다. 따라서 내포의 영역 내에서 활동하던 보부상조직은 예덕상무사와 원홍주육군상무사였다. 이들의 활동범위는 19세기 당시의 내포와 관련된 장소인식과 일치한다(1절 '내포 범위에 관한 인식의 변화' 참조).

보부상조직이 결성되어 활동했던 지역들은 모두 생산물이 풍부하거나

<그림 2-10> 19세기 내포지역 보부상의 활동범위

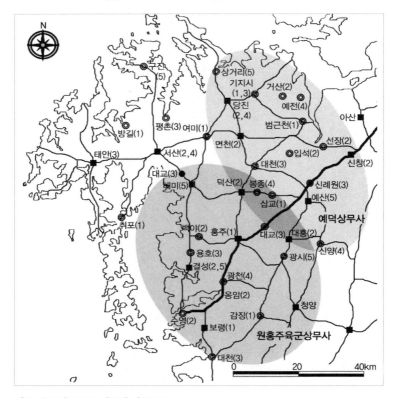

자료: 윤규상(2000); 임동권 외(2006).

특산품의 산지여서 상업활동의 중심지가 될 만한 곳이었다. 예덕상무사
와 원홍주육군상무사의 활동범위는 아산만 또는 서해안과 내륙을 연결하
는 위치로서 해산물과 내륙 농산물 교역의 필요성이 컸던 곳이었다(이헌창,
1992). 저산팔구보부상단은 한산 모시라는 특산품이 보부상단의 결성과
활동에 중요한 원인이었다(황의천, 1992). 이들의 존재는 19세기 당시에 적
어도 5~6개 군현을 포괄하는 유통권이 형성되어 있었음을 의미한다.

19세기 중반에 조직화되어 내포지역에서 활동했던 대표적 보부상조직

인 예덕상무사는 예산, 덕산을 중심으로 당진, 면천지역까지를 활동무대로 했다. 19세기 말 전성기에는 예산을 근거지로 면천의 기지시, 당진의 상거리까지 세력을 확대하여 예산, 당진을 중심으로 홍성에까지 영향을 미쳤다. 그러나 경남선 철도의 부설(1922년) 이후 세력이 약화되고 근거지도 철도가 통과하는 예산에서 덕산으로 옮겨졌다(윤규상, 2000). 내포지역의 또 하나의 보부상조직이었던 원홍주육군상무사는 홍주를 중심으로 광천, 보령, 대홍, 결성, 청양 등을 활동무대로 했다(임동권 외, 2006). 한성부 공문에 의거하여 1851년 창설된 원홍주육군상무사는 활동영역이었던 5개 읍에 임방을 설치하고 소속 행상들을 관리했다.

하나의 보부상조직이 일정한 권역을 차지하고 활동했다는 사실은 각 권역별로 보부상들이 취급할 수 있는 물자와 이에 대한 수요가 일정 부분 충족되었음을 의미한다. 또한 내포지역에서 두 개의 보부상조직이 활동했다는 사실은 19세기 당시 내포의 생산력이 상업경제를 뒷받침할 정도로 성장했음을 의미한다.

그리고 이들은 이동하는 데 불편함이 적었던 지역범위를 활동권으로 했다. 따라서 지형적으로 큰 장벽이 있거나 일정한 거리 이상 떨어져 있는 지역은 활동범위에 포함시킬 수가 없었다. 내포에서 활동했던 두 보부상조직의 활동권은 차령산지나 아산만 같은 지형적 장벽에 의해 내포 외의 지역에서 활동하던 보부상단의 활동권과 구분되었다. 즉, 이들의 활동권은 내포지역 전역을 포괄하는 넓은 범위였지만 거의 내포지역을 벗어나지는 않았다. 예덕상무사와 원홍주육군상무사, 두 보부상조직은 각각의 영역을 형성하고 있었지만 일부 세력권을 서로 공유함으로써 내포의 핵심지역을 세력권으로 장악하고 있었다.

〈그림 2-11〉 시장권에 근거한 19세기 내포의 공간구조

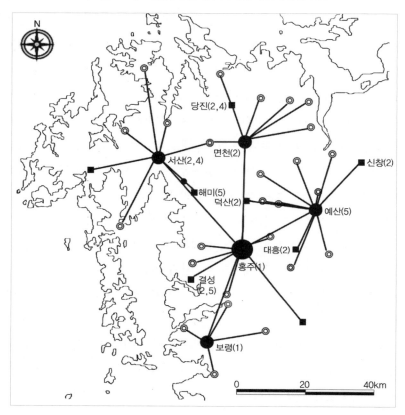

자료: 필자 작성.

(3) 19세기 내포의 공간구조

생산력이 증대되고 상업경제가 발달하는 19세기에는 본격적으로 시장권이 형성되기 시작했다. 인접한 4~5개의 장시가 개시일을 다르게 하여 하나의 상권을 형성하기 위해서는 개시일의 조정과 일부 장시의 폐지가 불가피했다. 대장과 인접한 소장이 주로 개시일이 바뀌거나 폐지되었는데 이 과정에서 내포의 장시 수가 감소했다. 그러나 이 시기에는 새로운 장시

가 만들어지기도 했는데, 새로 만들어진 장시는 모두 아산만, 천수만과 연결되는 포구에 발달한 것이 특징이었다.

시장권의 형성은 대부분 읍치를 배경으로 발달한 대장을 중심으로 이루어졌다. 내포 시장권의 중심이 되었던 곳은 홍주, 예산(덕산), 면천, 서산, 보령 등이었다. 이를 중심으로 형성된 다섯 개의 시장권은 홍주를 중심으로 일부 세력권을 공유함으로써 내포 전역을 포괄하는 상품유통권을 형성했다. 보부상의 활동권도 시장권과 밀접한 관련이 있었다. 내포에서 활동하던 예덕상무사와 원홍주육군상무사, 두 보부상조직은 각각의 중심지를 배경으로 세력권을 분점하고 있었는데, 가야산 서부를 제외하고는 내포의 대부분을 활동범위로 했다. 그러나 이들의 활동범위는 차령산지를 넘어가지 않음으로써 내포 내부에 한정되었다.

이상의 사실들을 종합해볼 때 19세기 당시 내포는 결절성으로 구획이 가능한 지역이었음을 알 수 있다. 또한 상업경제가 발달하면서 시장권이 형성되기 시작했으며 이것이 공간구조에 영향을 미쳤음을 알 수 있다. 그러나 그 범위와 위계에서는 홍주목 중심의 행정조직이 중심이 되고 있었다. 인구분포로 볼 때 지역 간의 차별성은 그다지 크지 않았으나 행정 중심지였던 홍주를 1차 중심지로 하여 상대적으로 인구가 많고 지리적 중심에 있던 서산, 면천, 예산(덕산), 보령 등이 2차 중심지 역할을 하는 초보적인 계층구조를 형성했다.

4. 내포: 가야산 주변의 안개[內浦]

내포는 경계가 명확하지 않은 지역이기 때문에 영역적 형상이 발달해온 과정을 규명하는 것은 이 지역을 이해하는 데 중요한 의미를 갖는다. 특히

<그림 2-12> 내포지역 범위에 대한 인식의 변화

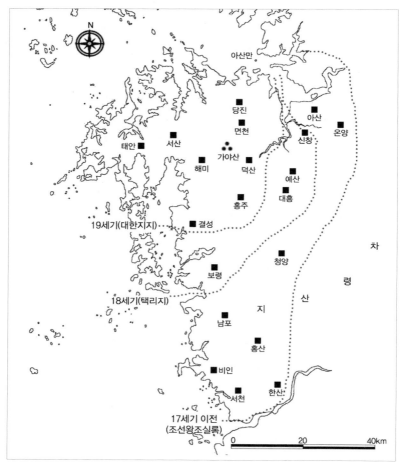

자료: 현채(1899);『택리지』;『조선왕조실록』.

일제 강점기 이후 지역으로서의 의미를 급격하게 상실했기 때문에 영역적 형상의 발달과정에 대한 탐구는 일제 강점기 이전의 시기를 대상으로 역사적으로 접근하는 것이 필요하다. 이 장에서는 내포의 범위에 관한 인식의 변화과정을 살펴보고 그 원인을 행정구역의 변화와 지역상권의 변화라는 두 가지 맥락으로 추적해보았다.

내포에 대한 기록에 따르면 대체로 내포는 조운, 국방 등 국가정책적인 필요성과 한양, 경기에 근거를 둔 양반관료들의 가거지로서 언급되고 있다. 따라서 내포는 지역민들에 의해 주체적으로 인식되고 정의된 지역이기보다는 한양이나 경기도에 근거를 둔 양반관료층에 의해 인식된 지역으로서의 성격이 강하다고 볼 수 있다. 이들에 의해 인식된 내포는 그 범위에서 역사적으로 변화를 겪었다. 넓게는 차령산지를 경계로 하는 홍주목 관할지역 전체를 포괄하는 지역으로 인식되기도 했고 좁게는 아산만 일대를 지칭하는 지명으로 인식되기도 했다. 전체적으로는 17세기 이후 그 범위가 점점 축소되어 인식되었다는 것이 특징이다.

이러한 변화는 행정구역의 변동과 일정한 관련성이 있는 것으로 보인다. 즉, 고려 말에 홍주목이 설치된 사실과 이때에 비로소 내포라는 지명이 등장하는 것은 밀접한 상관관계가 있다. 홍주목의 설치는 내포를 하나의 지역으로 묶는 의미가 있었으며 이러한 상태는 큰 변동 없이 조선 후기까지 지속되었다. 그러나 1896년 행정구역 개편으로 13도제가 실시되고 충청남도 아래 군이 설치되면서 내포를 하나의 행정구역으로 묶을 수 있는 근거가 사라졌다. 이후로 내포는 점차 기록에서 자취를 감추기 시작했다.

내포의 영역은 시장권을 통해서도 확인된다. 장시는 단순히 경제적 측면에서만 의미를 갖는 것이 아니라 사회적·문화적 측면에서도 의미를 갖는 공간이다. 장시는 일정한 권역을 형성하면서 지역의 상업경제를 이끌었을 뿐만 아니라 정보의 교환이나 홍보, 오락과 유희의 공간으로서 역할을 수행했기 때문이다. 그러므로 장시는 지역의 특성을 이해하는 유용한 지표가 될 수 있으며, 특히 내포의 경우는 이를 통해 지역 공간조직이 형성되어온 실질적인 범위를 파악하고 이것의 성쇠과정을 파악하는 것이 가능하다.

내포에 장시가 등장한 것은 16세기경으로 충청도의 다른 지역과 비슷한 시기였다. 초기 장시의 발달은 농업생산성과 관련이 깊었는데, 내포는 경지율이 높아 일찍부터 농업이 발달한 지역이었기 때문에 장시가 발달할 수 있는 토대를 잘 갖추고 있었다. 그러나 18세기 이전까지 내포의 장시는 교류범위가 인접지역에 한정됨으로써 지역 간의 연계가 그다지 활발하지 못했다. 당시의 장시는 주로 읍치와 진영 등 행정, 군사 치소와 역원 등 교통의 중심지에 발달했다. 이에 따라 홍주, 덕산, 면천, 서산 등 주요 읍치와 평신, 수영 등 진영의 소재지, 그리고 신례원, 역성 등 역원의 소재지나 광천, 평촌 등 포구에 장시가 형성되었다.

18세기 말에서 19세기 초에는 대장의 형성과 이에 따른 소장의 흡수로 시장들 간의 계층관계가 형성되기 시작했다. 이러한 변화는 일정한 범위 내에서 4~5개의 장시가 개시일을 달리함으로써 하나의 시장권을 형성하는 원인이 되었다. 내포의 장시 수는 외형적인 숫자로 볼 때는 큰 변동이 없었으나 실제로는 일부가 소멸하고 신설된 장시가 이를 대체하는 내부적 변화가 있었다. 시장권이 형성되는 과정은 이처럼 대장에 의한 인접 장시의 흡수, 개시일의 변동 등을 유발했다.

각각의 시장권은 대략 40리 안팎의 세력권을 형성했다. 그러나 이들은 각각 독립적인 세력권으로 기능하기보다는 일부 세력권을 공유함으로써 내포 전체에 상품을 유통시킬 수 있었다. 따라서 지리적으로 내포의 가운데에 위치한 홍주를 중심으로 다섯 개의 시장권이 내포 전체를 아우르는 유기적 관계망을 형성하고 있었다. 장시의 밀도는 가야산지 주변은 높았던 반면 삽교천 및 무한천 유역과 서해안 연안지역은 낮게 나타났다. 시장권을 형성하기 위해서는 장시 간의 시간거리가 중요했기 때문에 지형적 조건이 장시의 밀도에 영향을 미친 결과이다. 이 시기에 조직되어 활동했던 보부상조직은 시장권을 순회하던 상인조직으로서 내포가 몇 개의 시장권으로 묶여 있었음을 보여주는 증거이다. 이들의 활동범위는 내포의 거의 전역을 포함할 만큼 넓었지만 내포지역을 벗어나지는 않았다.

이상의 사실들을 종합해볼 때 내포는 홍주라는 행정구역과 밀접한 관련이 있는 지역이었으며 그 범위는 오늘날의 아산만에서 보령에 이르는 가야산 주변의 여러 군현을 포괄했음을 알 수 있다. 따라서 행정구역의 개편은 내포지역의 성쇠에 가장 큰 영향을 미치는 원인이 되었다. 내포가 지역으로서 가장 확실하게 인식되었던 시기는 조선시대 후반이었으며 구한말 이후로 지역으로서의 의미를 점차 상실하기 시작했다.

제3장

상징적 형상의 성립

사회적 단위로서의 지역사회는 구성원들과의 상징을 통한 상호과
정 속에서 상대적으로 독특한 집합적 정체성, 즉 지역정체성을 갖
게 된다.

지역의 구성과정에서 상징적 형상의 역할은 매우 중요하다. 사회적 단위로서의 지역사회는 구성원들과의 상징을 통한 상호작용 속에서 상대적으로 독특한 집합적 정체성, 즉 지역정체성을 갖게 된다. 다양하게 나타나는 상징들을 주민들이 '지역의 것'으로 받아들일 때 상징적 형상은 지역정체성을 강화하고 이를 통해 지역을 구성하는 데 결정적인 역할을 할 수 있기 때문이다. 특히 문화적 과정으로서의 상징은 개인적·집단적 정체성을 만들어내는 데 효과적이다. 따라서 일반적으로 상징적 형상은 지역의 역사, 전통과 관련이 깊다. 내포지역에서도 역사나 전통과 관련이 있는 다양한 상징들이 제시되고 있다.

최근에 대두되는 내포에 대한 관심은 내포의 영역에 대한 관심과 내포를 대표하는 상징에 대한 관심으로 요약될 수 있다. 이 가운데 상징에 대한 관심이 보다 많이 대두되고 있다. 그러나 현재 내포의 상징들은 시·군 단위 지역에 따라 매우 다양하게 제시되고 있다. 내포의 영역 내에 분포하는 수많은 자연적·문화적 요소들이 여러 시·군 지역에서 각각 상징적 요소로서 제시되고 있으나 내포의 영역 내에 분포하는 상징적 요소라는 공통점만을 가질 뿐 내포 전체를 대표할 수 있는 상징으로서의 의미는 갖지 못한 것들이 많다. 이것은 내포에 대한 접근이 지역개발 차원에서 이루어지고 있으며, 지역개발의 실질적인 추진 단위가 시·군 단위이기 때문에 나타나는 현상이다. 그러나 내포를 단일 시·군 단위를 뛰어넘는 하나의 지역으로 정의하기 위해서는 내포 전체를 대표할 수 있는 상징적 형상에 대한 논의가 필요하다. 이에 따라 이 장에서는 앞 장에서 살펴본 영역적 형상의 발달과정을 토대로 하여 내포를 대표하는 상징적 형상에 대해 알아보고자 한다.

먼저 내포를 정의하는 데서 아주 중요한 요소인 자연환경에 대해 알아보았다. 자연환경조건은 내포의 문화적 특징을 만들어낸 배경이 되기 때문에 상징을 이해하는 데 중요한 전제조건이 된다. 차령산지는 내포 영역의 경계 구실을 하고 있으며 '안개[內浦]'는 내포의 문화적 특징을 만들어낸 중요한 자연환경적 배경이 되고 있다. 그뿐 아니라 내포 전역에 분포하는 수많은 '안개'는 내포라는 지명의 어원으로 이해되기도 한다. 또한 이와 함께 내포를 설명할 때 필수적으로 등장하는 '가야산'은 내포를 대표하는 상징으로서의 의미도 가지고 있는 자연환경요소이다.

내포에서는 이러한 자연환경조건을 배경으로 문화적 동질성을 보여주는 여러 가지 지표들이 나타나고 있다. 문화적 동질성은 내포를 표현하는 상징적 요소로서의 의미와 함께 내포의 영역에 대한 정보를 제공해준다. 문화적 동질성을 나타내는 상징적 형상의 요소는 매우 다양하다. 특히 내포는 넓은 범위로 인해 다양한 문화적 특성들이 나타나며 이에 따라 동질적 요소를 추출하는 것이 결코 쉽지 않다. 그럼에도 내포에는 문화적으로 동질성을 나타내는 요소가 다양하게 분포하고 있다. 이러한 문화적 동질성은 여러 가지 다양한 사회적·경제적·자연적 조건들의 영향을 받는다.

내포를 상징하는 동질적 문화요소로 방언, 민요 등 민중적 문화요소와 시조, 유교문화 등의 지배층 문화요소, 그리고 천주교로 대표되는 종교문화요소를 선정하여 고찰했다. 이들 문화요소는 분포에서 서로 일치하지는 않으나 내포를 하나의 동질지역으로 정의하는 데에 모두 의미를 갖는 요소들이다. 왜냐하면 이 요소들은 공통적으로 내포 이외의 지역과 뚜렷한 차별성을 갖기 때문이며, 또한 이 요소들의 분포를 비교 고찰함으로써 내포의 핵심(core)과 주변(periphery)의 구별이 가능하기 때문이다. 또한 이들은 내포의 대표적인 상징적 형상으로서 의미를 갖는 요소들이다.

1. 자연지리적 상징

1) 차령산지와 가야산

인간과 환경의 상호관계에 관심을 갖는 지리학은 기본적으로 자연환경을 심각하게 고려하지 않을 수 없다(노튼, 1994). 환경의 제약을 크게 받았던 과거로 갈수록 인간생활을 고려할 때 환경의 영향을 보다 심도 있게 고려해야만 했다. 근대 이후 환경을 극복하는 인간의 능력이 진보를 거듭해 왔고 그 결과 오늘날에는 기술적으로 환경적 제약의 한계를 뛰어넘을 수 있는 여지가 많아졌다. 이는 한때 인간생활에 대한 환경의 역할이 약화되었음을 의미하기도 했으나 최근에는 반대로 환경에 대한 관심의 증가로 귀결되고 있다. 환경은 극복해야 할 대상이 아니라 인간이 어울려야 할 동반자이기 때문이다. 따라서 여전히 환경은 인간생활을 이해하기 위한 필수적인 밑그림이다. 그러므로 지표의 현상에 관심을 갖는 지리학 연구에서 자연적 배경에 대한 탐구는 큰 의미를 갖는다.

특히 지역 연구에서는 경계선의 설정이 1차적으로 중요한 의미를 갖는다. 이때 인위적인 경계 대신에 어느 정도는 불변의 성격을 지닌 산맥과 하천을 기준으로 지역을 구분하고 그 산맥과 하천으로 경계 지어진 지역 안에서의 동질성을 전제로 지역을 연구한다면 보다 의미 있는 결과로 접근할 수 있을 것이다(권정화, 2005). 지질구조가 매우 복잡한 한반도는 지질구조의 외적 표현인 지형적 조건 역시 매우 복잡하고 다양하다. 이러한 복잡하고 다양한 지형적 조건들은 지역의 경계선뿐만 아니라 인간생활에 다양한 크기와 모습으로 영향을 미쳐왔다. 내포 역시 한반도의 다른 지역과 마찬가지로 다양한 자연지리적 특색을 나타내고 있으며, 이러한 특징들이 인간생활에 다양한 형태로 영향을 미쳐왔다.

충남의 서북부지역에 해당하는 내포지역은 전체적으로 해발 200m 이내의 저지대가 넓게 분포하고 있는데, 동부의 차령산지가 비교적 연속성이 강한 200m 이상의 산지를 이루고 있다. 반면에 서부지역은 가야산을 중심으로 남쪽에 오서산, 서쪽에는 팔봉산과 백화산 등의 고립성 산지와 태안반도가 분포하고 있다. 동부 차령산지는 대략 NE-SW 방향으로, 서부의 가야산지는 NNE-SSW 방향으로 발달되어 있다.

이러한 지형적 조건은 내포를 주변지역과 분리함으로써 동질적 문화요소가 만들어지고 내부적 결절성이 형성되는 원인이 되었다. 즉, 내포는 차령산지를 경계로 충청도의 동부지역(금강 유역)과 구별되며 아산만을 경계로 오늘날의 경기도 지역과 구별된다. 이외의 지역은 모두 바다로 둘러싸여 있으므로 내포는 지형적으로 하나의 섬과 같은 조건을 갖추게 되었다.

내포의 한가운데 자리를 잡은 가야산은 연속성은 약하지만 내포의 분수계 역할을 하고 있다. <그림 3-1>과 같이 가야산을 중심으로 동쪽으로는 삽교천이 아산만으로, 북쪽으로는 당진천과 역천이 당진만으로, 서쪽으로는 천교천이 천수만으로 각각 흘러들어가고 있다. 따라서 해안선을 따라

〈그림 3-1〉 내포의 지형

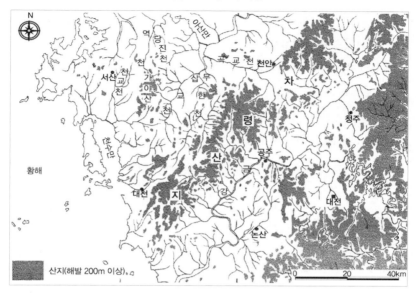

산지(해발 200m 이상)

자료: 한국자원연구소(1996).

크고 작은 하구가 발달했다. 이처럼 가야산은 여러 하천의 분수계 역할을 하고 있지만 연속성이 약한 산지이기 때문에 내포지역 내에서 지역을 나누기보다는 통합하는 역할을 해왔다.

서부 가야산지와 동부 차령산지 사이를 흐르는 삽교천과 무한천 유역에는 두 하천의 합류지점을 중심으로 하는 예당평야가 비교적 넓은 평야지대를 형성하고 있다. 가야산 서쪽은 가야산에서 태안 백화산에 이르는 화강암 산지를 가운데에 두고 선캄브리아기에 형성된 편마암 지역이 넓게 펼쳐져 있다. 이에 따라 비교적 낮은 산지와 오랜 침식으로 평탄해진 구릉지대가 발달하고 있다. 차령산지는 편마암 산지로서 예당평야 일대에 풍부한 영양염을 공급하는 역할을 하고 있다. 따라서 예당평야 일대는 비옥하고 넓은 경지를 이루고 있어서 예로부터 삶의 주요한 터전이 되어왔으

제3장 상징적 형상의 성립 | 139

며, 이러한 이유로 내포는 조선시대부터 토질이 비옥한 지역으로 인식되어왔다.[1] 이러한 조건은 육로를 통한 내포의 내부 연결을 원활하게 하는 원인이 되었으며 주민들의 경제적 기반이 되었다.

차령산지는 연속성이 강하여 내포의 지형적 경계 역할을 한 반면 가야산은 내포 여러 지역의 한가운데에 위치하면서 산지를 중심으로 지역을 연결하는 역할을 했다. '가야산 주변의 10여 개 고을'이라는 『택리지』의 정의가 내포에 대한 가장 일반적인 정의인 것도 이와 관련이 있다. 따라서 가야산은 내포의 대표적인 자연지리적 상징이라고 볼 수 있다.

2) 안개[內浦]의 발달

내포 전체가 복잡한 지질구조와 오랜 침식으로 인해 매우 복잡한 지형을 이룬 가운데 해안지역은 후빙기의 해수면 상승으로 전형적인 리아스(rias)식 해안을 형성했다. 이와 같은 원인으로 해안선이 매우 불규칙하게 발달하여 크고 작은 만과 감조권이 깊은 하구를 형성하고 있는 것을 들 수 있다. 만과 감조권이 깊은 하구를 일컬어 '안개'라 했으며 이것의 한자식 표현이 내포(內浦)이므로 내포라는 지명의 출발은 내포 전 지역에 발달한 '안개'라고 볼 수 있다. 즉, 지형적 특징을 표현한 일반 명사가 지명으로 정착된 것이다.

이러한 특징은 과거 해안에 인접한 저습지의 개간이 불가능했던 시기에는 주요한 지형적 장벽이 되기도 했다. 예를 들면 아산만으로 유입되는 삽교천이나 안성천의 하구는 배가 없으면 통행이 어려운 지형적 장벽이었

---

1) "충청도의 내포와 전라도의 만경 등 비옥한 곳은 곡식이 많이 나는 곳이라 일컬으나 ……."(『세종실록』 권74, 18년 7월 甲寅).

다. 반면에 이러한 지형적 조건은 내륙수로의 활용도를 높이는 원인이 되어 내륙 쪽으로 깊숙하게 들어와 자리를 잡은 포구가 많이 발달했다. 이러한 특징은 내포 내부의 연결성을 높여서 동질적 문화를 형성하는 배경으로 작용했다.

한편 내포의 대표적 하천인 삽교천과 무한천은 북쪽의 아산만으로 유입되어 내포를 한양이나 경기도와 연결하는 주요 통로 역할을 했다. 삽교천은 유역분지의 총면적이 1,619km2에 불과한 비교적 작은 규모의 하천이지만 만조 시 가항 수로의 거리는 해안으로부터 28km에 달했다(홍금수, 2004). 대표적인 사례로 덕산의 구만포(九灣浦)는 삽교천과 무한천의 합류지점으로부터 삽교천을 따라 10여 리 이상 내륙에 위치하고 있었다. 구만포는 내륙에서 생산되는 농산물과 바다에서 생산되는 어염이 교환되는 곳으로 아산만 일대의 포구 가운데 가장 내륙에 위치했다(구만리경로당, 2004). 구한말에 오페르트 일당이 남연군 묘를 도굴하기 위해 상륙했던 곳으로도 잘 알려져 있다. 이러한 특성은 방언, 시조, 민요, 유교 문화, 천주교 문화 등 다양한 문화요소에 영향을 미쳤다. 즉, 이들 문화요소는 일부 또는 상당 부분 경기도나 한양의 영향을 받아 내포의 문화가 혼합지대적인 특성을 나타내는 원인이 되었다.

따라서 내포지역에 발달한 수많은 '안개'는 가야산과 함께 내포의 대표적인 자연지리적 상징이라고 볼 수 있다.

2. 방언

1) 방언 연구의 의의

언어는 문화의 필수적인 구성요소이기 때문에 문화지역 및 집단을 구별하고 규정하는 매우 중요한 지표가 된다. 즉, 언어는 사회적 현상으로 언어 집단을 배경으로 집단 성원들 간의 관계를 통해 성립되는 행동이기 때문에 집단을 구성하는 대표적인 문화요소이다. 또한 구성원들이 합의한 상징적 의사소통 매체로서 세대를 이어 관습과 기능을 전수하는 주요한 수단이 되기도 한다(Jordan et al., 1997). 사회집단은 언어를 매개로 동질성을 확보하게 되며 이를 세대를 이어 전수하게 되는 것이다. 또한 언어는 공간적으로 다양하게 변화하며 집단화되는 경향이 있기 때문에 지역 또는 장소의식을 강화하기도 한다. 언어는 소통을 전제로 하는 것이므로 반드시 집단을 배경으로 해야 하며 집단 내에서의 의사소통을 통해 공동체생활을 영위하고 그 과정 속에서 내부적 동질성을 확보하며 이를 강화해가는 것이다. 따라서 언어집단은 내부적으로 언어유형뿐만 아니라 관습과 제도 등에서 동질성을 띠게 된다. 또한 언어는 사회집단의 내적 동일성을 구성하는 중심적인 요소일 뿐만 아니라 소속감 또는 집단의식을 이루는 핵심적 요소이다(Taylor et al., 2004). 이러한 이유로 언어는 어학에서뿐만이 아니라 문화지리학의 주요한 연구 주제가 되어왔다.

언어 연구는 대개 대지역 규모에서는 분포나 전파가 논의되며 중소지역 규모에서는 방언이나 지명이 연구된다. 이 가운데 방언은 특히 한 국가 내의 중소지역 단위로도 달라지는 경향이 많기 때문에 특정 문화지역의 하부 문화권을 구분하고 이해하는 데 매우 유용한 지표가 될 수 있다. 방언은 같은 언어집단 내에서도 전체 집단과 구별되는 독특한 언어적 특성을 가진 언어로서 이를 사용하는 집단은 내부적 동질성을 지니고 있다. 따라서 대부분 특유의 낱말 또는 발음구조를 갖고 있다. 이러한 차별성은 자연적·사회적·역사적 조건 등 다양한 원인에 의해 발생한다. 따라서 방언에 대한 연구는 언어학적으로는 언어의 기원과 전파과정을 규명하는 중요한 지표가 된다. 즉, 방언은 단지 표준어에 대비되는 것으로서 '잘못 사용되는 언어', 또는 '소수가 사용하는 언어'라는 부정적 정의를 넘어서 언어의 근원을 탐구하는 도구로 이해되어야 한다. 나아가 특정 지역의 자연적·사회적·역사적 특성에 대한 이해와 직간접적으로 관련되어 있음을 인식할 필요가 있다.

방언은 역사성을 지니면서도 현재까지도 일부 세대에는 건강하게 남아있으므로 역사적인 면과 함께 현존하는 문화요소로서 지역의 특성을 잘 드러내는 문화요소라고 볼 수 있다. 대중매체의 발달로 표준어가 강요되고 교통의 발달로 다른 지역과의 직접적인 접촉이 활발해지면서 실질적으로 방언이 점차 약해져가고 있는 것이 한국의 현 상황이지만 지역적으로 각각 분화된 언어는 그 지역의 지리적 여건과 관습적인 환경의 영향으로 고유의 특징을 상당 부분 여전히 간직하고 있다. 따라서 한국어라는 언어를 소통의 수단으로 활용하고 있는 우리는 국가적 스케일에서는 한국어로 동질성을 느끼지만 소지역 스케일에서는 독특한 방언을 통해 또 다른 동질성을 느끼고 있다.

이와 같은 맥락에서 볼 때 방언에 대한 연구는 내포를 이해하는 데에 많은 의미를 갖는다. 여타의 문화요소에 비해 언어는 그 관성이 상대적으로 크기 때문에 쉽게 바뀌지 않는 특성을 지닌다. 모든 주민들에게 적용될 수는 없으나 내포에도 고령층을 중심으로 원형에 가까운 방언들이 살아 있는 경우가 많다. 지역 규모로 볼 때 내포는 충분하지는 않지만 다른 지역과 방언상의 차별성이 나타날 수 있는 크기이다. 기초자치단체를 실질적인 정책의 기본단위로 하고 있는 오늘날의 상황에서 내포와 같이 여러 지역을 포괄하면서 행정적 위계와 일치하지 않는 지역을 동질성으로 묶을 수 있는 문화요소는 많지 않다. 방언은 행정적 분절에도 여전히 행정구역을 뛰어넘는 포괄적인 문화요소로서 실재하고 있는 것이다.

2) 충청남도 방언의 위치

한국어는 원시 알타이(Altai) 어에서 분기되어 한반도에 이르러 북방계의 부여어와 남방계의 삼한어로 나뉘었다. 오늘날의 충청남도는 마한의 영역에 속했으므로 충청남도어는 남방계에 속하는 마한어, 변한어, 진한어 가운데 마한어에 해당했다. 이러한 토대 위에 마한 땅에 백제가 건국됨으로써 역사적으로 북방계인 부여어와의 혼합이 일어나게 되었다. 고구려는 부여와 같은 북방계였으므로 백제어는 이후 고구려어와도 많은 부분 유사했다. 또한 신라어와도 통해 고구려어와 신라어의 중간 성격을 띠었다.[2] 고려시대에는 개경 중심의 경기도 방언이 공통어로 등장했고 지리적으로 경기 방언과 인접했으므로 이의 영향을 많이 받았다. 조선시대에도

---

2) 주서(周書)에 "王姓夫餘氏號於羅瑕民呼爲鞬吉支夏言竝王也妻號於陸夏言妃也(왕의 성은 부여 씨로 '어라하'라 부르며, 백성들은 '건길지'라고 부르는데 이는 중국말로 모두 왕이라는 뜻이다. 왕의 아내는 '어륙'이라 호칭하니 '왕비'라는 뜻이다)"라는 기록은 백제어와 부여어가 지배어와 민중어로 공존했으며, 양서(梁書)에 "言語服章 …… 略與高句麗同 ……(언어복장이 대략 고구려와 같다)"라는 기록은 백제어와 고구려어가 서로 비슷했음을 짐작케 한다. 또한 "言語待百濟以後通焉[(신라는 여러 가지가 고구려와 같았지만) 언어만은 백제를 거친 후에야 통한다]"는 기록으로 보아 백제어와 신라어는 서로 근접한 반면, 신라어와 고구려어는 많이 달랐음을 알 수 있다(한영목, 1999).

상황이 이와 비슷하여 경기 방언의 영향을 오랫동안 받았다. 이처럼 충남의 방언은 역사적으로 끊임없는 접촉, 특히 공통어와의 지리적 접근성으로 인한 접촉과 이로 인한 변형의 가능성 속에 놓여 있었다. 이러한 역사적 사정들은 충남 방언의 구획 설정을 어렵게 하는 원인이 되어왔다.

충청도 방언과 관련된 연구는 일제 강점기에 일본인 학자에 의해 처음으로 이루어졌는데 대표적인 연구로는 오구라 신페이(小倉進平)와 고노 로쿠로(河野六郎)의 연구가 있다(小倉進平, 1944). 그러나 이들 연구에서는 공통적으로 충청도 방언을 '경기 방언권', 또는 '중선 방언권'에 포함시킴으로써 독자적인 방언으로 인정하지 않았다. 충청도 방언은 호남권과 경기도권의 중간 성격을 띠며 특유의 억양이 적고, 특히 충청북도의 경우는 경기도 방언과의 유사성이 상당히 크기 때문에 나타난 결과이다. 또한 음운변화보다는 어휘의 수집과 고찰에 역점을 두었던 것이 이 일본인 학자들의 공통점이었다.

그러나 해방 후부터 충청도 방언을 독자적인 방언으로 인정하는 연구들이 등장하기 시작했다. 김형규(1972)는 일제 강점기 일본인 학자들의 분류에 문제를 제기하고 충청도 방언을 독립적으로 고려할 필요가 있음을 주장했다. 또한 방언의 연구에서 일본 학자들이 보여주었던 분류방식, 즉 남북방향으로 분류하는 방식에 문제를 제기하면서 경상도(동)와 전라도(서), 강원도 영동(동)과 경기도(서)의 차이에도 주목해야 함을 지적했다. 특히 충청 방언군과 관련하여 이를 동부(충청북도)와 서부(충청남도)로 구별해야 할 필요가 있음을 주장했다.

최학근(1976)은 음운, 어휘, 어법 등을 기준으로 남부방언군과 북부방언군을 구분하면서 두 방언군 사이에 등어지대를 설정했다. 최학근의 연구에 의하면 이 등어지대는 강릉~태백산~당진·서천으로 이어지는데, 특히 서해안 지역은 남부방언군을 기반으로 하여 북부방언군의 영향을 강하게

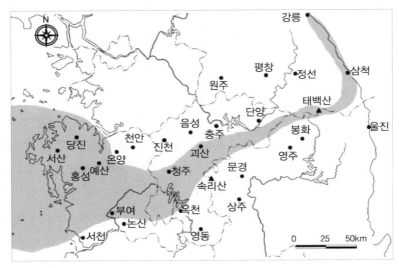

〈그림 3-2〉 남북방언군의 등어지대

자료: 최학근(1976).

받아 넓은 혼합지대를 형성하고 있다.

충청도 방언 가운데 특히 충청남도 방언은 충청북도 방언에 비해 독자성이 더욱 강한데, 이는 지리적 환경과 역사성을 동시에 고려할 때 드러나는 특징이다. 충남 방언은 충북 방언에 비해 그 방언사적 성격이 매우 다르다. 도수희(1965)는 충청남도 방언의 역사성에 주목하여 독자성을 주장했다. 충북 방언이 경상도, 전라도, 강원도, 경기도 등 여러 지역과의 접촉을 지속하면서 발달한 데 비해 충남의 언어 대부분은 공통적으로 그 원류를 마한에 두고 있다. 따라서 당시에는 충남과 전북이 동일어권을 형성했을 것이다. 그러나 백제가 마한을 병합하고 위례성에서 웅진으로, 다시 사비성으로 천도하면서 나름대로 독자성을 갖추게 되었을 것으로 보았다(도수희, 1987). 충청도 방언은 이와 같은 역사성 외에도 음운, 형태, 어휘, 어법 등에서 독특한 특성을 나타내고 있다.

3) 내포 방언과 방언권

(1) 충청남도 내의 방언권

충남 방언은 어휘나 어법에서 지역 간에 크고 작은 차이들이 나타나고 있다. 이러한 특징들은 보다 미시적인 고찰에 의해 세밀하게 파악되어야 할 필요가 있다. 도수희(1977)는 이전의 연구들이 충청지역의 언어가 하나로 묶이기 어려운 특징을 갖고 있음에도 이를 무시하고 일률적으로 하나로 묶어 특정 방언에 예속시키는 오류를 범했음을 지적하고, 이와 같은 대단위 구분이 하위 구분을 사장시켰던 것에 대해 문제를 제기했다. 그는 충청도 방언권을 다시 하위 방언권으로 구분함으로써 독자적인 방언권으로 자리매김했다. 충청지역을 차령산맥을 기준으로 서북부와 동남부로 대분한 다음, 이의 하위구분으로 방언권을 다음 세 가지로 세분했다. 이러한 구분의 기준은 경기어(중앙어)의 영향을 받았을 가능성이 큰 지역과 그렇지 않은 지역으로 잡고, 전자를 동북부지역(C역)으로, 후자를 동남부지역(A역)으로 구분했다.

A역: 서천, 보령, 부여, 청양, 공주, 논산, 대전, 금산, 옥천, 영동
B역: 서산, 당진, 홍성, 예산, 아산
C역: 천안, 청주, 청원

이러한 구분은 일부 충청북도 지역이 포함되기는 했으나(C역) 대체로 충청남도에 해당하는 지역을 대상으로 구분한 것이다. A역은 충청남도 방언권 가운데 가장 넓은 지역을 포괄하고 있다. 이 권역은 다른 권역에 비해 전라도 방언의 영향을 많이 받았다고 볼 수 있다. 특히 이 권역 가운데 보령 이남의 해안지역은 전라도 방언의 특성을 상당 부분 가지고 있다. B역

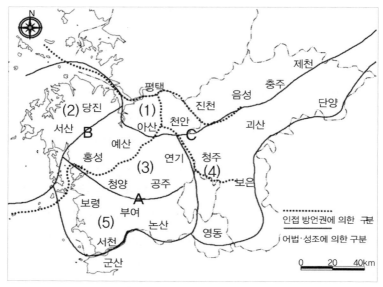

〈그림 3-3〉충청도 방언권

자료: 도수희(1987); 최학근(1976).

은 A역과 유사한 점이 많지만 전라도 방언의 영향을 상대적으로 덜 받은 권역이다. 그뿐 아니라 경기 방언의 영향을 많이 받은 C역과도 구별된다. 즉, B역은 전라도 방언과 경기도 방언의 중간지대에 해당하므로 상대적으로 독특한 방언 형태를 유지하고 있을 가능성이 크다. C역은 경기 방언의 영향을 많이 받아 충청남도 방언 가운데 가장 표준말에 가깝다(보령군지편찬위원회, 1991).

최학근(1976)은 어법을 기준으로 충청도 방언군을 세분했다.

① 경기지역의 어법과 유사하며 충청 방언의 어법과는 일부('뭐하남?', '그러세유?!' 등)만 일치하는 지역으로 천안, 온양, (평택)이 포함되는 지역이다.

② '~유?!'의 사용이 매우 다양하며 '머하간?', '머하남?'('뭐 하는가?'), '빨

리 오:노!', '빨리 오:너!'('빨리 오거라'), '뭐 할라구:나?', '뭘라구:나?' ('뭐 하려고 하는가?'), '일 항게비다!'('일하는가보다!') 등이 많이 활용되는 지역으로 당진, 서산, 태안 지역이다.

③ 예산, 홍성, 청양, 공주 지역으로 ②지역과 마찬가지로 '~유?!'가 많이 쓰이며 '멍넌다:나?'('먹더냐?'), '인넌다:나?'('있더냐?') 등이 특색이며 '그런디'('그런데'), '하는디:'('하는데'), '그러니께'('그러니까'), '허니께'('하니까'), '머한다냐?'('뭐하는가?') 등을 사용하여 그 성조와 더불어 전라도 방언의 영향이 약간 나타나는 지역이다.

④ '~유'의 사용이 적고 '간다야?'('간다던가?'), '갈티여!'('가겠다!'), '그려!·그랴!'('그렇게 해라!') 등이 쓰이지만 대전을 중심으로 각 지방의 방언이 잡다하게 섞인 지역으로 대전, 연기 등이 포함된다.

⑤ 부여, 보령, 서천, 논산 지역으로 '~유?!'의 사용이 심하고 연결어미 '~데'를 '~디'('알간디:', '허능가빈디:', '있깐디:')로 발음한다. '그랑께 말이여', '있든디 말이여' 등 일반적인 충청 방언과는 다른 말들이 많이 쓰이고 '그렁께'('그러니까'), '할랑께'('하려니까') 등 축약과 '그리 했시야'('그렇게 했어'), '그러문서'·'그럼시롱'('그러면서') 등을 사용하여 전라도 방언의 영향이 큰 지역이다.

(2) 내포 방언의 특징

내포지역은 충청남도 방언권 가운데 인접 방언권인 전라도 방언권과 경기도 방언권의 영향을 상대적으로 적게 받은 지역으로 두 지역과는 구별되는 독특한 특성을 가지고 있다. 따라서 내포 방언은 다른 방언권의 영향을 많이 받지 않은 '충청남도적'인 성격을 많이 띠고 있다고 볼 수 있다. 지역별로 이루어진 향토 연구를 통해 내포지역 방언의 특징을 개략적으로 정리해보면 다음과 같다(당진군지편찬위원회, 1997; 보령군지편찬위원회, 1991;

서산시지편찬위원회, 1998; 홍성군지편찬위원회, 1990; 예산군지편찬위원회, 1980; 이원국, 1999).

내포 방언의 가장 두드러진 특징은 언어의 경제성을 추구하며 고형의 어휘가 남아서 쓰이고 있다는 점이다. 경제성을 추구한다는 의미는 쉽게 발음하려는 경향이 많다는 것이다. 이러한 특징은 다시 몇 가지 경우로 나누어볼 수 있다.

첫째, 축약현상이 많이 나타난다. '마을-말', '고을-골', '주인-쥔', '눌은 밥-눈밥', '세우기-세기', '귀여운-귀연', '때문에-때미', '거기로-그루', '모여-뫼', '몰라유-물류', '들어와요-들와유' 등의 용례에서 볼 수 있듯이 축약된 어휘를 많이 사용한다.

둘째, 음성모음화 현상이 많이 일어나는데, 이는 충청남도의 다른 지역에서도 관찰되는 사례이지만 내포의 경우는 특히 'ㅏ→ㅓ'의 변화가 많은 것이 특징이다. 예를 들면 '나물-너물', '남-넘', '하다-허다', '까불다-꺼불다', '하여간-허여간' 등을 들 수 있다.

셋째, 'ㅣ'모음화 현상이 나타난다는 점이다. 먼저 'ㅏ', 'ㅓ'를 'ㅣ'로 대체하는 경우인데 '같아요-같이유', '했어요-했이유', '있을거요-있을끼유', '구렁이-구링이', '저-지' 등이 있다. 'ㅜ'를 'ㅣ'로 대체하는 경우도 나타나는데 '메뚜기-메띠기', '죽이다-직이다' 등이 있다. 또한 'ㅔ'를 'ㅣ'로 대체하는 경우도 자주 나타난다. '세 살-시 살', '네 살-니 살', '세수-시수', '그런데-그런디', '할텐데-할틴디', '집에-집이' 등이 있다. 'ㅡ'를 'ㅣ'로 대체하는 경우도 있는데 '드리다-디리다', '들여주다-디려주다' 등이고 'ㅢ→ㅣ'(닭의 똥-달기 똥, 이웃의 노인-이우지 노인), 'ㅟ→ㅣ'(뒤주-디지, 멧쥐-메찌) 등의 경우도 나타난다. 'ㅣ'모음은 전설모음(前舌母音)이며 고모음(高母音)이기 때문에 가장 발음이 쉬운 음이다. 내포에서는 발음이 어려운 모음들을 가장 발음이 쉬운 'ㅣ'모음으로 대체해버리는 경제성을 선택한 것이다.

내포 방언의 두 번째 두드러진 특징은 고어가 남아 있는 경우가 많다는 점이다. '개(犬)-가히·가이', '뱀-비암', '게(蟹)-그이', '돼지-도야지', '새끼-사내끼', '소경-소이경', '묘-모이' 등이다. '△'이 'ㅅ'으로 살아 있는 경우도 많은데 '가(邊)-가시' 같은 경우가 있다.

끝으로 특수한 현상을 나타내는 용어들이 있는데 '모르다-물르다', '날아오다-널러오다', '다르다-달브다' 등의 사례가 있다.

전반적으로 충청남도의 방언은 발음이 길고 말꼬리를 길게 하는 경향이 있는데, 내포 방언의 특징은 발음시간이 다른 지역보다 길고 어감이 부드럽게 나타나는 경향이 강하다는 것이다. 특히 종결어미가 표준어의 '~했대, ~하니까, ~해보니까, ~했나?, ~않은가요?, ~했습니까, 못해, ~부터, ~까지' 대신에 각각 '~했디야, ~허니께, ~해보니께, ~했남? · 했다나?, 않남이유?, 했이유?, 뭇히여, ~버텀, ~까정' 등 독특한 형태로 나타난다.

(3) 내포 방언권의 설정

내포 방언은 충청남도의 다른 지역과는 다소간의 차이가 있으나 명확하게 구분하기는 어렵다. 충청남도 방언의 일반적 특징들을 거의 똑같이 가지고 있기 때문이다. 그러나 내포가 서쪽과 북쪽으로는 바다이고 동쪽과 남쪽 경계도 대략 차령산지와 일치하여 다른 지역과 구별되기 때문에 충청남도의 여타 지역과 다소간의 차별성이 나타날 가능성이 크다. 서로 다른 언어가 접촉했을 경우 우위에 있는 언어가 하위의 언어를 잠식해간다고 볼 때 충남 방언은 고려시대에서 조선시대에 이르기까지 지배언어인 경기 방언의 영향을 직접적으로 받아왔다. 실제로 충남 동북부지역의 방언은 경기 방언과 매우 유사한 특징이 나타난다. 그러나 내포는 바다와 산 등 지형적 장벽으로 비교적 차단이 되어 있는 형태이기 때문에 가장 '충청도적'인 특성을 유지하고 있을 가능성이 있다. 실제로 내포 방언은 전체적으로 역사성이나 음운현상, 또는 발음에서는 충남의 다른 지역과 큰 차이가 없으나 일부 어휘를 중심으로 차별성이 나타나고 있다. <그림 3-3>에 나타난 것과 같이 도수희(1987)의 구분 가운데 'B역'은 내포지역과 거의 일치하는 범위를 갖고 있다.

한편 최학근(1976)의 구분에 의하면 ②, ③, ⑤방언군의 전부 또는 일부가 내포에 해당한다. 이 가운데 특히 ②방언군(당진, 서산, 태안)은 모두 내포에 해당하여 방언으로 볼 때 내포의 특성이 가장 잘 나타나는 지역일 가능성이 크다. 최학근의 연구는 도수희의 연구와는 약간 다른 구분을 하고 있으나 ②방언군이 도수희의 B역에 포함되고 있다.

두 연구는 공통적으로 당진, 서산, 태안 등 서북부 해안지역을 하나의 방언지역으로 구분하고 있다. 따라서 이들 지역은 내포지역 가운데 방언의 특징이 가장 두드러지게 나타나는 지역을 형성하고 있다고 볼 수 있다.

① 등어선 획정을 통한 내포 방언권의 설정

각각의 낱말이나 어휘 또는 발음은 어떤 경우에도 공간적 분포가 겹치는 경우는 없다. 따라서 지리학자들은 다중특성언어문화를 고안해냈고 이를 통해 언어 변화의 다중적 특징이 나타나는 경계선을 탐구해왔다. 그러므로 등어선은 여러 개가 덩어리를 이루는 것이 일반적이며 이러한 '묶음'은 방언과 언어권을 구분하는 가장 적절한 구분선이다(Jordan et al., 1997).

<그림 3-4>는 성낙수(1993)의 연구에 기초하여 지도에 등어선을 작성한 것이다. 성낙수는 오구라 신페이(小倉進平, 1944), 김형규(1989), 한국정신문화연구원(1987) 등의 자료에 기초하여 충청도 방언 가운데 20개의 어휘를 대상으로 충청도 방언지도를 작성했다.[3] 이들 자료는 조사된 시기 및 조사지역, 제보자 등이 서로 다르기 때문에 다소간의 차이가 나타날 수 있으나 특수한 어휘의 대략적인 분포를 파악하는 데는 무리가 없는 것으로

〈그림 3-4〉 어휘에 의한 등어선

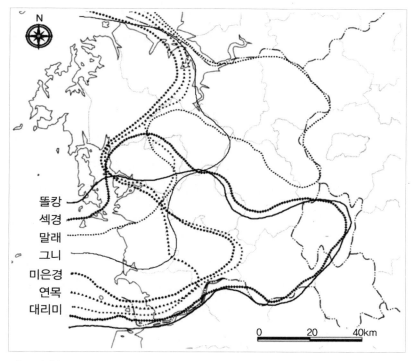

똘캉
섹경
말래
그니
미은경
연목
대리미

0　　20　　40km

자료: 성낙수(1993).

보인다. 이 연구는 충청남북도를 포괄하여 작성했기 때문에 지역 간의 차
별성이 20개 낱말 모두에서 드러나고 있다. 그러나 충청남도만을 놓고 보
면 차별성이 많이 나타나지 않는 어휘도 포함되어 있다. 이러한 어휘는 도
단위보다 작은 규모의 지역인 내포의 동질성을 확인하는 지표로는 적절하
지 않기 때문에 이 가운데 충청도 전체가 아닌 충청남도 내에서만도 분포

---

3) 무, 기와, 굴뚝, 시렁, 용마름, 마루, 서까래, 도랑, 두레박, 울타리, 다리미, 두루마
　기, 고쟁이, 잠방이, 대님, 씨아, 누에, 번데기, 거울, 그네 등(성낙수, 1993).

상의 차별성이 나타나는 낱말 위주로 등어선을 작성해보고자 한다.[4]

원자료가 시·군 단위로 자료를 수집하여 방언지도를 작성했기 때문에 등어선이 실제보다 다소 형식적일 가능성이 있다. 또한 일부 구간이 행정구역 경계를 따라 겹치는 현상이 발생하기도 한다. 음운, 어휘, 문법에 따라 설정된 어떤 어휘의 등어선이 인위적인 행정구역과 꼭 일치하는 것은 아니기 때문에 나타나는 문제이다(한영목, 1999).

이와 같은 한계에도 의미 있는 결과들이 나타나는데, 하나의 예로 '그네'의 방언인 '그니'는 내포의 지역범위와 거의 정확하게 일치하고 있다. 이 외의 낱말들은 내포의 지역범위와 일부만 일치하는 것으로 나타났다. 그러나 이러한 결과는 내포의 지역규모를 고려할 때 충분히 유의미한 결과로 판단된다. 즉, 두드러진 낱말의 변화가 나타날 만한 크기가 아닌 지역임에도 일부 낱말들이 다른 지역과 차별성을 보이고 있는 것이다. 또한 충청도 방언이 경기도 방언이나 전라도 방언의 변형으로 고려되었던 것에서 알 수 있듯이, 충남 방언은 다른 방언권과는 달리 이른 시기부터 다른 지역과의 빈번한 접촉으로 고유한 특질이 많이 소실되어 그 독자성에 대한 의문이 제기되고 있는 것과도 관련이 있다. 그럼에도 지표로 사용된 낱말들은 대체적으로 내포지역과 관련이 큰 낱말들임을 알 수 있다. 그러나 이들 낱말의 공간적 분포가 겹치는 경우는 전혀 없다.

전체적으로 방언상의 동질성이 가장 강하게 나타나는 지역은 당진, 서산, 태안 세 지역이다. 이 세 지역은 위에 제시된 모든 지표 낱말들이 공통적으로 사용되는 지역으로 가장 '충청도스러운' 어법 및 어휘를 구사한다. 다른 지역들도 3개(아산)~5개(보령) 정도의 낱말들을 공통적으로 사용하는

---

4) 도랑(똘캉), 용마름(용마루), 마루(말래), 서까래(연목), 다리미(대리미), 거울(미은 경, 섹경), 그네(그니) 등.

것으로 나타나고 있다. 그러나 내포의 영역에 일부 포함되는 아산은 내포의 다른 지역에 비해 언어적 동질성이 크지 않은 것으로 나타나고 있다. 신창의 경우는 도수희(1987)의 지적대로 천안과 함께 경기도 방언의 영향을 많이 받은 영역에 속하며 반대로 남서부의 보령 남부와 서천 등은 전라북도 방언의 영향을 많이 받았기 때문이다. 구체적으로 보면 '똘캉', '섹경', '말래'는 내포와 차령산지 동부지역에서 같이 쓰고 있으며 '대리미', '미은경', '연목'은 충남 서남부지역과 공통으로 쓰고 있다.

② 낱말의 분포를 활용한 방언권

다음은 내포지역에서 일반적으로 사용되는 어휘가 충청남도 내 다른 지역에서는 어떻게 분포하는가를 알아봄으로써 내포 방언권을 확인해보고자 한다. 이는 기존의 연구를 통해 어느 정도 규명한 내포 방언권을 확인하는 과정으로 설정했다. 이를 위해 먼저 앞에서 논의한 내포 방언의 전반적인 특징과 부합하는 낱말을 시군지(市郡誌)와 향토자료를 통해 모두 45개를 추출했다. 추출방법은 기존의 연구를 통해 내포 방언의 특징이 가장 잘 드러나는 곳으로 알려진 태안군, 서산시, 당진군 중에서 지리적으로 중앙에 위치한 서산시를 잠정적인 기준으로 이용했다(경희대학교 민속학연구소, 2005). 서산시는 경기도나 전라도 방언의 영향을 적게 받았을 가능성이 크며 차령산지로부터 멀리 떨어져 있어서 다른 충청남도 지역의 방언과도 차별성이 클 것으로 판단되었기 때문이다. 서산시 방언을 기준으로 인접지역인 홍성군, 태안군, 예산군, 당진군의 방언과 비교하여 공통적인 방언을 추출했다. 추출된 낱말은 다음과 같다.

• 언어의 경제성: 1. 녈(내일), 2. 그류(그래요), 3. 물류(몰라요), 4. 호랑(호주머니)

- 음성모음화: 5. ~허여(~해), 6. 널러가다(날아가다), 7. 너물(나물)

- 'ㅣ'모음화: 8. 근디(그런데), 9. 자징거(자전거)

- 특수한 어휘: 10. 삐비(삘기), 11. 호섭다(탈 것을 타면서 즐겁다), 12. 뎁쎄(도리어), 13. 자그매(어지간히), 14. 글갈다(콩심다), 15. 그머리(거머리), 16. 깨금박질(외다리 뛰기), 17. 노다지(늘, 항상), 18. 과줄(한과), 19. 싸게(빨리), 20. 께까드럽다(까다롭다), 21. 워디(어디), 22. 씨부렁거리다(군소리하다), 23. 왁새(억새), 24. 시절(철부지, 푼수), 25. 멀국(국물), 26. 말가웃(한말 반), 27. 부르쌈(상추), 28. 거쩐거쩐(가볍게), 29. 나래(이엉), 30. 따깡(뚜껑), 31. 보새기(보시기), 32. 솔껄(떨어진 솔잎), 33. 쾡이(괭이), 34. 소당(솥뚜껑), 35. 얼맹이(어레미), 36. 까닥(결판), 37. 구락쟁이(아궁이), 38. 모캥이(모서리), 39. 광밥(튀밥), 40. 즘신(점심), 41. 어덕배기(언덕), 42. 포강(작은 둠벙), 43. 헛쩍(헛일), 44. 쩨껴(조끼), 45. 옥수깽이(옥수수)

그다음에는 충청남도 내 각 시·군에 거주하는 주민을 시·군별로 1명씩 선정하여 선정된 사람을 상대로 추출한 낱말의 사용 여부를 질문했다.5) 선정된 각 지역의 주민이 해당 시·군의 완벽한 대표성을 띤다고 볼 수는 없으나 모두 해당 지역에서 태어나서 오랫동안 거주한 주민으로서

---

5) 변준환(76, 예산군 삽교읍 송산리), 김풍운(73, 태안군 태안읍 남문리), 장순구(62, 홍성군 홍성읍 옥암리), 이재수(79, 서산시 해미면 반양리), 박문수(47, 당진군 고대면 항곡리), 양장목(62, 보령시 동대동), 신영태(76, 아산시 염치읍 백암리), 나창희(67, 서천군 서천읍 동산리), 박희영(81, 공주시 정안면 내촌리), 김기태(73, 부여군 홍산면 북촌리), 우제근(73, 청양군 청남면 동강리), 유정숙(50, 천안시 두정동), 강신국(70, 연기군 전의면 달전리), 김현칠(78, 금산군 제원면 용화리), 김성철(51, 논산시 취암동).

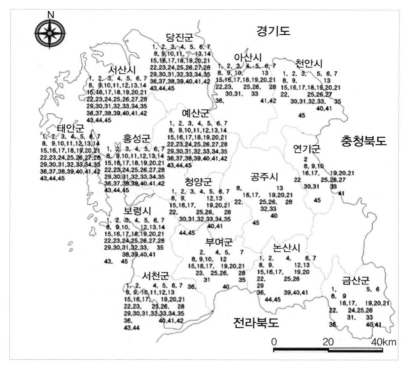

〈그림 3-5〉 내포 방언의 분포

당진군
1, 2, 3, 4, 5, 6, 7
8, 9,10,11, ,13,14
15,16,17,18,19,20,21
22,23,24,25,26,27,28
29,30,31,32,33,34,35
36,37,38,39,40,41,42
43,44,45

경기도

아산시
1, 2, 3, 4, 5, 6, 7
8, 9, 10,
15,16,17,18,19,20,21
22,23, 25,26, 28
30,31, 33
36, 41,42

천안시
1, 2, 3, 5, 6, 7
8, 9, 13
15,16,17,18,19,20,21
22, 25,26,27
30,31,32,33, 35
40,41
45

서산시
1, 2, 3, 4, 5, 6, 7
8, 9,10,11,12,13,14
15,16,17,18,19,20,21
22,23,24,25,26,27,28
29,30,31,32,33,34,35
36,37,38,39,40,41,42
43,44,45

예산군
1, 2, 3, 4, 5, 6, 7
8, 9,10,11,12,13,14
15,16,17,18,19,20,21
22,23,24,25,26,27,28
29,30,31,32,33,34,35
36,37,38,39,40,41,42
43,44,45

충청북도

태안군
1, 2, 3, 4, 5, 6, 7
8, 9,10,11,12,13,14
15,16,17,18,19,20,21
22,23,24,25,26,27,28
29,30,31,32,33,34,35
36,37,38,39,40,41,42
43,44,45

홍성군
1, 2, 3, 4, 5, 6, 7
8, 9,10,11,12,13,14
15,16,17,18,19,20,21
22,23,24,25,26,27,28
29,30,31,32,33,34,35
36,37,38,39,40,41,42
43,44,45

연기군
2
8, 9,10
16,17, 19,20,21
22 25,26,27
30,31 33 41
45

청양군
1, 2, 3, 4, 5, 6, 7
8, 9, 12,13
15,16,17, 19,20,21
22, 25,26, 28
30,31,32,33,34,35
40,41
44,45

공주시
13
16,17, 19,20,21
22, 25,26, 28
32,33
40
45

보령시
1, 2, 3, 4, 5, 6, 7
8, 9,10, 12,13,14
15,16,17,18,19,20,21
22,23,24,25,26,27,28
29,30,31,32,33, 35
38,39,40,41
43, 45

부여군
2, 3, 4, 5, 7
8, 9,10, 12
15,16,17, 19,20,21
23, 25,26, 28
31 35

논산시
1, 2, 4, 6,7
8, 9, 12,13
15,16,17, 19,20
22, 25,26
29
36, 39,40,41
44,45

서천군
1, 2, 4, 5, 6, 7 36,
8, 9,10,11,12,13 40
15,16,17, 19,20,21
22,23, 25,26, 28
29,30,31,32,33,34,35
36,
43,44

금산군
1, 5, 6
8, 9
18,17, 19,20,21
22, 24,25,26
31, 33
36, 40,41

전라북도

0   20   40km

자료: 필자 작성.

내포지역과의 차별성을 규명하는 데는 무리가 없을 것으로 판단했다.

다음 단계로 각각의 낱말에 고유번호를 부여하고 이를 지도에 표시했다. 지도화한 결과는 〈그림 3-5〉와 같다.

내포의 다섯 개 시·군에서 사용되고 있는 특이한 어휘는 내포 이외의 충청남도 지역에서 사용되지 않는 것들이 많다. 특히 차령산지를 경계로 충청남도의 동남부지역과는 많은 차이를 보이고 있음을 알 수 있다. 그런데 일부 지역이 내포에 포함되는 아산시와 보령시는 다소 다른 양상을 보인다. 보령시는 45개 어휘 가운데 5개를 제외한 모든 어휘가 사용되어 내포와 큰 차이가 없으나 아산시는 16개 어휘가 사용되지 않고 있다. 이는 내포 방언이 경기도 방언보다는 전라도 방언의 영향을 더 많이 받은 결과로 보인다. 내포의 영역에 포함되지 않는 서천군이 모두 36개 어휘가 일치하여 내포 이외의 지역에서 가장 높은 일치도를 보이는 사실을 통해 이러한 유추가 가능하다.

(4) 상징으로서의 방언

충청도 방언에 속하는 내포 방언은 역사적으로 북방계와 남방계가 혼합된 중간 성격의 언어이다. 충청도는 삼한시대 이래로 지리적으로 접경지대 가까이에 위치하여 숱한 접촉의 기회를 가졌기 때문에 많은 변형의 가능성을 갖고 있었다. 따라서 일제 강점기 일본인 학자들에 의해 시작된 방언 연구에서는 충청도 방언은 독자적인 방언권을 설정하기 어렵다는 견해가 지배적이었다. 그러나 해방 이후에는 충청도 방언의 이러한 특성을 독자성으로 인정하고 독립된 방언권으로 설정하고자 하는 연구들이 등장했다. 지리적 환경과 역사성을 동시에 고려할 때 충청도 방언은 독자적인 방언으로 인정해야 하며, 특히 충청남도 방언은 특성이 더욱 뚜렷하다는 것이 해방 이후 연구의 일반적인 견해이다.

충청남도 방언권은 다시 하부 방언권으로 구분이 가능한데 음운, 어휘, 어법 등을 기준으로 대략 3~4개의 방언권으로 세분할 수 있다. 도수희(1987)는 경기어의 영향을 받았을 가능성이 큰 지역과 전라도 방언의 영향을 받은 지역, 그리고 두 지역의 중간 성격을 띠는 지역 등 세 지역으로 구분했다. 이 가운데 중간 성격을 띠는 지역에는 서산, 당진, 홍성, 예산, 아산 등 내포의 주요 지역들이 포함되며 상대적으로 독특한 방언의 형태를 유지하는 것으로 보았다.

최학근(1976)은 경기 방언과 유사성이 큰 북부지역과 전라도 방언의 영

〈그림 3-6〉 내포 방언권

핵심지역
주변지역
혼합지역

자료: 필자 작성.

향이 큰 동남부지역, 그리고 여러 지역의 방언이 뒤섞여 비교적 복잡한 특성이 나타나는 동부지역, 경기 방언과 전라도 방언의 영향을 모두 받아서 독특한 형태의 방언이 나타나는 지역 등으로 구분했다. 전라도 방언의 영향을 받은 지역은 그 정도에 따라 둘로 나누었으므로 모두 다섯 개의 지역으로 구분된다. 최학근 역시 경기 방언과 전라도 방언의 영향을 상대적으로 덜 받은 지역에 당진, 서산, 태안 등을 포함시킴으로써 도수희의 구분과 일부 일치하는 구분을 했다.

따라서 내포 방언은 경기 방언이나 전라 방언과 구별되는 독특한 특성을 갖고 있다고 볼 수 있다. 구체적으로는 축약, 음성모음화, 'ㅣ'모음화 등 언어의 경제성을 추구하며 고어(古語)가 많이 남아 있고 특수한 어휘들이 많이 사용된다는 점 등이다. 이러한 특성을 기준으로 내포의 방언권을 설정해보면 대체적으로 태안, 서산, 당진, 홍성, 예산, 보령 등의 지역에서 사용되는 어휘가 가장 유사하다. 내포지역은 언어적 동질성이 큰 것을 알 수 있다.

이상의 결과들을 종합해보면 독특한 방언이 내포지역 전역에 걸쳐서 매우 동질적인 문화요소로 실재하고 있음을 알 수 있다. 특히 방언에서 동질성이 가장 강하게 나타나는 지역은 태안군, 서산시, 당진군 등 서북부 해안지역이며 홍성군과 예산군이 그 뒤를 잇고 있다. 내포의 외곽에 해당하면서 일부 지역만이 내포에 포함되는 보령시와 아산시는 각각 전라도 방언과 경기도 방언의 색채를 상대적으로 많이 띠고 있어서 내포 방언권의 경계 역할을 하고 있다. 내포 방언은 강한 동질성을 바탕으로 내포의 특징을 잘 나타내는 대표적인 상징적 형상으로서 의미가 있다.

3. 민요와 시조

1) 민요

(1) 민요 연구의 의의

민요는 '민중의 노래'로서 인간이 언어를 사용한 이래로 민중들에 의해 생성, 소멸, 발전하면서 오늘날에 이르고 있다. 우리 민족은 특히 고조선시대 이래로 노래와 춤을 즐기는 민족으로 알려져 왔다. 민족의 역사와 함께했다고 볼 수 있는 민요는 음악적 요소 외에도 가사, 동작 등 종합예술적인 성격을 가지고 있는 우리 민족의 대표적인 문화이다(이두현 외, 1996). 우리의 민요는 그 유구한 역사만으로도 충분히 민족의 독특한 문화가 될 수 있지만 작자도 없고 문자를 매개로 하지도 않으면서도 구비전승만으로 내려오고 있다는 사실은 그 문화적 가치를 더욱 빛나게 한다. 구비전승 과정에서 자연스럽게 가감되는 내용들은 당시 민중의 정서나 자연적·사회적 환경을 반영하기 때문이다. 즉, 민요는 민중의 생활, 감정, 사상을 담고 있기 때문에 그 형성과정이나 분포에서 상당한 지역성을 띠게 마련이다. 이것이 민요에 대해 언어학, 민속학, 음악학 등 다양한 학문에서 연구가 이루어지고 있지만 지리학적인 접근이 여전히 유효한 이유이다. 또한 민요는 오랜 세월 동안 공동체의 구성원들에 의해 만들어지고 다듬어진 것이기 때문에 공동체의 정서를 잘 드러내준다. 따라서 민요는 하나의 문화요소로서 상징적 형상으로 의미를 가지며 지역의 특성을 이해하는 적절한 지표가 될 수 있다.

전통사회에서 민요의 주체였던 민중은 대부분 생산노동에 종사하는 사람들이었다. 따라서 민요 가운데 가장 많은 비중을 차지하는 것은 노동요이다.[6] 그리고 노동요 가운데서도 농업노동, 그중에서도 벼농사와 관련이 있는 노동요가 가장 많다. '여든여덟 번 손이 가야 먹을 수 있는 것이 쌀'이라는 말처럼 벼농사는 많은 일손을 필요로 한다. 따라서 복잡한 농경과정에 걸맞게 많은 종류의 민요가 전국적으로 만들어졌다. '논가는 소리', '거

---

6) 민요를 구분하는 방법은 연구자에 따라 매우 다양하게 제시되어왔는데 일반적으로 다음과 같이 분류할 수 있다. 기능에 따른 분류(노동요, 유희요, 의식요 등), 범위에 따른 분류(통속민요, 토속민요), 가창방식에 따른 분류(독창, 교환창, 메기고 받기), 지역에 따른 분류(경기 민요, 서도 민요, 남도 민요, 동부 민요, 제주 민요), 성별에 따른 분류(남성요, 여성요) 등.

름 내는 소리', '모내기', '김매기', '벼베기' 등 모든 농업과정은 거의 어김없이 민요를 만들어냈는데, 그중 압권은 '모심는 소리'와 '논매는 소리'로 이를 '농요의 꽃'이라고 부르기도 한다.[7] 이와 같은 맥락에서 이 절에서는 벼농사요를 중심으로 내포지역 민요의 특징과 분포를 살펴보고자 한다.

(2) 충청남도 민요

충청남도 민요는 지역적으로 경기민요와 전라민요의 영향권에 속했다(인권환 외, 2000). 또한 산과 들, 바다가 어우러져 있는 지리적 조건으로 인해 농업뿐 아니라 어업과 관련된 노동요가 전승될 수 있는 바탕을 갖추고 있었다. 이에 따라 곡조상으로 일정한 특징을 지니지 않은 다양하고 복합적인 유형의 민요가 만들어졌다. 그러나 해안이나 섬을 제외하고는 대부분의 지역에서 농업노동요가 많이 전승되고 있다. 농업노동요 중에서도 밭농사요보다는 논농사요가 풍부하며 다른 지역에 비해 모찌기에서부터

---

7) 일반적으로 '모심는 소리'는 조선 후기에 만들어진 것으로 보는데, 이는 이앙법의 보급과 관련이 깊다. '모심는 소리'는 전국적으로 하나류, 상사류, 경상도 모노래류, 아라리류, 방게류와 그 밖에 예천류, 서천류, 북한류 등이 있다. 상사류는 충청남도와 전라도의 메받형식(메이고 받는 가창방법. 선소리꾼이 매번 가사를 바꾸어가며 메이는 대로 다른 사람들은 일정한 받음구로 받아나가는 가창방법)의 모심는 소리로서 부여형 상사, 겹상사, 미호형 상사, 농부가형, 전남형(진도형, 고흥형, 나주형 등), 긴 사지소리, 잦은상사 등이 있다. 농부가형은 본래 전북지방의 '모심는 소리'이던 것이 판소리 춘향가에 유입되어 전남 일부 및 충남 일부 지역에까지 확산되었고 이들 지역에서 '모심는 소리'로 불린다. 방게류 역시 대표적인 '모심는 소리' 중의 하나로 받음구의 예는 "에헤야 아아, 허 어허이, 어허이, 방해, 흐응게 노세"이며 느린 곡에 속한다. 방게류는 충남의 일부와 경기도에 분포하는데 경기도에서는 '어기야 자자'로 시작되며 끝은 '노세' 대신에 '논다'형이 애용된다. 경기도에서는 평택, 용인, 안성 등에서 주로 불린다(이소라, 2001).

모심기, 논매기(아시매기, 두벌매기, 만물매기), 벼타작(벼바심, 나비질), 볏단 나르기 등 각 단계에서의 노래가 세분되어 있는 것이 특징이다(서영숙, 2002).

충남 민요의 주를 이루는 모심기 노래로는 상사류와 방게류가 공존하고 있다. 이러한 현상도 바로 충남이 경기 민요와 전라 민요의 영향을 모두 받아온 혼합지대라는 지리적 특징이 반영된 것이다. 상사류와 방게류 중에서는 상사류가 주류를 이루고 있다. 분포지역은 충청남도 전역에 걸쳐 있는데, 이는 충남 전역이 벼농사가 발달한 땅이었음을 의미하는 것이다. 실제로 차령산지를 제외한 대부분 지역에 이러한 종류의 모내기 노래가 전해지고 있으며 그 중심지는 논산평야, 미호평야, 예당평야 등 벼농사가 발달한 곡창지대이다. 이 곡창지대에서 각기 독특한 모내기 노래가 탄생 했는데 부여형 상사, 미호형 상사, 겹상사, 방게소리 등이 그것이다. 부여형 상사는 부여, 논산, 공주, 청양 등 부여문화권의 유장한 모심는 소리로서 「산유화가」라고도 불리는데, 겹상사나 천안 방면의 미호형 상사와 확연히 다르다. 그 받음구의 예는 "헤 헤헤, 아 헤헤이, 에 헤이 에 여루 상, 사 디여"이며 '상'보다 '사'를 높게 질러냄이 특색이다. 또한 다양한 가사가 특징인데 특히 일부 가사는 백제 패망의 슬픔을 노래한 것으로 해석되기도 한다. 그러나 모심기 노래가 탄생한 것이 조선 후기라는 사실을 감안하면 이는 모심기와 무관하게 이전에 있던 노래가 나중에 '모심기'라는 노동에 결합된 특이한 형식의 노동요라고 볼 수 있다(최상일, 2002). 미호형은 미호평야가 발생지로, 청주시, 청원군 서북부, 천안시 동남부, 연기군 및 진천군 초평면에 전해지고 있다. 받음구의 예는 "에헤이야헤 ~ 에헤이 여루 사앙사나디요"이다. 부여형과 미호형은 모두 차령산지 동부 금강 유역에 분포하는 상사류이다.

반면에 차령산지의 서부지역에는 주로 겹상사류와 방게류가 전해지고 있는데 이 두 종류가 내포지역 전역에 걸쳐 분포하는 모심기 노래이다.

(3) 내포 민요

내포지역에 동질적으로 나타나는 민요는 주로 상사류와 방게소리이다. 이 지역에 논농사 노래인 상사류와 방게소리가 주로 발달한 것은 일찍부터 삽교천 등 하천유역을 중심으로 논농사가 발달했기 때문이다. 협동노동을 요구하는 논농사는 공동작업에 유리하도록 선후창 형식이 발달했는데, 내포지역의 벼농사 노래 역시 선후창 형식으로 발달했다. 상사류는 홍성군을 중심으로 서산(해미), 예산(삽교), 보령(천북) 등지에 집중적으로 나타난다. 방게소리는 당진군을 비롯하여 예산군의 일부, 서산(음암, 운산) 그리고 아산(음봉) 일대에 집중적으로 나타난다(충청남도, 2004). 넓은 해안선을 끼고 있으나 어업과 관련된 민요는 상대적으로 적으며 의식요 또한 크게 유행하지 않았던 것으로 보인다(인권환 외, 2000).

① 겹상사류

상사류는 전통적으로 호남과 호서지역에서 발달한 모심기 노래이다. 따라서 상사류는 남도 민요로 분류할 수 있다. 충청남도 일대에서의 분포를 보면 실제로 호남지역과 접하고 있는 남부지역을 중심으로 금강 유역을 따라 세력권이 이어지고 있음을 알 수 있다. 충청남도에서 상사류의 집중분포지역은 너른 평야에 기반을 둔 벼농사 지대로 호남지역과 접촉이 많은 지역이다. 그런데 내포의 남부지역, 즉 가야산 남부지역을 중심으로 또하나의 상사류 분포지역이 나타난다. 주로 홍성, 서산 지역에 해당하는 이 지역의 상사류는 겹상사로 분류된다. 이는 호남 또는 금강 하류지역의 상사류가 차령산지 말단부인 서해안을 따라 전파된 결과로 볼 수 있다.

겹상사는 홍성군 결성면 방면이 중심지이며, 받음구의 예는 "어러얼 러

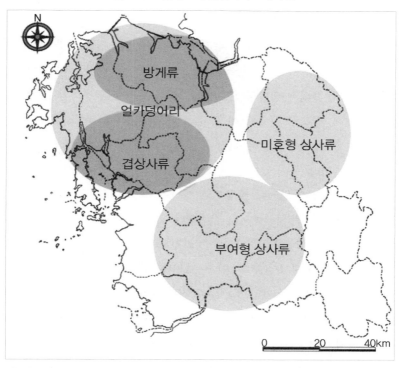

자료: 배동순(2000); 인권환 외(2000); 이소라(1990); 충청남도(2004).

얼럴 상사리, 어리얼 러얼럴 상사리, 에 헤 헤헤 여루, 상사디여"이다. 홍성
군의 결성, 갈산, 서부, 구항, 홍북, 은하면(장척리는 제외), 홍성읍, 서산시
해미, 예산군 삽교읍 및 보령시 천북면에 전해지고 있으며 경쾌한 가락이
특징이다(배동순, 2000).

한편 홍성군 은하면, 장곡면 등에서는 상사소리의 하위 유형이라고 할
수 있는 사지소리가 전해지고 있다. 받음구의 예는 "에~이~ 이~요~오 사
으지요~"이다(홍성군지편찬위원회, 1990). 이것 역시 전라도의 모심는 소리
와 유사한 형태이다.

② 방게류

방게류(방아소리)는 당진군을 비롯하여 그 부근의 예산군 일부 지역과 서산시 일부 지역에서 발견되는데, 평택지방의 논맴소리인 안팡게와 관련 있다. 방게류는 그 가사가 벼농사와 직접 관련이 있는 내용은 아니지만 모내기라는 노동행위에 적합하다고 여겨지면서 노동요로 정착된 예이다(인권환 외, 2000). 받음구의 예는 "아헤~헤야 아~헤~에에 히~야 에~히~야 이~헤~에에헤헤~ 노든방아", "에~헤헤헤 에헤에야 에~헤 우거라 방아로구나", "울울딴딴 지어라" 등이 있으며 점점 빠르게 진행하며 부른다.

방게류의 분포는 당진을 중심으로 서산 일부 지역에 나타나고 있으며 예산과 아산의 일부 지역에서도 발견된다. 해로를 통한 경기지역과의 교통이 일찍부터 활발했던 이 지역의 지리적 특징으로 인해 경기 민요의 영향을 많이 받았던 결과로 볼 수 있다. 그런데 예산이나 아산은 상대적으로 앞의 두 지역에 비해 방게소리의 수가 적고 내용도 단편적인 것들이 대부분이다. 이러한 현상은 예전부터 분포가 적었다기보다는 보존상태가 상대적으로 좋지 않은 결과이다. 즉, 민요의 보존상태는 내포지역의 지리적 조건과 밀접한 관련이 있는 것으로 보이는데, 20세기 초반부터 근대 교통이 발달하고 근대 문물이 빠르게 수입되었던 예산, 아산지역보다는 수로 교통이 급격히 쇠퇴하면서 외부와의 연결성이 상대적으로 떨어졌던 당진, 서산지역의 보존상태가 상대적으로 좋았다고 볼 수 있는 것이다(인권환 외, 2000).

③ 얼카덩어리

논매는 소리는 앞의 모심기 노래와는 달리 충남의 서북부지역 전역에 걸쳐 나타나는 것이 특징이다. 특히 초벌매기(아시매기) 때 부르는 '얼카덩어리'는 홍성, 서산, 당진 등 내포의 서북부지역에 두루 전해지고 있다. 이 노래는 이 지역에서는 '긴 얼카덩어리', '자진 얼카덩어리' 등으로 부르는데 주변으로 가면서 '얼카덩어리 잘 넘어간다'(공주, 아산, 청양), '얼카덩어리 대허리야'(공주 동부, 연기) 등 변형된 형태로 나타난다. 이는 얼카덩어리 유형의 본고장이 내포지역이며 주변으로 퍼져나간 결과로 추측된다(이소라, 1990).

'홈치는 소리'도 역시 홍성, 서산, 태안 등 내포 서부지역에 걸쳐 분포하는 만물(세벌매기) 소리이다. "어~혀라 홈티려라", "어하랴 홀따려" 등의 후렴구가 붙는다.

2) 내포제(內浦制)시조

(1) 시조의 발달과 특성

시조는 한국 고유의 시형으로서 일찍이 삼국시대에 등장한 후 이전부터 있어왔던 민요나 향가와 더불어 공존하면서 성장해 고려 말에 완성된 시형이다(서한범, 1996). 그러나 본격적으로 많이 창작되었던 시기는 조선시대이다. 당시에 시조가 널리 유행했음은 성종 29년(1493년)에 왕명으로 편찬된 『악학궤범』이나 영조 때 편찬된 『청구영언』(1727년), 『유예지』(1764년) 등을 통해 알 수 있다. 이처럼 조선시대에는 많은 유학자들이 시조를 짓고 남겼는데, 이를 통해 시조문학의 중추가 유가들이었음을 알 수 있다. 따라서 시조는 민중적 정서를 담고 있던 민요와는 달리 사대부 계급에 의해 만들어지고 전수되었다고 볼 수 있다.

시조의 내용은 주로 인륜, 권계, 송축, 정조 등 자연과 인간생활에 대한 전반적인 내용을 담고 있었다. 그러나 시조는 가사 내용보다는 노래(창)에 더 의미를 두었다. 실제로 평시조의 경우 초장, 중장, 종장으로 구성되어 각 장이 15자, 총 45자 내외로 가사가 길지 않았다. 시조가 오늘날까지 그 이름을 전하는 것은 그 창으로 말미암은 것이다(이병기, 1966). 그러므로 각 지역의 시조들은 가사보다는 곡조와 창법의 차이로 구분한다.

시조의 원형이라고 볼 수 있는 경제(京制)평시조는 오늘날 서울, 경기에 해당하는 지역에서 불렸던 모든 시조창의 근본이다. 이후에 평지름시조, 사설시조, 중허리시조, 여창지름시조, 사설지름시조, 우조시조, 우조지름시조 등 다양한 시조창법으로 분화되었다. 또한 지역별로는 충청도의 내포제, 전라도의 완제, 경상도의 영제 등으로 분화되어 여러 종류의 시조가 생겨났다. 지역별로 분화한 시기는 대략 19세기경으로 내포제가 출현한 것도 이 시기라고 볼 수 있다(송방송, 1984).

지방의 시조들은 경제와 비교하여 향제(鄕制)로 통칭하여 부른다. 향제는 해당 지역의 환경, 풍속, 성격, 기호에 따라 토착화되면서 지역의 특징을 지닌 시조로 발전한 것이다(서한범, 1996). 따라서 시조도 지역의 동질성을 규명하기 위한 지표로서 충분히 의미가 있다고 볼 수 있다. 또한 민요와는 달리 사대부 계급의 문화로서 독특한 분포 패턴을 보일 가능성이 있다. 일례로 향제 가운데 완제는 감칠맛이 나고 기교가 뛰어난 것으로 평가받아왔음에도 지금은 거의 원형을 상실한 상태인데, 이는 호남지역에 널리 퍼져 있던 판소리에 눌렸던 것이 원인이다(이규원, 1995). 한양과의 거리가 멀어 사대부문화가 상대적으로 약하고 민중문화가 발달했던 지역적 특성이 시조의 전수와 분포에 영향을 미쳤던 것이다.

(2) 내포제시조의 특징 및 분포

내포제시조는 주로 평시조와 사설시조가 불리는데, 노래의 형태는 경상도의 영제와 비슷하나 좀 더 밝고 깨끗한 것이 특징이다. 음계는 슬프고 처절한 느낌을 주는 3음의 계면조와 맑고 씩씩한 느낌을 주는 5음의 우조로 되어 있다. 중간에는 가락을 올리지 않아 안정감이 있고, 끝부분에는

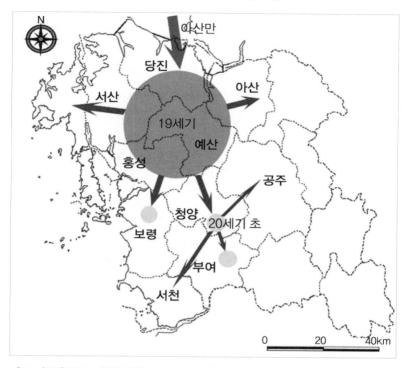

자료: 이규원(1995); 예산문화원(1994); ≪청양신문≫(2001. 5. 20).

가락을 떨어뜨려서 여운이 남으며 가성을 쓰지 않는다. 각 장의 첫 박은
장식음을 많이 사용한다. 장단은 악기 없이 장구나 무릎장단으로 일시적
인 연주를 하며 초장과 중장 끝 장단에서 다섯 박자가 줄어들기도 한다.
장단의 점수는 완제와 같이 49점, 79박자이다(장사훈, 1983).

　　내포제시조의 본고장은 당진군의 아산만 일대였으나 예산, 홍성, 서산,
보령, 아산 등 내포의 전 지역을 거쳐 청양, 부여, 서천, 공주 등 금강 유역
으로 확산되었다(이규원, 1995). 19세기 전후 내포제시조가 완성된 후 한말
에는 장석범을 중심으로 구연호, 유창호 등이 전통적인 내포제시조의 맥

을 이은 인물로 유명한데 이들은 예산 사람으로 알려져 있다(예산문화원, 1994). 일제 식민지시대 중반 이후 내포제시조는 '내포제시조 중시조'로 일컬어지는 윤종선(청양)을 비롯하여 김용래(보령), 강진호(보령) 등에 의해 계승 발전되어 윤종선의 제자인 소동규(부여), 김제천(청양)으로 맥이 이어져 왔다(이규원, 1995). 그리고 소동규의 제자인 김원실(부여)에 이르러 1992년 12월 8일 충청남도무형문화재 제17호로 지정되었다(≪청양신문≫, 2001. 5. 20).

시조는 민요와는 달리 양반문화로서 조선시대 내내 민중의 민요와 공존하면서 발전했다. 민요에 비해 널리 불리지 않았고 특정한 인물에 의해 전수되었기 때문에 오히려 그 전파과정이 잘 드러난다. 다른 향제가 완제, 영제 등의 이름을 가진 것에 비해 충청남도 일원에서 불렸던 시조에는 내포제라는 일부 지역만을 지칭하는 이름이 붙었다. 이는 충청남도의 시조가 내포에서 시작되었음을 의미하는 것이다. 또한 경제와의 접촉이 쉬운 아산만 일대에서 발달했다는 사실은 내포문화의 특징을 잘 반영한다.

3) 내포문화의 계급적 이중성

한국의 전통민요는 농업과 관련된 노동요가 중심을 이루는데, 특히 전국적으로 벼농사와 관련된 노래가 많이 전하고 있다. 벼농사는 육체적으로 힘이 들 뿐만 아니라 협동노동을 필수적으로 요구하기 때문에 어려움을 극복하고 노동의 효율을 높이기 위해서 노래를 만들어 부른 것이다. 내포지역 역시 다양한 종류의 벼농사요가 전하고 있으며 '결성 농요'처럼 전국적으로 잘 알려져 있는 벼농사요도 있다.

내포지역에 분포하는 대표적인 벼농사요는 모심기 노래와 김매기 노래이다. 이 가운데 논매기 노래는 내포 전 지역에 걸쳐 '얼카덩어리'라는 유사한 유형이 나타난다. 얼카덩어리는 내포의 서북부지역에 두루 전해지고 있으며 주변으로 가면서 변형된 형태로 나타난다. 따라서 얼카덩어리의 태생지는 내포지역으로 볼 수 있으며 내포지역을 동질지역으로 묶을 수 있는 하나의 지표가 된다.

김매기 노래와는 달리 내포의 모심기 노래는 크게 상사류와 방게류로 나눌 수 있다. 내포지역 내 방게류의 분포지역은 경기도와 인접한 아산만 일대이고 상사류의 분포지역은 전라도와 지리적으로 가까운 서남부지역으로 내포문화의 혼합지대적 성격을 잘 드러낸다. 따라서 민요는 방언과 함께 내포문화의 혼합지대적 성격을 잘 나타내는 지표이다. 또한 민요는 방언과 함께 내포를 상징하는 대표적인 민중문화 요소로서 가야산 주변지역에서 가장 강한 동질성을 보이고 있다.

내포제시조는 내포지역의 문화요소 가운데 유일하게 '내포'라는 이름이 붙은 문화요소이며, 경제에서 파생된 시조의 유형으로 한양·경기지역과의 연결에 유리한 아산만 인접지역에서 탄생했다. 아산만 인근에서 발달한 내포제시조는 19세기경 내포 전 지역으로 확산되었고 이후 내포지역을 넘어 충청남도 전 지역으로 확산되었다. 따라서 내포제시조는 아산만과 인접한 지역(예산군, 홍성군)을 핵심지역으로 볼 수 있다.

어떤 문화요소에서도 발견할 수 없는 '내포'라는 이름이 사대부문화인 시조의 이름으로 붙여졌다는 사실은 내포가 일반 민중보다는 양반 사대부에 의해 주로 인식되었던 지역이었음을 의미한다. 또한 내포의 양반문화가 조선시대 한양과의 접근성을 배경으로 했음을 알 수 있다. 무엇보다 내포제시조는 내포가 조선시대에 동질성으로 정의될 수 있는 지역이었음을 말해주는 지표로서 의미를 갖는다.

민요와 시조는 계급적 배경을 달리하는 문화요소이다. 공통적으로 내포를 동질지역으로 정의할 때 유효한 문화요소이지만 형성과정과 분포범위에서 많은 차이를 보이고 있다. 문화의 계급적 차별성은 조선사회의 특징이었으나 내포의 경우처럼 같은 지역 내에서 뚜렷한 성격차를 보이기는 쉽지 않다. 그런 측면에서 내포는 문화의 형성과정 및 분포에서 계급적 이중성이 비교적 잘 드러나는 지역임을 알 수 있다. 그러나 이러한 이중성에도 내포는 벼농사와 관련된 민요와 내포제시조가 가야산을 중심으로 분포하는 공통점으로 보이고 있다. 따라서 이들은 모두 내포를 상징하는 대표적인 상징적 형상으로 볼 수 있다.

4. 유교문화

1) 내포 사대부의 성격

(1) 유력 토성과 거족

충청도를 흔히 '양반의 고장'이라고 말한다. 실제로 조선시대 충청도에는 광산 김씨(김장생), 은진 송씨(송시열), 파평 윤씨(윤증) 등 기호학파의 핵심 세력이 자리를 잡아 조선 중기 이후 정치적 중심이 되었던 역사가 있으며 산수가 수려한 남한강 상류를 중심으로 양반들이 많이 살았던 것으로 알려져 있다. 그러나 내포는 앞의 지역과 비교해볼 때 정치적 중심이 된 역사적 경험을 갖고 있지도 못하며 수려한 산수를 자랑하는 곳도 아니다. 그럼에도 『택리지』에서 '충청도에서 내포가 제일 좋은 곳'이라고 기술한 것은 내포가 충청도 내의 다른 지역 못지않은 '충청도 양반'의 주요한 터전이었을 가능성을 시사해준다.

조선 전기까지만 해도 내포는 토착 거족이나 이주 거족이 많지 않은 곳이었다. 『세종실록지리지』와 『용재총화』에 의거하여 토성과 거족의 비율

<표 3-1> 토성 및 거족의 비율

	경기	충청	전라	경상	강원	황해	계
거족/토성	18/223	9/271	10/517	26/500	3/106	7/100	73/1717
비율(%)	1/12(8.1)	1/30(3.3)	1/52(1.9)	1/19(5.2)	1/35(2.8)	1/14(7.0)	1/24(4.3)
전국 대비(%)	24.7/13.0	12.3/15.8	13.7/30.1	35.6/29.1	4.1/6.2	9.6/5.8	100/100

자료: 『세종실록지리지』·『용재총화』.

을 추출해보면 <표 3-1>과 같다. <표 3-1>에 의하면 충청도는 『세종실록지리지』와 『용재총화』가 저술된 시기인 15세기까지 토성의 수가 많은 편이 아니었으며 거족의 수도 다른 도에 비해 많지 않았다. 토성 가운데 거족을 배출한 비율도 다른 도에 비해 상대적으로 낮은 편이어서 당시의 충청도는 토성과 거족의 분포가 많지 않았음을 알 수 있다.

거족을 구체적으로 살펴보면 충청도를 근거지로 하고 있던 15개 가문 가운데 신창 맹씨, 서산 유씨, 한산 이씨, 전의 이씨, 남포 백씨, 면천 복씨 등 6개 가문만이 충청우도에서 배출되었다(이태진, 1976). 이는 당시의 '충청도 양반'의 중심이 충청좌도였음을 나타낸다. 그러나 여기에서 주목되는 점은 우도에서는 한산 이씨, 전의 이씨를 제외한 네 개 가문이 모두 차령 이북의 홍주목 관할지역에서 배출되었다는 점이다. 공주목 관할지역이 김장생의 등장과 함께 기호학파의 핵심으로 자리를 잡기 전까지 이러한 경향은 지속되었는데, 이는 홍주목 관할지역이 경기도와 인접해 있는 지리적 여건과 관계가 있는 것으로 보인다(전용우, 1993).

(2) 공신 및 왕가의 분포

공신이나 왕가 또는 왕실의 척족은 왕권 중심의 봉건사회에서 막강한 경제력과 사회적 위치를 차지했다. 따라서 이들의 분포를 알아봄으로써 당대 최상위 계급의 분포를 파악할 수 있다. 다음의 <표 3-2>와 <그림

<표 3-2> 공신, 왕가, 척족의 분포

이름(관향)	공신호칭	구분			위치 (시·군 읍·면 리)	비고	정공신
		출생	이주	묘지			
이 서(홍주)	개국공신 3등	○			홍성 장곡 지정	조선 개국	○
구문신(능성)	좌리공신 4등	○			당진 송악 가교	성종 추대	○
구문로(능성)	적개공신	○			당진 송악 가교	이시애의 난	
김계문(광산)	정국공신		○		예산 신암 종경	중종 반정	
창령군(전주)			○		서산 부석 강당	이방간 2남	
임득의(평택)	청난공신 3등	○			홍성 서부 판교	이몽학의 난	○
이산해(한산)	광국공신 3등			○	예산 대술 방산	종계변무	○
홍서봉(남양)	정사공신 3등		○		당진 석문 초락도	인조 반정	○
이의배(한산)	정사공신 3등	○			예산 봉산 봉림	인조 반정	○
이시방(연안)	정사공신 2등	○			홍성 구항 오봉	인조 반정	○
이 택(전주)	진무공신 3등	○			서산 운산 여미	이괄의 난, 선성군파	○
정충신(금성)	진무공신 1등	○			서산 지곡 대요	이괄의 난	○
안치화(순흥)	선무공신	○			당진 송악 기지시	임란순절	
권 빙(안동)	청난공신	○			홍성 금마 덕정	이몽학의 난	
전 치(담양)	청난공신	○			홍성 홍성 고암	이몽학의 난	
이 거(청주)	청난공신			○	홍성 홍동 산정	이몽학의 난	
정치방(공산)	정사공신			○	예산 고덕 상몽	인조 반정	
문덕원(남평)	분무공신	○			태안 남면 몽산	이인좌의 난	
변성군(전주)			○		서산 음암 신장	덕천군 자손	
김한구(경주)		○			서산 음암 유계	오흥부원군(정순왕후)	
김한신(경주)			○		예산 신암 용궁	월성위(화순옹주)	
이몽설(전주)	청난공신	○			보령 주포 보령	이몽학의 난	
조창원(양주)				○	보령 오천	한원부원군(장렬왕후)	
천귀득(영양)	보사공신		○		보령 청소 성연	경신 출척	
김극성(광산)	정국공신			○	보령 청소 재정	중종 반정	○
이산보(한산)	호성공신	○			보령 청라 장현	임진왜란	
이시방(연안)	정사공신			○	보령 오천 영보	인조 반정	
민치록(여흥)				○	보령 주포 관산	여성부원군(명성황후)	
이 기(수안)	정국공신	○			보령 청소	중종 반정	○
총계		16	6	7			29

자료: 『조선왕조실록』; 홍성군지편찬위원회(1990); 예산군지편찬위원회(1987); 서산군지편찬위원회(1975); 태안군지편찬위원회(1998); 당진군지편찬위원회(1997); 보령군지편찬위원회(1991); 아산군지편찬위원회(1983).

3-9>는 내포 내의 정공신과 원종공신, 그리고 군(君)의 칭호를 받은 왕족과 부마 또는 부원군의 분포를 정리한 것이다.[8] 조선시대 정공신의 전체 숫자가 총 22회에 걸쳐 책록되어 867명에 이르고 있으며 원종공신의 숫자는 이를 능가하고 있음에 비추어볼 때, 내포를 근거지로 했던 공신의 분포는 극히 미미한 수준이었다. 그러나 이러한 현상은 내포만의 특징이기보다는 경기도를 제외한 전국적인 현상으로 공신전이 주로 경기도 지역에 지급되었던 사실과 관련이 깊은 것으로 보인다.[9]

지역별 분포에서 두드러진 특색은 나타나지 않으나 전체적으로 삽교천과 무한천 유역의 상류에 해당하는 가야산지와 차령산지 산록부에 많은 분포를 보이고 있다. 반면 가야산지의 서부지역 서해안 일대에는 상대적으로 적은 분포를 보이고 있다. 특히 이주 정착을 한 경우는 모두 바다 또는 큰 하천 주변에 자리를 잡고 있다.

공신의 경우는 내포에서 출생한 사람이 더 많은 비중을 차지하고 있다. 반대로 왕가 및 척족의 경우는 이주를 한 경우가 많았다. 이주 정착한 경우는 대부분 수로교통이 편리하여 한양에 가깝거나(홍서봉, 김한신) 명당인 곳(변성군)에 정착했다. 이들은 주로 내포의 외곽지역에 정착하여 한양과의 연결성을 중요시했다. 또한 이들의 이주시기는 대개 임진왜란 이후로서 이때쯤부터 '내포가 대를 이어 살 만한 곳'이라는 인식이 일반화되었음

---

8) 원종공신이란 조선시대 공신의 자제 · 사위 · 수종자 등에게 내린 공신 칭호이다. 이들은 노비와 전토를 하사받기는 하지만 하사받은 공신전은 세습이 허용되지 않았다. 또한 군의 칭호는 서왕자, 대군의 적장자 · 적장손, 세자의 중자 · 중손 등에게 내린 칭호였다(학원출판공사사전편찬국, 1994).

9) " …… 과전과 공신전은 경기의 토지만 주고 …… 만약 경기 이내에 남은 토지가 없으면, 이제 다시 경기도의 구획을 정할 때에 외방의 한두 고을을 더 붙여서 그 수를 채우는 것이 역시 해롭지 아니할 것입니다 …… "(『태조실록』 권13, 4년 4월 丁卯).

〈그림 3-9〉 조선시대 공신, 왕가 및 척족, 거족의 분포

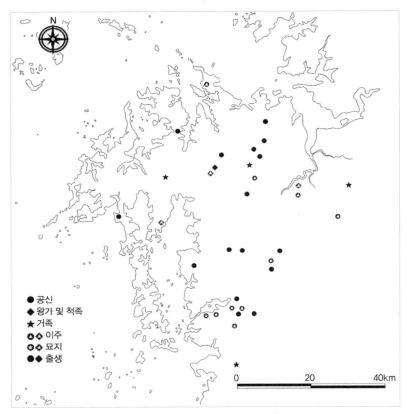

자료: 『조선왕조실록』; 홍성군지편찬위원회(1990); 예산군지편찬위원회(1987); 서산군지편찬
위원회(1975); 태안군지편찬위원회(1998); 당진군지편찬위원회(1997); 보령군지편찬위
원회(1991); 아산군지편찬위원회(1983); 임병조(2000).

을 추정할 수 있다.

(3) 정치적 경향성

내포에 이주 정착한 양반계급이 어떤 정치적 성향을 갖고 있었는지를
밝히는 것은 이 지역의 특성을 이해하는 효과적인 방법이 될 수 있다. 기

호학파 또는 영남학파와의 관련성이나 특정 당파와의 관련성을 밝힘으로써 외부지역과 내포의 연관성을 알아낼 수 있기 때문이다. 정치적 성향은 지역 유력 인물의 당색을 파악해봄으로써 드러날 수 있는데 여기에서는 서원에 제향된 인물을 중심으로 당색을 파악해보고자 한다.

서원(書院)은 선현을 제사하는 사(祠)와 자제를 교육하는 재(齋)가 합하여 설립된 사설교육기관으로 조선 중기의 선조 시대 이후 급격히 증가하기 시작했다. 여기에는 사림의 정계 진출로 사대부의 절대수가 증가하여 격렬한 당쟁이 발생할 수밖에 없었던 사회적·정치적 원인이 크게 작용했다. 서원은 선현에 대한 제사와 후손 교육이라는 본래의 의미를 넘어 당쟁기에 사대부 세력의 근거지로서의 역할을 하기에 이르렀던 것이다. 실제로 서원의 건립 추이를 보면 동서 분당이 시작되는 선조 때부터 그 수가 증가하기 시작하여 사색 분당이 이루어지는 숙종 때 최고조에 이르렀다가 탕평책이 시행되었던 영조 이후로 그 수가 점차 줄어들기 시작했다. 지역별 분포에서도 남인의 근거지로서 강력한 결집력을 가지고 있었던 영남지방에 가장 많은 분포를 보인다(최완기, 1993). 이처럼 서원은 당색과의 관련성이 크기 때문에 이의 분포를 살펴보고 제향 인물 및 건립 주체를 파악해봄으로써 특정지역의 정치적 성향을 파악할 수 있다(전용우, 1993).

<표 3-3>은 내포에 세워졌던 서원을 정리한 것이다. 조선시대에 전국적으로 465개의 서원이 세워졌으며 충청도에는 64개의 서원이 세워졌다. 이 가운데 내포에 건립된 서원은 모두 9개였다. 경기도 이남에서는 충청도가 가장 적은 수를 보였으며, 특히 내포는 충청도 내에서도 적은 편(14%)이었다. 이처럼 서원의 절대수가 적다는 사실은 정치세력과 서원의 관련성이 크다고 볼 때 내포가 특정 정치세력의 결집지역이 아니었음을 뜻한다. 그러나 총 9개의 서원 가운데 6개의 서원이 사액을 받아 높은 사액율을 보였다. 서원의 사액은 중앙정부와의 유대관계가 크게 작용했으므로, 내포

<표 3-3> 서원의 분포와 특징

현 \ 구분	서원명	제향인물	특징	건립시기	사액
예산	덕잠서원	김구	노론이 건립 주체	숙종 31년	○
덕산	회암서원	주자, 이담, 이흡, 조극선	동인(이담), 서인(이흡), 소론(조극선)	숙종 35년	
당진	동악서원	이안눌	서인	숙종 32년	
홍주	노은서원	사육신	노론이 건립 주체	숙종 2년	○
	용계서원	윤증	소론	경종 4년	○
	혜학서원	이세구	소론	숙종 32년	○
서산	성암서원	유숙, 김홍욱	서산 유씨, 노론	숙종 45년	○
보령	화암서원	이지함, 이산보, 이몽규, 이정암, 구계우	한산 이씨, 북인	광해군 2년	○
신창	도산서원	조익, 조극선	소론	현종 11년	

자료: 홍성군지편찬위원회(1990); 예산군지편찬위원회(1987); 서산시지편찬위원회(1998); 태안군지편찬위원회(1998); 보령군지편찬위원회(1991); 당진군지편찬위원회(1997); 공주대학교 박물관(1993).

는 집권세력과의 관련성이 깊은 지역이었음을 알 수 있다. 그러나 대부분 최대 남설기인 숙종조에 설립되었는데, 이는 비교적 격이 낮은 서원이 많았음을 의미한다.[10]

　지역별로는 행정 중심지였던 홍주목에 3개가 세워졌고 예산현, 덕산현, 당진현, 서산현, 보령현, 신창현에 각각 1개씩 세워졌다. 분포상의 두드러진 특색은 나타나지 않으나 가야산 동부의 아산만 인접지역에 많은 분포

10) 고종 1년, 서원 철폐정책과 함께 세상에 사표가 될 만한 47개의 서원·사우만을 제외한 대부분의 서원이 정비되었는데, 이 47개의 서원·사우 가운데 충청도에 남아 있던 것은 돈암서원(연산), 충렬사(충주), 표충사(청주), 창렬사(홍산), 노강서원(노성) 등 다섯 개뿐으로 내포에서는 하나도 없다.

를 보이고 있다. 아산만 인접지역의 서원은 건립 주체나 제향인물의 당색이 상당히 복잡한데, 이는 이 지역이 비교적 복잡한 당색을 가지고 있었음을 의미한다. 반면에 당진현의 동악서원과 서산현의 성암서원, 그리고 보령현의 화암서원은 가문의 인물을 주향한 서원으로 이 지역은 상대적으로 사림세력이 약했음을 뜻한다.

제향인물 또는 건립 주체의 당색을 보면 서인계열이 대부분을 차지한다. 이러한 특성은 내포가 전반적으로 기호학파와 관련성이 깊었음을 나타낸다. 그러나 노론계(덕잠서원, 동악서원, 노은서원, 성암서원), 소론계(용계서원, 혜학서원), 소론계와 남인계가 같이 제향되는 경우(회암서원) 등 비교적 복잡한 당색을 보이고 있었다. 정치적으로는 일정한 정파를 형성하지 못했으며 사화기에는 훈구파와 사림이, 당쟁기에는 다양한 정파의 인물들이 이주 정착을 하여 복잡한 경향성을 띠고 있었다.

사우(祠宇)는 모두 17개가 건립되었는데, 서원과는 달리 영조 이후인 조선 후기에 건립된 것이 많은 것이 특징이다. 당색은 서원에 비해 잘 드러나지 않으며 드러나는 경우는 모두 서인계열로 서원에 비해 정치적 경향성이 단순하게 나타나고 있다. 지역별 분포에서도 서원과는 달리 가야산 주변에 균등하게 분포하는 경향을 보이며, 특이한 점은 서산현에 특히 많은 분포를 보이는 것이다.

서원에 제향되는 인물은 우선 도덕과 학문이 뛰어나고 도학연원(道學淵源), 학문종사(學問宗師), 공적위국(功績爲國) 등에 합당하다고 인정되어야 했다. 이에 비해 사우에는 행의(行誼), 충절(忠節), 효열(孝烈) 등에서 주변의 모범이 되는 인물을 제향했으므로 사우가 서원에 비해 격이 낮은 것으로 볼 수 있다. 이에 따라 서원은 비교적 사림세력이 강했던 가야산 동부지역에 많이 설립된 데 비해 사우는 내포 전 지역에 고루 분포했다. 이것은 사우가 상대적으로 설립이 용이하여 사림세력의 분포가 적은 지역에도

<표 3-4> 사우의 분포와 특징

현 \ 구분	사우명	제향인물	특징	건립 시기
예산	집성사	주자, 송시열, 권상하	노론	
대흥	우천사	이약수	조광조의 신원을 요구하다 유배	숙종 34년
	소도독사	소정방		
면천	한원사	이만유		
당진	약산사	이시경	임란순절	
	오산사	차천로		
홍주	양곡사	한원진	노론	영조 49년
	창주사	주부자		순조 27년
	화신사	청주 이씨 이능회 일가	청주 이씨	순조 15년
서산	송곡사	유방택, 정신보, 정인경, 유백유, 김적, 김위재, 유백순, 윤황	서산 토착세력으로 출발. 후에 김적(경주 김씨, 서인-소론), 김위재(광산, 서인) 추배	
	진충사	정충신	서인	
	부성사	최치원		
	숭덕사	이방간		
태안	숭의사	가유약, 가상, 가침	소주 가씨	
	충령사	이존오		
보령	충정사	김극성	정국공신	
	요산사	이기	정국공신	

자료: 홍성군지편찬위원회(1990); 예산군지편찬위원회(2001); 서산시지편찬위원회(1998); 태안군지편찬위원회(1998); 보령군지편찬위원회(1991); 당진군지편찬위원회(1997).

많이 설립된 것으로 볼 수 있다. 또한 이러한 이유로 사우는 서원에 비해 가문의 후예들이 설립한 경우가 많은데, 내포의 경우 화신사(청주 이씨), 송곡사(서산 유씨 외), 숭의사(소주 가씨) 등이 그 예이다.

2) 내포의 핵심과 주변: 사대부의 분포

다음은 내포와 관련이 있는 양반관료들의 분포를 통해 조선시대 내포의 핵심과 주변을 파악해보고자 한다. "한양의 양반으로 충청도에 전답과 주택을 마련하여 생활의 근본으로 삼지 않은 이가 없었"으므로 이들의 분포를 파악하는 것은 당시 내포의 특성을 이해하는 효과적인 방법이라고 생각되기 때문이다. 또한 이들의 분포를 사회적·경제적·정치적 상황과 관련시켜 그 원인을 유추해내기 위해서는 시기별 분포를 파악해야 한다. 내포의 상대적 위치가 변화해온 것은 조선사회의 변동과 관련이 깊다고 보았기 때문이다. 조선시대의 시기 구분은 역사학계에서 이루어진 구분을 원용하여 전기, 중기, 후기로 나누었다.[11] 이와 같이 시대를 구분하는 데 사용된 지표는 사회적·정치적·경제적 조건이므로 양반관료들의 분포 특징을 밝히는 데 유용한 시기 분류라 생각된다.

(1) 『사마방목』에 나타난 분포 특성
『사마방목(司馬榜目)』은 조선시대 생원(生員)·진사(進士)시 합격자의 신상을 담은 기록이다. 생원진사시는 성균관에 입학할 자격을 주었던 시험

---

11) 시기의 구분은 역사학계의 구분을 원용하여 전기는 개국~명종, 중기는 선조~경종, 후기는 영조~순종으로 구분했다(한국경제사학회, 1984; 이기백, 1992; 한국민중사 연구회, 1986).

〈표 3-5〉『사마방목』에 기재된 내포 출신 생원 · 진사 합격자

	당진	면천	서산	해미	예산	대흥	덕산	태안	홍주	결성	보령	신창	계
전기	1	5	4	1	1	1	2	·	14	1	10	1	41
중기	8	35	21	26	18	26	26	·	72	26	52	14	324
후기	28	38	60	38	55	44	47	4	138	34	70	37	593
합계	37	78	85	65	74	71	75	4	224	61	132	52	958

자료:『사마방목』.

〈표 3-6〉 18세기 내포 인구 현황

	당진	면천	서산	해미	예산	대흥	덕산	태안	홍주	결성	보령	신창	계
가구	3,714	5,057	6,823	2,763	2,834	3,388	5,361	4,094	12,195	3,691	4,106	1,941	55,967
인구	15,538	18,731	28,137	9,698	9,226	13,599	18,970	14,520	51,083	12,604	17,536	8,122	217,764

자료:『호구총수』.

이므로 이 시험을 통해 바로 관직에 오를 수는 없었다. 그러나 양반의 자제들이 주로 응시를 했으므로 양반층의 분포를 파악하는 간접적인 자료가 될 수 있다. 또한 합격자들이 성균관에서 수학을 한 다음 대과에 응시하는 것이 일반적인 순서였으므로 관료의 배출과 관련이 깊었다.

우선 전체적으로 가장 많은 합격자를 낸 지역은 홍주이다. 홍주는 내포의 행정 중심지였고 월경지(越境地)를 포함한 넓은 행정구역을 관할하고 있었으므로 인구가 내포에서 가장 많았다. 따라서 양반층의 거주도 다른 지역에 비해 많았을 것이다. 다음으로 많은 분포를 보인 지역은 보령과 서산이다. 보령은 조선 후기까지 특별히 인구가 많은 지역이 아니었음에도 상대적으로 많은 합격자를 냈다. 서산은 내포에서 두 번째로 인구가 많은 지역이었으므로 많은 합격자를 냈지만 인구 규모와 관련을 시켜보면 전체적으로는 합격자의 비중이 높지 않은 편임을 알 수 있다. 태안은 극단적으

182 | 지역정체성과 제도화

로 적은 분포를 보이고 있으며 당진도 분포가 적은 편이다. 나머지 지역은 큰 차이가 없었다.

가장 많은 합격자 수를 기록한 홍주는 행정 중심으로 관료의 분포가 많았던 곳이다. 홍주를 전국의 다른 지역과 비교해보면 단일 지역으로는 전국에서 23번째로 많은 합격자를 냈다. 그러나 충주(515명), 공주(455명), 청주(356명) 등 충청도 내의 다른 목(牧) 소재지에 비해 많은 수의 합격자를 내지는 못했다. 상대적으로 합격자의 비율이 높은 보령은 한산 이씨, 광산 김씨, 평산 신씨, 한양 조씨 등 유력 성씨가 종족 촌락을 형성하고 오랫동안 세거를 해온 지역으로 이들 가문 출신의 합격자가 많은 수를 차지했다. 예산, 신창, 면천, 덕산, 대흥 등 아산만 인접지역은 인구에 비해 상대적으로 많은 합격자 수를 나타냈다.

시기별 분포를 보면 내포의 생원진사시 합격자 수는 후기로 갈수록 급격히 증가하는 양상을 보였다. 『사마방목』의 기록이 조선 전기의 것이 누락된 결과이기도 하지만 중기에 비해 후기의 합격자가 많은 것이 내포의 특징이다. 조선시대에 전국에서 줄곧 가장 많은 합격자를 낸 한양의 경우 전기에는 1,971명이, 중기에는 6,692명이, 후기에는 5,712명이 각각 합격하여 내포와는 다른 패턴을 보였다. 그러나 생원진사시는 3년마다 열린 식년시(式年試)와 중요한 일이 있을 때의 증광시(增廣試)로 나눌 수 있으며 매회 100명의 합격자를 배출했으나 후기로 갈수록 그 수가 지켜지지 않았다. 그리하여 전체적으로 한양을 제외한 지방의 많은 부·목·군·현들이 후기로 갈수록 많은 합격자를 냈다. 내포의 경우 신창, 예산, 서산, 당진 등이 특히 중기에 비해 후기 합격자 비율이 많이 증가했다. 서산과 당진은 당시 인구 규모와 관련이 있는 것으로 보이는 반면, 아산만 인근지역인 예산과 신창은 특별히 인구가 많지 않았음에도 높은 증가율을 보였다.

<표 3-7> 조선시대 내포의 사대부 현황

	당진군			서산시			예산군			태안군			홍성군			보령시			아산시			계			
	전기	중기	후기	전기	중기	후기	전기	중기	후기	전기	중기	후기	전기	중기	후기	전기	중기	후기	전기	중기	후기	전기	중기	후기	계
출생	7	4	6	15	6	8	5	17	10	·	3	5	3	8	9	3	7	2	·	3	1	33	48	41	122
이주	7	2	1	4	10	·	17	22	25	·	2	1	3	6	2	1	3	5	·	·	·	32	45	34	111
묘지	5	13	5	·	2	2	15	5	10	·	·	·	2	4	7	4	2	2	·	·	·	26	26	26	78
소계	19	19	12	19	18	10	37	44	45	·	5	6	8	18	18	8	12	9	·	3	1	91	119	101	311
총계	50			47			126			11			44			29			4			311			

주: 보령시는 과거 보령현(현재의 동 지역과 청소면, 주포면, 청라면, 오천면, 주교면), 아산시는
　　과거 신창현(현재의 도고면, 선장면, 신창면) 지역을 대상으로 했음.
자료: 홍성군지편찬위원회(1990); 예산군지편찬위원회(2001); 서산시지편찬위원회(1998); 태안군
　　지편찬위원회(1998); 보령군지편찬위원회(1991); 당진군지편찬위원회(1997); 아산군지편찬
　　위원회(1983).

(2) 사대부의 분포

　　실제로 관직에 진출한 사대부의 분포는 『사마방목』의 기록보다 내포의
특징을 더욱 명확하게 드러내주는 지표가 될 수 있다. 사대부의 분포를 통
해 사대부문화의 핵심지역을 알아낼 수 있으며, 시기별 분포를 통해 '대를
이어 사는 사대부가 많은' 내포의 특징이 가장 잘 나타났던 시기를 유추해
볼 수 있기 때문이다.

　　<표 3-7>은 내포의 각 시·군에서 발간된 자료들을 통해 내포 내 관료
층의 분포를 조사한 결과이다. 대부분의 시군지들이 과거의 읍지나 『동국
여지승람』 등의 문헌, 비문, 서원·사우, 묘지 등의 자료를 기초로 작성되
었으므로 지방관이나 일시 거주자 등을 모두 망라하고 있다. 여기서는 연
고(출생, 이주, 묘지)가 확인되는 인물로 한정하여 연구대상으로 삼았다. 연
고는 확인이 되지만 시대가 미상인 경우도 제외했다. 이와 같은 기초자료

를 토대로 개략적인 분석을 해보면 몇 가지 경향성이 드러남을 알 수 있다.

먼저 지역별 분포의 가장 큰 특색은 사대부가 아산만과 이어지는 삽교천, 무한천 유역(홍주, 예산, 대흥, 덕산)에 가장 많은 분포를 보인다는 점이다. 홍주는 목의 소재지로서 행정상의 중심지였으므로 관료층의 분포가 많았을 가능성이 크다. 그러나 나머지 지역은 다른 지역과 비교해볼 때 유력한 토성이나 거족이 분포하지 않았을 뿐만 아니라 조선 후기까지 특별히 인구가 많은 곳도 아니었다. 특히 예산은 18세기 당시 내포의 여러 현 가운데 신창 다음으로 인구가 적었다. 이러한 예산에 사대부의 분포가 많다는 것은 예산과 그 주변지역이 사대부들을 유인할 만한 특별한 조건을 갖춘 곳이었음을 의미한다.

조선 중기 이후 예산이 많은 인물을 배출한 원인으로는 먼저 삽교천, 무한천을 따라 넓은 평야와 산록대가 교차하는 지점이 발달하여 개간이 진전되지 않은 저습지가 대부분을 차지했던 하류지역에 비해 유리한 경제적 조건을 갖추고 있었기 때문이다(류제헌, 1994). 이와 함께 아산만에서 삽교천, 무한천을 따라 내륙으로 들어가는 것이 비교적 용이했던 지리적 조건이 크게 작용했다고 볼 수 있다. 또한 예산, 덕산, 대흥은 내륙에 가야산과 봉수산, 차령산지 등 내포의 다른 지역에 비해 산수가 수려한 지역을 끼고 있을 뿐 아니라 편마암 산지인 차령산지에 발달한 협곡을 따라 은거에 유리한 지형이 발달하여 관료층이 거주지로 선호했던 것으로 보인다. 반면 서산과 태안은 해상으로 한양과의 접근이 유리했으나 외침에 노출되어 있고 경지가 불충분하여 사대부들이 그다지 선호하지 않았던 것으로 볼 수 있다. 실제로 이 지역은 대부분의 사대부 분포지가 해안에서 떨어진 계곡에 주로 나타나고 있다.

천수만 연안의 보령현 지역도 사대부의 분포가 많았다. 보령현은 생원진사시에서도 많은 합격자를 냈는데 실제로 오서산 서남록에 위치했던 청

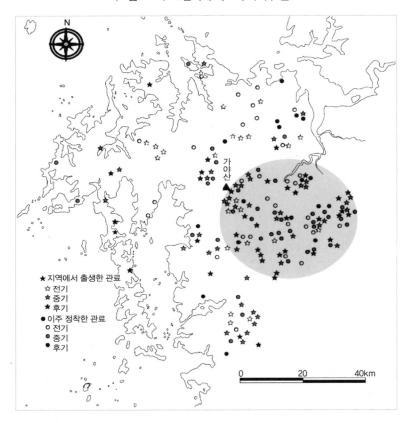

자료: 임병조(2000).

소면의 공주 이씨 가문과 오서산 남록에 자리 잡은 청라면 일대의 광산 김
씨, 한산 이씨 가문 등 유력한 가문에서 여러 명의 관료가 배출되었다. 특
히 청라면은 조선시대 대표적인 승지로 손꼽혔던 곳이었다.

　시기별로는 조선 중기에 가장 많은 관료가 배출되었다. 이는 내포에 전
반적으로 나타나는 현상으로 특정 지역에 국한된 현상은 아니다. 그러나
중기 집중도는 전반적으로 전기나 후기에 비해 월등하게 높은 비중을 차

지하지는 않았다. 시기별 분포의 가장 큰 특징은 중후기로 갈수록 가야산과 차령산지 사이의 삽교천과 무한천 유역에 사대부의 분포가 증가한다는 점이다.

출생·이주 형태를 보면 전기에는 출생과 이주가 비슷한 분포를 보이다가 중기에는 이주한 사대부가 더 많아진다. 그러나 후기에는 이주한 사대부보다는 내포에서 출생한 관료가 월등히 많은 분포를 보인다. 이는 중기까지 내포로 이주한 관료층이 일시적으로 거주한 것보다는 대를 이어 세거를 하면서 그 후손들이 관직에 진출했던 가문이 많았기 때문으로 '대를 이어 사는 사대부가 많다'는 『택리지』의 기술과 일치한다. 묘지가 많은 것도 이러한 현상을 확인할 수 있는 증거인데, 출신지역은 아닐지라도 대부분 가문이 세거하고 있던 마을에 묘를 썼던 관습에 비추어볼 때 내포는 상당수의 관료층이 대를 이어 세거하고 있었던 곳으로 볼 수 있다. 따라서 전체적으로는 내포에서 출생하여 관직에 오른 사대부들이 많은 수를 차지하지만 예산, 덕산, 대흥 등 오늘날의 예산군에 해당하는 지역에서는 사대부 가운데 이주한 사람이 많았다.

3) 근기권(近畿圈)으로서의 내포

조선시대 초기까지 내포는 유력한 토성이나 거족의 분포가 많지 않았던 지역이었다. 그럼에도 '대를 이어 사는 사대부들이 많은 곳'으로 일컬어졌다는 것은 조선 초기 이후 내포의 특성에 많은 변화가 있었다는 의미이다.

내포에 '한양 사대부'들이 근거지를 마련하기 시작했던 것은 대략 조선 중기부터였다. 이러한 사실은 공신이나 왕가, 왕실의 척족 등 조선시대 고위계층의 분포를 통해서 어느 정도 파악된다. 내포에 자리를 잡은 이들의 절대수는 많지 않았으나 이들의 이주 정착은 조선 중기인 임진왜란 이후부터 시작되었다. 이들이 선호한 지역은 내포의 외곽, 즉 해안에 가까운 곳으로, 이들이 내포에 자신들의 거주지를 선택할 때 한양과의 연결성을 강조했음을 알 수 있다.

내포 사대부들의 정치적 경향성도 이들의 특징을 파악하는 데 효과적인 지표가 된다. 정치적 경향성은 서원 또는 사우에 제향된 인물이나 건립 주체의 당색을 알아봄으로써 파악할 수 있다. 내포의 서원이나 사우는 서인계가 우세한 가운데 서인계 내에서도 노론계와 소론계가 혼재하고 있는 것은 물론 남인계나 북인계까지 제향되어 매우 복잡한 양상을 보이고 있다. 전반적으로 서원의 숫자가 많지 않은 것으로 보아 내포 사대부의 정치적 결집도는 높지 않았던 것으로 보인다. 그러나 서원 가운데 사액을 받은 비율이 매우 높아 내포의 사대부들이 중앙정부와의 유대관계가 깊었음을 알 수 있다.

구체적으로 내포 사대부의 지역별, 시기별, 출생별·이주별 분포를 살펴보면 내포의 특성이 잘 드러난다. 이들의 분포는 생원진사시 합격자 명단인 『사마방목』과 각 시군지에서 확인되는 관료들의 신상정보로 확인된다. 먼저 지역별 분포에서는 『사마방목』에 기재된 생원진사시 합격자는 홍주, 보령, 서산 등에 많이 분포했다. 홍주가 월등히 많은 분포를 보였던 것은 조선시대 행정의 중심이었을 뿐만 아니라 인구가 다른 지역에 비해 많았기 때문이다. 보령이 인구 규모에 비해 많은 합격자를 냈는데, 오랫동안 세거를 해온 유력 가문이 많았기 때문이다. 예산, 대흥, 덕산 등 아산만과 인접한 지역은 후기로 가면서 합격자 수가 급증하는 양상을 보였다.

시군지를 통해 확인되는 실제 관직에 진출한 관료의 분포도 이와 유사한 패턴을 보였다. 지역별 분포에서는 아산만 연안의 홍주, 예산, 대흥, 덕산과 보령이 가장 많은 분포를 보였다. 특히 오늘날의 예산군에 해당하는 지역의 분포가 높았다. 예산 일대는 아산만으로 연결되는 내륙수로뿐만 아니라 비옥한 경지가 발달하여 한양의 사대부들이 선호할 수 있는 조건을 잘 갖추고 있었기 때문이다. 시기별로는 중기에 가장 집중도가 높았으며 중후기로 갈수록 가야산과 차령산지 사이의 삽교천과 무한천 유역에 사대부의 분포가 증가하는 현상이 나타났다. 출생·이주 형태를 보면 전기에는 내포에서 출생한 사대부의 수가 많다가 중기에는 이주 정착한 사대부의 수가 증가하며, 후기에는 다시 내포에서 출생한 사대부가 많아졌다.

이러한 사실을 통해 내포 사대부는 전체적으로 한양, 경기도로부터 이주 정착한 경우가 많았으며 그 시기는 조선시대 중기 이후였음을 알 수 있다. 또한 후기에 다시 내포에서 출생한 사대부의 숫자가 증가한다는 사실은 이전에 이주 정착한 가문에서 관료가 배출되었음을 의미하는 것으로, 내포가 '대를 이어 사는 사대부가 많은 지역'이었음을 알 수 있다. 이처럼 전체적으로 비슷한 성격의 사대부들이 내포 전 지역에 분포하면서 종족촌락, 서원과 사우, 묘지 등 관련 문화경관을 만들어냈으므로 사대부문화는 내포를 상징하는 대표적인 상징적 형상이라고 볼 수 있다.

5. 종교: 천주교

1) 천주교의 내포 전래와 확산

(1) 천주교의 전래

천주교가 한반도에 전래된 시기는 대략 조선시대 중기인 16세기경으로 추정된다. 이 시기부터 본격적으로 천주교 신도가 등장한 것은 아니었지만 임진왜란을 전후한 시기부터 다양한 통로로 천주교와의 접촉이 일어나고 있었다. 17세기 초에 이르면 실학의 등장과 함께 서양의 학문에 대한

〈그림 3-11〉 천주교의 초기 전파

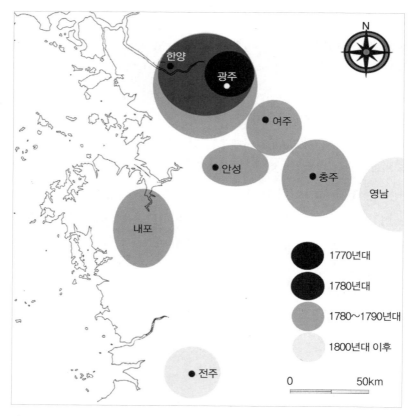

한양
광주
여주
안성
충주
영남
내포
전주

1770년대
1780년대
1780~1790년대
1800년대 이후

0   50km

자료: 노길명(1988); 채기병(1993); 유병기 외(1982).

관심이 증가하는데, 이러한 경향의 일환으로 천주학에 대한 관심도 높아
지기 시작했다. 실학사상은 주로 정치적 실세에서 배제되었던 남인계 양
반층을 중심으로 발달했기 때문에 자연스럽게 남인계 학자들을 중심으로
천주학이 수용되었다. 그러나 당시까지는 학자들이 주로 학문으로서 '천주
학'에 관심을 가졌기 때문에 종교로서의 의미는 거의 없었다고 볼 수 있다.
천주교가 종교로서 본격적으로 받아들여지기 시작했던 시기는 18세기

후반이었다. 1770년대 후반부터 일부 남인계 학자들을 중심으로 '서학'의 단계를 넘어 '서교'로서 받아들여진 것이다. 이를 토대로 이승훈이 중국에서 영세를 받고 돌아온 해인 1784년 이후 본격적으로 수용되기 시작한 천주교는 1780년대에는 경기도 광주를 중심으로 주변의 경기도 지역과 한양 일대로 전파되었다. 또한 1780년대에는 충청도 일대에도, 19세기 초에는 전라도와 경상도 일부 지역까지 확산되었다(노길명, 1988). 그러나 당시 영남지역은 유교적 전통이 강하게 남아 있었기 때문에 이 지역으로는 천주교의 전파가 활발하게 일어나지 않았다(채기병, 1993).

천주교가 내포에 전래된 시기는 경기도 및 한양 일대로 천주교가 확대되던 시기와 큰 차이가 없다. 즉, 1780년대 중반에 아산만 인접지역에 전래되었으며 점차적으로 내포의 내부지역으로 확산되어 1790년대에는 내포의 대부분 지역에 확산되기에 이르렀다. 이처럼 18세기 후반에는 천주교가 주로 경기도, 충청도를 중심으로 전라도까지 확산되고 있었는데 충청도는 세 지역 가운데 신도 수가 가장 많았으며, 특히 내포는 전국에서 한양 다음으로 신도들이 많이 거주하는 곳이었다(유병기 외, 1982). 이처럼 한국 천주교의 초기 전파과정에서 충청도가 차지하는 위치와 중요성은 매우 컸으며 충청도의 여러 지역 가운데 특히 내포가 중요한 역할을 했다. 이러한 현상은 다양한 원인에 의해 일어났을 것이나 무엇보다 내포의 지리적 위치 및 특성과 밀접한 관련이 있었던 것으로 볼 수 있다.

(2) 천주교의 확산

18세기 말에 천주교는 내포의 거의 전역으로 확산되었다. 내포의 천주교 확산과정에서 빼놓을 수 없는 인물은 이존창이다. 1세대 신도였던 김범우, 권일신으로부터 전도를 받은 이존창은 1784년(또는 1785년)에 한양(또는 경기도)에서 입교를 하고 내포에 내려와 전교활동을 활발하게 전개했다.

수차례의 투옥과 석방을 반복하면서도 이존창은 내포 전역에서 전교 활동을 활발하게 지속했다. 특히 홍산이나 전라도의 금산, 고산 등지로 이사를 다니면서도 굽히지 않고 활동했다. 그가 전교한 지역은 덕산, 면천, 홍주, 서산 등 내포 전역에 걸쳐 있었으므로 그를 '내포의 사도'라 부르기도 했다 (유병기 외, 1982). 당시 천주교의 전파는 이존창의 거주지였던 여사울을 중심으로 면천-당진-서산-해미로 연결되는 가야산 북록(北麓)으로 이어지는 경로와 덕산-홍주 등 가야산 동부의 산록을 거쳐 결성-보령 등 서해안으로 연결되는 경로, 그리고 차령산지 서쪽 기슭을 따라 예산-대흥-청양으로 연결되는 경로, 마지막으로 곡교천 유역을 따라 신창-온양으로 연결되는 경로를 따라 이루어졌다.

1801년 순조가 즉위하면서 일어난 신유교난과 1839년의 기해교난으로 많은 천주교도들이 순교했는데, 이때 홍주, 해미, 덕산, 당진 등 내포의 전지역에서 김제준(김대건의 아버지, 당진 출신)을 비롯한 많은 이들이 순교했다. 순교자들의 분포가 내포지방에 고루 퍼져 있던 것으로 보아 당시 내포지방의 천주교 교세를 짐작할 수 있다. 그러나 극심한 탄압 속에서도 교세는 꾸준히 성장하여 1821년에는 청나라교구에서 조선교구가 분리되어 독립 교구를 형성하게 되었다. 나아가 1861년에는 조선교구 전체를 여덟 개의 본당 구역으로 나누게 되었다. 그런데 여덟 개의 본당 구역 가운데 다섯 개가 충청도에 있었으며 그중 두 개가 내포에 있었다(달레, 1874). 전국적으로 여덟 개 가운데 두 개가 내포에 있었다는 것은 당시 내포에서 천주교 교세가 상당히 컸음을 의미하는 것이다. 내포에 있는 두 개의 본당 구역은 홍주지방(상부 내포)과 서부지방(하부 내포)이었다(달레, 1874). 홍주지방은 주로 가야산 동쪽의 삽교천, 무한천 일대를 관할했고 서부지방은 가야산의 서쪽을 관할구역으로 했다.

19세기 천주교 박해시기에 전국적으로 총 1,743명이 순교했는데 이 가

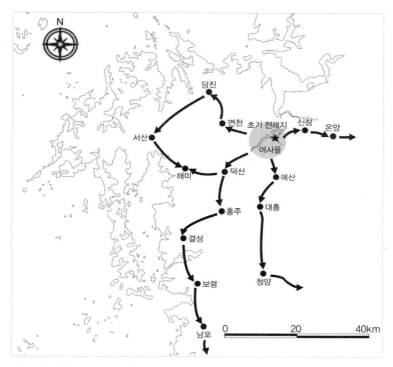

〈그림 3-12〉 18세기 천주교의 확산

자료: 채기병(1993).

운데 내포 출신은 모두 398명에 달했다. 이들 가운데 상당수(66%)가 홍주, 덕산, 면천, 신창 등의 지역 출신이었다. 이를 통해 박해시기 당시에도 삽교천, 무한천 유역과 아산만 일대가 내포 천주교의 중심지였으며 내포 전역에 걸쳐 천주교 신자가 분포하고 있었음을 알 수 있다(한국가톨릭대사전편찬위원회, 1992). 1886년 한불조약 이후 선교사의 포교가 허용되자 박해시기에 줄어들었던 신도 수가 서서히 증가하기 시작했다. 이때에도 그 중심지는 예산, 아산, 당진, 서산, 홍주 등이었다.

1890년대에 이르러 국내에서 활동하는 선교사의 수가 급증함에 따라 내포에도 두 명의 신부가 파견되었다. 이때 이후로 본격적으로 본당이 확대되기 시작하여 내포 전역으로 확산되었는데 중심지는 덕산현의 양촌 본당이었다. 양촌 본당을 모본당으로 하여 1895년에 아산군에 공세리 본당이 설립되었고 1899년에는 양촌 본당이 면천군의 합덕 본당으로 옮겨져서 내포의 포교 중심지 역할을 했다.

이후 일제 강점기에는 인근의 예산군(1926년), 서산군(1935년), 당진군(1938년)으로 본당이 확산되었다. 그러나 이 시기에는 다른 지역에 비해 내포의 천주교도가 월등히 많은 비율을 차지하는 것은 아니었다. 그럼에도 한국 천주교회사에서 내포가 차지하는 비중은 이후 1960년대 이전까지 유지되었다. 그러나 1960년대 중반부터는 산업화에 따른 이촌향도의 영향으로 상대적 비중이 급격하게 떨어지기 시작했다.

2) 천주교 전파의 배경

(1) 한양, 경기와의 지리적 근접성과 수로교통의 발달

내포의 사도 이존창은 당시 천안현의 월경지였던 신종면에서 태어났다. 신종면은 삽교천과 무한천의 합류지점으로 아산만과 인접하여 수로교통이 매우 발달한 곳으로, 삽교천과 무한천 유역의 주민들이 한양이나 경기도에 가기 위해서는 반드시 거쳐야 했다. 따라서 한양과 경기도의 정보들이 많이 유통되고 실제로 여행을 실행할 기회가 다른 지역에 비해 상대적으로 많았을 것이다. 일찍이 이존창이 상경을 한 이유는 학문에 뜻을 두고 한양과 경기도 양근으로 유학을 하기 위한 것이었다(달레, 1874). 중인 출신으로 비교적 경제적으로 여유가 있었던 이존창은 지리적 접근성을 활용하여 김범우, 권일신 등 한양, 경기도의 지식인과 교류할 수 있는 기회를 획득했던 것이다.

내포에 천주교가 전래된 시기가 한양 및 경기도 일대와 비슷했다는 사실은 내포가 18세기 당시 근기권으로서 한양 및 경기도와 활발하게 교류했음을 의미하는 것이다. 특히 수로를 활용한 교류가 매우 활발하게 이루어지고 있었는데, 초기에 주로 아산만 인접지역을 중심으로 천주교가 전래되었다는 것이 이를 방증한다. 이처럼 발달한 수로교통은 포구를 중심으로 발달했던 상업과 이와 관련된 한양, 경기지역과의 유통을 활발하게 했다. 당시 수로는 육로에 비해 훨씬 빨랐을 뿐만 아니라 대량 수송이 가능한 유일한 교통수단이었다. 그러므로 내포는 한양, 경기지역과는 물리적으로 떨어져 있었지만 실질적으로는 상당히 근접한 위치였다.

　19세기 천주교 박해시기에는 한양으로 이주를 하는 충청도 신도들도 적지 않았다. 이는 관헌의 눈을 피하여 천주교 주요 인사들의 설교를 듣고자 하는 욕구에서, 그리고 신분을 속이고 자유롭게 종교활동을 하기 위해서였는데 무엇보다 지리적 근접성이 이러한 움직임을 가능하게 한 근본적인 원인이었다(유병기 외, 1982).

　한양 및 경기도와의 근접성뿐만 아니라 삽교천, 무한천이 아산만 및 내륙과의 연결을 쉽게 해주었던 지리적 여건이 천주교가 활발하게 전파되었던 또 하나의 원인으로 작용했다. 이러한 특징은 초기 수용과정(1784~1801년)에서 잘 드러난다. 이존창은 중인이라는 신분의 장점과 그의 집 너머 하평포구[12])에서 배를 타면 충청도 중서부 곳곳을 쉽게 다닐 수 있는 장점을 이용하여 전교에 박차를 가했다(채기병, 1993). 그는 이러한 지리적 특징을 활용하여 내포 전역에 활발한 전교활동을 전개했던 것이다.

　1849년 이후에는 많은 외국인 신부들이 입국하여 오늘날 예산군의 고덕

---

12) 삽교천과 무한천이 합류하는 지점.

면, 덕산면 등을 중심으로 활동했다. 이때 포교의 중심지는 지금의 예산군, 당진군 일대였던 것으로 알려져 있는데, 특히 이 시기에 외국인 선교사들이 내포를 중심으로 활발하게 활동한 배경은 해로를 통해 중국과 통하기 쉬운 이점이 있었기 때문이다(채기병, 1993).

(2) 서학에 대한 개방성

내포에 천주교가 전래되어 빠르게 확산된 배경을 지리적 근접성과 이존창 한 사람의 역할만으로 설명하는 것은 무리가 있다. 실제로 이존창이 영세를 받은 해는 1784년(또는 1785년)이었지만 그 이전에 이미 상당수의 서학 관련 서적들이 내포에 보급되어 있었고, 이 가운데는 10여 종에 달하는 한역서 필사본들이 민간에 유통되고 있었다(조광, 1988). 이러한 특성도 한양, 경기도와의 지리적 근접성과 일정한 관계가 있지만 내포의 독특한 사회적·문화적 배경은 초기 천주교 수용에 큰 영향을 미친 또 다른 요인이었다.

천주교가 내포를 중심으로 활발하게 전해졌던 배경으로는 우선 내포의 천주교 신도들이 양반 중심이었던 경기도와는 달리 양인 중심이었다는 점을 들 수 있다(송기영, 1997). 성리학적인 사고방식에 경도되어 있던 조선시대의 양반에 비해 일반 민중은 보다 유연하고 개방적인 사고를 했을 것이다. 또한 내포의 양반계급은 특별히 뚜렷한 당색을 띠지 않았다(임병조, 2000). 이러한 개방성 역시 신학문이나 새로운 종교에 대한 배타성보다는 수용적인 태도를 갖도록 하는 원인이 되었을 가능성이 크다.

서학에 대한 개방성의 또 다른 배경으로는 실학사상의 영향을 들 수 있다. 실학 연구자들은 실학파를 보통 세 개 유파로 분류하는데 18세기 전반 성호 이익을 대종으로 하는 경세치용학파와 18세기 후반 연암 박지원을 중심으로 한 이용후생학파, 그리고 19세기 전반 추사 김정희에 이르러 일가를 이룬 실사구시학파가 그것이다. 그런데 이들 세 유파 가운데 박지원을 중심으로 한 이용후생파만이 한양을 중심으로 하고 있었고 나머지는 근기지방에 기반을 둔 사람들이 중심을 이루고 있었다. 특히 경세치용학파는 성호 이익의 근거지였던 경기도를 중심으로 유파를 형성했는데, 이익의 숙부인 이명진이 경신대출척 이후 덕산현(현 예산군 고덕면 상장리)에 정착하면서 이곳에서 여주 이씨 가문을 중심으로 많은 학자를 배출했다. 이익의 중형인 이침이 숙부인 이명진의 양자로 들어가 이광휴, 이용휴, 이병휴 삼형제를 낳아 이 중 이용휴, 이병휴 형제가 학자로 이름을 떨쳤으며, 이들 삼형제로부터 이희환 · 이재위 부자, 이가환, 이삼환 등 걸출한 실학자들이 배출되었다. 이용휴는 재야학자로서 당시의 학계와 문단에 큰 영향을 미쳤으며, 그의 실학적 사상은 아들 이가환과 역시 내포 출신인 외손 이승훈, 이학육에게 계승되었다. 이승훈은 최초의 영세교인으로 알려져 있다. 이병휴는 이익에게 유교의 경전을 다루는 경학을 이어받았으며 이는 그의 아들 이삼환에게 계승되었다. 이삼환 역시 이익에게서 직접 수학했으며 그가 죽은 후 덕산으로 돌아와 내포에 실학을 전파하는 데 힘을 기울였다.

고덕의 여주 이씨 일가는 뱃길로 이익이 살고 있던 안산 성포리에 왕래하면서 이익의 학문과 사상을 이어받았으므로 내포의 지리적 특징과 이들의 활동은 매우 밀접한 관련이 있었음을 알 수 있다.

실사구시학파의 거두인 김정희는 예산현(현 신암면 용궁리) 태생으로 내포에 하나의 학파를 형성하지는 못했으나 이상적, 오경석 등 중인 출신 인재들과 교유하고 또 그들을 지도함으로써 양반층 중심의 실학사상을 중인층으로 넘어가게 했다. 또한 이러한 중인들은 나중에 개화운동의 측면 공작자로 활동함으로써 실학사상과 개화사상을 연결 짓는 데 중요한 역할을 했다(이우성, 1997).

실학은 주로 서울 및 근기지방 출신의 학자들을 중심으로 발달했는데, 내포에 이와 같은 실학의 주류가 형성되어 있었다는 것은 지역적·문화적 근기권으로서의 내포의 성격을 반영하는 것이다. 또한 내포의 사대부들이 실학사상에 우호적이었다는 사실은 이들이 유교적 배타성보다는 성리학으로부터 자유로운 사상을 가지고 있었음을 방증한다.

3) 안개[內浦]와 천주교 전파

조선 중기 성리학적 사회질서에 대한 거부의 움직임이 일어나던 상황 속에서 남인 학자들에 의해 수용된 천주교는 이존창의 등장과 함께 지리적으로 유리한 조건을 갖추고 있던 내포에 전교되었다. 천주교가 100여 년간에 걸친 박해에도 꾸준히 확산되었던 것은 신도들이 천주교에 해박한 지식을 갖고 신앙으로 받아들였기 때문이며 그들은 천주교를 통해 새로운 조선사회를 전개해나가고자 했다. 천주교의 평등사상은 동학과 더불어 조선의 근대사회로 나아가는 정신적 바탕이 되었고, 내포지방은 그 역할을 훌륭히 수행했던 것이다(송기영, 1997).

내포에 천주교가 본격적으로 전래된 시기는 대략 18세기 후반으로 화폐경제 및 상업의 발달로 포구의 기능이 활발하던 시기와 일치한다. 내포의 전형적인 특성은 '포구'와 연관시켜 정의할 수 있으며 실제로 이 시기에는 '내포'라는 지명이 널리 사용되고 있었다. 따라서 천주교의 전파시기는 내포의 성격이 가장 두드러지게 나타났던 시기와 관련이 깊다.

초기 천주교의 내포 전래는 한양 또는 경기지역과의 활발한 교류가 중요한 배경이 되었다. 즉, 내부적 요구나 외국과의 직접적인 접촉을 통해 천주교가 전래되고 주변으로 확산되었다기보다는 초기 천주교문화의 1차 중심이었던 한양, 경기도와의 접근성이 배경이 되어 한양, 경기도와의 연관관계 속에서 천주교가 전래되고 확산된 것이다.

포교의 중심은 아산만 주변이었으며 점차 삽교천, 무한천의 상류지역과 가야산 서쪽 및 남쪽으로 확대되었다. 따라서 천주교의 초기 전파과정 및 분포를 통해서 볼 때 18세기 후반에서 19세기 초 당시 내포의 핵심지역은 아산만과 연결되는 삽교천, 무한천 유역이었음을 알 수 있다.

오늘날 내포는 다른 지역에 비해 특별히 천주교도의 수가 많이 분포하는 지역은 아니다. 그러나 순교 성지나 성인의 탄생지, 초기 교회 등 천주교와 관련된 경관이나 유적들이 많은 문화적 특징을 보이고 있다. 이러한 문화현상은 내륙 수로의 발달이나 지리적 고립성, 사대부들의 정치적 경향성 등을 배경으로 만들어졌다. 따라서 천주교 초기 전파과정 및 그 배경을 통해, 천주교문화는 포구가 발달했던 내포의 지리적 특성을 잘 반영한 문화요소로서 내포를 표현하는 대표적인 상징임을 알 수 있다.

6. 문화권으로서의 내포

방언, 민요, 시조, 유교문화, 천주교문화 등은 내포를 상징하는 대표적인 상징적 형상의 요소들이다. 이 요소들은 내포 전 지역에 걸쳐 분포하는 동질적 문화요소일 뿐만 아니라 대부분 형성과정에서 시대적 동질성이 큰 편이다. 이와 같은 내포의 동질적 문화요소를 고찰하는 의의는 크게 세 가지로 요약될 수 있다.

첫째는 오늘날 다양하게 진행되고 있는 내포에 대한 관심과 논의가 대부분 역사적·문화적 유산에 초점을 맞추고 있기 때문에 이에 대한 지리학적 탐구가 이러한 논의에 중요한 근거를 제공할 수 있다는 것이다. 동질적 문화요소는 지역의 상징적 요소로서 의미가 있으며 동시에 지역의 영역에 대한 정보를 제공해준다.

둘째는 내포의 특성을 파악하기 위한 접근법 가운데 하나로서 동질지역이라는 개념의 적용은 매우 유효하다는 점이다. 동질지역의 개념은 근현대시기 지역을 설명하는 매우 효과적인 개념이었다. 보편성과 특수성을 함께 가지고 있으며, 특히 뚜렷한 단절의 역사를 가지고 있는 내포를 정확히 이해하기 위해서는 전통적 지역개념의 하나인 동질성을 지표로 지리학적인 분석을 해볼 필요가 있다.

셋째는 여러 가지 동질적 요소들을 고려함으로써 내포의 핵심(core)과 주변(periphery)의 구분이 가능하다는 점이다. 문화적 동질성을 나타내는 지표는 어떤 경우에도 서로 겹치는 경우가 없다. 그러므로 여러 문화요소를 고려함으로써 내포의 핵심과 주변을 구분하는 것이 가능하다.

내포에 문화적 동질성이 형성된 원인은 크게 세 가지로 볼 수 있다. 첫째는 지형적 고립성을 들 수 있다. 내포는 아산만에서 천수만에 이르는 해안에 접하고 있으며 동남부는 연속성이 강한 차령산지로 금강 유역과 차단되어 있다. 내부의 가야산은 연속성이 강하지 않아 지형적 장벽의 역할이 크지 않다. 이러한 지형적 조건은 내부적으로 문화적 동질성을 형성하는 배경이 되었다. 둘째는 해안을 통한 다른 지역과의 연결이 활발했다는 점이다. 이는 첫째 조건과 관련된 것으로 육지부는 산지로 막혀 있는 반면에 많은 지역이 해안에 접하고 있으므로 지형적 장벽이 적은 해안을 따라 문화교류가 이루어졌다. 셋째는 한양이나 경기도와의 연결성이 높았다는 점이다. 지형적 고립성으로 육로가 불편한 대신에 해안이 열려 있었으므로 다른 지역과의 연결에서 수로가 차지하는 비중이 높을 수밖에 없었다. 특히 수로교통의 비중이 급격하게 증가하는 17세기 이후에 이러한 경향이 두드러지게 나타났다. 이상과 같은 자연적 · 사회적 조건들은 내포의 문화적 동질성에 다양한 방식으로 영향을 미쳤다.

내포문화의 가장 큰 특징은 혼합지대적 성격이 강하다는 점이다. 이는 해안을 통한 교류와 한양, 경기도와의 연결성에서 그 원인을 찾을 수 있다. 특히 해안을 따라 이루어진 남북방향의 교류가 이러한 문화특징을 만들어 낸 중요한 원인이 되었다. 이러한 특성은 방언과 민요 등 민중문화요소에서 잘 나타나고 있다. 즉, 내포의 방언과 민요는 전라도와 경기도의 영향을 받아 혼합지대적 성격을 나타내고 있다. 그러나 전라도, 경기도와는 다른 독특한 동질성을 형성했다.

내포문화에서는 근기권(近畿圈)으로서의 문화특성이 나타난다. 특히 한양, 경기도와의 연결에서 상대적으로 자유로웠던 지배층 문화에서 이러한 특성이 잘 나타난다. 즉, 시조, 유교문화, 천주교문화 등은 이러한 특성을 잘 보여주고 있다. 내포제시조는 경제의 변형으로 한양과의 연결성이 뛰어난 예산현을 중심으로 발달하기 시작하여 주변지역으로 파급되었다. 내포의 사대부들은 한양이나 경기도와의 관련성이 깊고 중앙정부와의 유대관계를 지속적으로 유지해온 경우가 많았다. 초기 천주교의 포교과정도 한양, 경기도와의 연결성이 중요한 원인이 되었다. 초기 천주교는 한양, 경기도와의 연결성이 좋은 아산만 연안을 중심으로 전파된 것이다.

내포의 문화적 동질성이 두드러지게 나타난 시기는 조선 중기 이후로 볼 수 있다. 문화적 동질성의 형성과정을 파악하기 어려운 민중문화요소에서는 이러한 특성이 잘 드러나지 않으나 유교문화, 천주교 전파과정 등에서는 문화적 동질성의 형성과정이 비교적 잘 드러난다. 즉, 내포의 사대부는 임진왜란 이후 그 수가 증가했으며 이주 정착한 경우가 많았다. 천주교의 초기 전파는 18세기 후반부터 활발하게 이루어졌다. 내포제시조는 19세기에 예산현을 중심으로 내포에 전파되었다.

각각의 동질적 문화요소들을 고려한 결과를 통해 내포의 핵심지역을 설정해볼 수 있다. 먼저 민중적 문화요소인 방언은 지금의 서산시를 중심으

〈그림 3-13〉 동질적 문화요소(핵심지역)의 분포

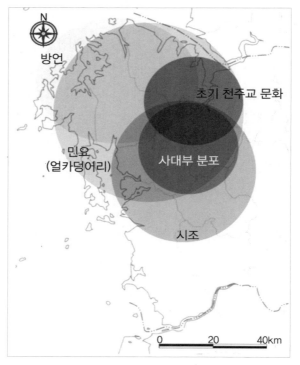

자료: 필자 작성.

로 당진군, 태안군, 홍성군, 예산군 일대에서 가장 강한 동질성을 보인다. 민요는 홍성군을 중심으로 가야산 주변의 서산시, 당진군 일대에서 동질 성이 가장 강하게 나타나고 있다. 양반관료층은 홍성군, 예산군, 보령시 일대에 많이 거주했으며 시조는 예산군을 중심으로 홍성군, 청양군, 보령 시 지역에 널리 퍼져 있었다. 천주교 초기 전파와 관련된 문화요소는 아산 만 연안에서 가장 뚜렷한 동질성을 보였다. 이러한 사실들을 종합하면 내 포의 핵심지역은 지금의 예산군과 홍성군 일대라고 볼 수 있다. 또한 내포 의 영역은 아산시 남서부에서 보령시 북부지역에 이르는 차령산지 서부지역임을 알 수 있다.

　내포를 상징하는 문화요소는 다양하게 제시될 수 있다. 그러나 내포 전역에 걸쳐 동질적으로 분포하는 요소를 찾아내는 것은 쉬운 일이 아니다. 이 장에서 고찰해본 방언, 민요, 시조, 유교문화, 천주교문화 등은 내포를 동질지역의 개념으로 정의하는 데 매우 유효한 지표이다. 이 요소들은 각기 다른 분포범위와 핵심지역을 나타내고 있으나 공통적으로 동질성 개념을 바탕으로 내포를 하나의 지역으로 정의하는 데 적절한 개념이다. 따라서 이 요소들은 내포의 대표적인 상징적 형상의 요소들이라고 볼 수 있다.

제4장

내포의 소멸

내포를 이해하기 위해서는 내포의 소멸과정에 대한 이해가 필요하다. 조선시대까지 지역으로서 실재하던 내포가 어느 시기에, 어떤 원인으로 지역으로서의 의미를 상실했는가는 내포지역을 이해하는 중요한 열쇠인 것이다.

내포를 이해하기 위해서는 내포의 소멸과정에 대한 이해가 필요하다. 조선시대까지 지역으로서 실재하던 내포가 어느 시기에, 어떤 원인으로 지역으로서의 의미를 상실했는가는 내포지역을 이해하는 중요한 열쇠인 것이다. 이는 또한 단순히 지역을 이해하는 차원을 넘어 현재 진행되고 있는 내포지역의 구성에 중요한 단서를 제공해줄 수 있을 것이다. 내포가 지역으로서의 의미를 상실해갔던 시기는 대략 일제 강점기와 관련이 깊다. 이 시기에 한반도는 식민지라는 역사적 특수성으로 인해 크고 독특한 변화를 경험했다. 강제적 개항으로 자본주의 세계시장에 편입당함으로써 국내의 생산·유통 체계가 해체 또는 변질될 수밖에 없었으며(이헌창, 1986), 정치적·사회적 구조가 이러한 식민지 경제를 원활하게 유지하기 위한 인프라로 기능했다. 이러한 전국적인 정치적·사회적·경제적 변화는 지역 단위에도 영향을 미쳐서 지역의 특성에 투영되었다. 문헌에서 내포에 대한 언급이 사라지기 시작했던 시기가 바로 일제 강점기이다.[1]

조선왕조의 붕괴는 내포지역의 변화에 큰 영향을 미쳤다. 조선왕조의 붕괴와 함께 통치권을 장악한 일제는 발달된 자본주의적 관료체제를 확립했다. 또한 대규모 토지조사사업을 통해 토지소유권을 확립했다. 이때 일부 양반지주들이 일제와 결탁하여 합법적으로 토지 소유를 인정받기도 했지만 대부분은 토지 소유를 인정받지 못했다. 더욱이 신분제도가 철폐되면서 양반계급이 관료직을 독점할 수 없게 되었다. 관료들에게 토지로 급료를 지불하지 않았음은 물론 화폐 및 시장경제가 활성화되어 굳이 토지를 생활의 근본으로 삼지 않아도 되었다. 한양에 사는 양반들에게 생활의 근본으로 삼을 만한 지역으로 인식되던 내포의 의미가 본격적으로 사라지게 된 것이다. 일제 강점기 이후 내포에 관한 기록이 사라지기 시작한 것은 필연적인 귀결이었다. 내포를 정의하는 주된 요소였던 조운과 국방, 그리고 한양과의 연결성을 이용한 양반관료층의 근거지로서의 의미를 모두

---

1) 일제 강점기에 들어서면서 내포와 관련된 기록은 눈에 띄게 줄어들 뿐만 아니라 심지어는 잘못된 기록이 등장하기까지 한다. 대표적인 예가 일본 제국주의 식민지 경영전략의 하나로 저술된 『속제국대지지』이다. 이 책에는 "금강은 일명 진강(鎭江)이라고 하는데 …… 강경의 하류 40km 이상의 사이는 하폭 180~900m가 되고 40~50석을 실은 범선이 통하고 40~50석의 소선은 강경 상류 80km까지 역항할 수 있다. 참으로 본 강은 '내포지방'에 많은 수운의 편리를 준다"(野口保興, 1910; 노도양, 1979 재인용)라는 기록이 등장한다. 이는 이전에 저술된 내용들과는 큰 차이가 있는 것으로 '내포'에 대해 잘못 정의한 것이다. 이후로는 내포에 대한 기록이 사라졌다가 해방 직후에 다시 등장하는데 1948년에 출간된 최남선의 『조선상식』에는 "내포라 함은 아산만으로 주입하는 삽교천, 금마천의 이서 제군을 니름이다"고 하여 삽교천 유역의 서쪽을 '내포'로 보고 있다. 그러나 해방 이후에는 『조선상식』을 제외하고는 내포에 대한 논의를 찾아보기가 어렵다. 그뿐 아니라 일제 강점기에 등장했던 내포에 대한 잘못된 정의가 그대로 인용된 사례가 나타나기도 했다. 실제로 1980년대에 이르기까지 교과서에 '내포'를 '금강 중하류'로 기록한 예가 있다. 이는 내포가 실질적인 지역으로서의 의미를 상실한 상태였으므로 기록에 근거해서 정의할 수밖에 없는 상황을 반영한 것으로 볼 수 있다.

상실했기 때문이다. 결국 이후로 오랫동안 내포는 지역 인식의 주체를 상실한 채 잊힌 지역이 될 수밖에 없었다.

일제 강점기에 지역의 변화에 영향을 미친 요인은 여러 가지가 있을 수 있다. 첫 번째로 고려할 수 있는 요소는 행정구역의 변동이다. 행정구역은 인위적으로 획정된 것이지만 지역을 인식하고 지역과 관련된 사실들을 범주화하는 기준이 되며, 이러한 것들이 축적되면서 지역정체성이 형성된다(조성욱, 2006). 행정구역의 경계는 정치적 변동이나 정복과 같은 강제적 원인뿐만 아니라 주민의 요구에 이르기까지 다양한 원인들에 의해 변동될 수 있다. 한국에서도 역사 이래로 여러 차례 행정구역의 변동이 있었는데, 특히 봉건왕조의 교체나 일제 강점 등 역사적 변동기에 상대적으로 규모가 큰 행정구역의 변동이 발생했다. 안정된 중앙집권적인 권력구조에서 지방행정조직은 중앙의 정책을 수행하는 단위였지만 지방 수령의 자질이나 품성에 따라 지역 간의 차별성이 나타날 수 있었다. 따라서 정책의 수행단위인 행정구역은 경계 내 주민의 행동이나 의식에 일정 부분 영향을 미칠 수 있다. 특히 자연적 경계와 행정구역의 경계선이 밀접한 관계를 갖고 있는 경우에는 이러한 현상이 더욱 강화될 수 있다. 그러므로 특정 지역에서 행정구역 경계의 변화를 살펴보는 것은 해당 지역의 형성과정 및 특성에 관한 정보를 일정 부분 얻어낼 수 있는 방법이 된다. 특히 구한말 1895년과 1896년에 이루어진 행정구역 개편과 일제 강점기인 1914년에 이루어진 행정구역 개편은 기존의 행정구역체계와는 매우 다른 틀로서 지역의 성격에 큰 영향을 미쳤다.

두 번째로 고려할 수 있는 요소는 교통로 및 교통수단의 변화이다. 어느 시기를 막론하고 교통로는 지역의 변화에 영향을 미치는 대표적인 요소이다. 교통로는 특히 근대화시기 지역의 변화에 많은 영향을 미쳤다. 일제 강점기는 전통적 교통로로 가장 중요한 역할을 했던 수로교통이 근대적

도로 및 철도 등 육상교통으로 변화하기 시작했던 시기였기 때문이다. 특히 내포는 전근대시기까지 수로교통과 밀접한 관련이 있던 지역으로 지역의 특성을 만들어내는 데 수로교통의 역할이 매우 컸다. 따라서 전근대시기 교통로 및 교통수단의 변화는 내포지역의 변화를 이해하는 데 중요한 요소가 될 수밖에 없다. 새로운 교통로와 교통수단의 등장과 함께 만들어진 새로운 교통 결절점은 자연스럽게 새로운 상업의 중심지로 성장했으며 이것이 지역의 변화를 유발하는 결정적인 요인이 되었다(도도로키 히로시, 2004a).

이러한 요소들은 식민지정책 등 여러 사회적·경제적 조건들과 맞물려서 지역 내부 공간구조에 영향을 미쳤다. 일제 식민정부는 일본인 지주와 상인들의 이익을 보호해주기 위한 조직, 절차, 규칙, 정책 등을 제정하고 실시했다. 일본인들의 토지구매와 상업활동은 일제 식민정부의 정책적인 배려와 재정적 지원을 배경으로 빠르게 확산되었다(류제헌, 1994). 이러한 조건의 변화는 농업 생산, 상업 발달 등 산업구조의 변화와 지역 내 중심지의 이동 등에 영향을 미쳤다. 따라서 구한말에서 일제 강점기에 이르는 시기의 변화를 고찰할 때 지역 내부구조의 변화는 세 번째로 고려할 중요한 요소이다.

최근의 내포 논의는 이상과 같은 역사적 사실을 토대로 이루어지고 있다. 그러나 주민들이 실질적으로 인식하는 범위가 아니라 학술적 연구의 결과로 밝혀진 범위를 주민들이 학습하는 형태로 내포가 인식되고 있다. 즉, 최근 내포에 대한 인식이 다시 대두되고 있는 것은 전통적 의미의 내포와는 내용이 전혀 다르다. 내포지역에서는 '내포'를 상호에 사용하는 것과 같이 주민들이 내포라는 지명을 실질적으로 사용하는 사례가 거의 없다. 그뿐 아니라 주민들 스스로 자신을 '내포 사람으로 인식하는가, 또는 그렇지 않은가?'의 여부는 '최근에 진행된 내포에 관한 연구나 논의를 접했는가, 또는 그렇지 않은가?'에 따라 달라지고 있을 뿐이다. 다시 말하면 현재 주민들의 내포에 대한 인식은 자연스럽게 체득된 측면보다는 학습된 측면이 강하다고 볼 수 있다. 더욱이 오늘날의 내포는 이전과 달리 매우 파급력이 큰 매체를 배경으로 하고 있다. 지역 언론이나 지역축제와 같은 대중문화요소가 지역인식에 크게 작용할 가능성이 커진 것이다. 내포는 여전히 경계가 불분명한 지역이다. 이러한 내포의 특성은 내포지역을 입장에 따라 의도적으로 구성하는 것이 가능하도록 했다. 따라서 내포의 소멸과정을 밝힘으로써 내포지역을 새롭게 구성하는 데 정확한 근거를 제공할 수 있을 것이다.

1. 행정구역의 변화

1) 구한말

조선시대에 행정구역이 대규모로 개편된 시기는 1895년(고종 32년)이다. 이때는 8도제가 폐지되고 대신 전국이 23부로 개편되었으며 부 밑에 일률적으로 군을 두어 이전의 '부·목·군·현·도호부' 등 복잡했던 행정체제가 군으로 통합되었다. 이때 충청도에는 충주, 공주, 홍주 등 세 개의 부가 설치되었고 홍주부는 충남 서북부의 22개 군을 관할하에 두었다.

이는 이전보다 홍주의 관할권이 확대된 것이었으므로 내포는 모두 홍주부의 관할에 들어 있었다. 그런데 이듬해인 1896년에 23부제가 폐지되고 13도제가 실시되면서 관례적으로 쓰이던 좌도, 우도 대신에 남도와 북도가 도 단위 행정구역명으로 사용되기 시작했다. 충청도 감영이 설치되었던 공주는 충청남도를 관할하는 군이 되었으며 나머지 군들을 관할하게

〈그림 4-1〉 1896년 내포지역 행정구역

자료: 超智唯七 編(1917); 朝鮮總督府(1912); 건설교통부 국토지리정보원(2003).

되었다. 내포는 조선시대 행정구역상 목의 규모에 해당하는 지역이었으나
이와 같은 행정구역 개편으로 홍주목이 폐지됨으로써 행정구역으로 통합
될 수 있는 여지가 사라지게 되었다. 홍주는 다른 여타의 군과 위계가 같
은 일개 군으로 전락했다. 즉, 과거에는 내포가 모두 홍주목의 관할구역에
포함되었으나 이때 이후로 충청남도의 직접 관할권에 들게 된 것이다. 이

<표 4-1> 1895년(고종 32년) 13도 체제에서 충청도의 군 편제

도	군
충청북도	제천, 영동, 청풍, 단양, 충주, 음성, 진천, 연풍, 괴산, 청안, 청주, 보은, 회인, 문의, 옥천, 청산, 영동, 황간
충청남도	평택, 직산, 목천, 천안, 전의, 연기, 공주, 회덕, 진잠, 노성, 연산, 석성, 은진, 정산, 부여, 임천, 한산, 서천, 비인, 홍산, 남포, 청양, 보령, 오천, 결성, 홍주, 대흥, 아산, 온양, 신창, 예산, 면천, 덕산, 당진, 해미, 태안, 서산

러한 상황의 변화는 여러 가지 측면에서 지역민의 생활에 직간접적인 영향을 미쳤으며 내포가 동질성을 띤 지역으로서의 의미를 유지하는 데에서 행정구역의 역할이 축소되기 시작했다.

2) 일제 강점기와 그 이후

일제는 1910년 본격적으로 식민통치를 시작한 지 4년 뒤인 1914년에 대규모 행정구역 개편을 단행했다. 주로 기존의 2~3개의 군들을 통폐합하여 규모를 확대했는데, 이는 이전의 군에 비해서는 확대된 것이지만 1896년 이전의 목에 비하면 작은 규모였다. 충청도 전체적으로 54개의 군이 24개로 줄어 전국적으로 가장 많은 감소를 보인 가운데 충청남도는 36개에서 14개로 줄어들어 전국 평균보다 감소율이 높았다. 내포지역에서는 13개의 군이 6개로 통폐합되었다. 태안군·서산군·해미군이 서산군으로 통합되었으며, 당진군·면천군이 당진군으로 통합되었다. 예산군·덕산군·대흥군이 예산군으로 통합되었으며 홍주군과 결성군이 홍성군으로 통합되었다. 한편, 신창군은 온양군, 아산군과 함께 아산군으로 통합되고 오천군[2]과 보령군은 남포군과 함께 보령군에 통합됨으로써 기존에 내포의 영역에 포함되던 지역 가운데 일부가 내포 영역 밖의 다른 군과 통합되어 새

<그림 4-2> 1914년 내포의 행정구역

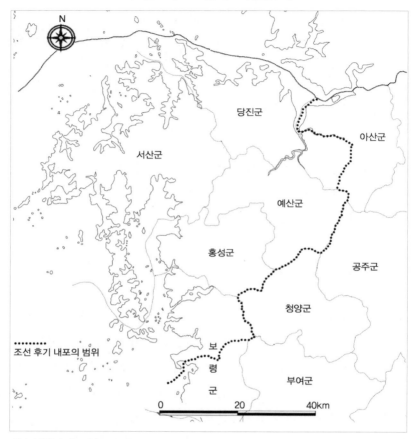

자료: 善生永助(1927).

로운 행정구역을 이루게 되었다. 내포는 충청남도의 다른 지역과 마찬가
지로 통폐합이 상대적으로 많이 이루어진 지역으로 볼 수 있다.

---

2) 역사적으로 보령의 일부로서 독립된 군이나 현을 이룬 적이 없던 오천은 1896년 개
편 때 처음으로 군이 되었으나 1914년 개편으로 다시 보령군에 편입되었다.

<그림 4-3> 1925년 행정구역

자료: 善生永助(1927).

　1914년 당시의 군은 개편 직전의 군과 1896년 이전의 목의 중간에 해당
하는 행정구역이다. 1896년 당시에는 목이 폐지되어 내포의 여러 군·현
을 하나로 통합할 수 있는 행정적 틀이 사라지기는 했으나 기존의 관성을
유지할 수는 있었다. 왜냐하면 기존에 내포의 영역에 속하던 군 가운데 내
포의 영역 외의 다른 행정구역으로 통폐합된 경우는 없었기 때문이다. 그
러나 내포지역 특성의 형성 또는 유지라는 측면에서 1914년 행정구역 개

〈표 4-2〉 1914년 행정구역 개편에 따른 군 수의 변화

도	경기도	강원도	충청도	전라도	경상도	황해도	평안도	함경도	합
개편 전	36 (10.8)	26 (7.8)	54 (16.3)	56 (16.9)	71 (21.4)	28 (8.4)	42 (12.7)	24 (7.2)	332 (100%)
개편 후	20 (9.1)	21 (9.5)	24 (10.9)	36 (16.4)	41 (18.6)	17 (7.7)	33 (15.0)	27 (12.3)	220 (100%)
군 수의 변동	-16	-5	-30	-20	-29	-6	-9	3	-112

자료: 越智唯七(1917); 김종혁(2003) 재인용.

편은 1896년의 개편과는 일정 부분 성격을 달리한다. 즉, 신창군과 오천군·보령군이 각각 아산군과 보령군에 통합되었는데 이들은 내포의 범위를 벗어나는 다른 지역을 포괄하는 군이다. 즉, 아산군은 이전의 아산군·신창군·온양군을 통합한 군으로 이 가운데 아산군과 온양군은 내포의 영역 밖에 해당하며, 보령군은 이전의 오천군·보령군·남포군을 포괄하는 군으로 이 가운데 남포군 역시 내포 영역 이외의 지역에 해당한다. 1914년 행정구역 개편은 내포의 경계에 해당하는 신창과 보령을 내포 밖의 지역과 통합함으로써 내포지역의 경계를 흐트러뜨리는 결과를 가져왔다. 내포가 행정구역과 일정한 관련이 있는 지역이라는 점을 고려할 때 이와 같은 변화는 '지역으로서의 내포'라는 의미를 축소시키는 하나의 원인이 되었다.

이후의 내포 행정구역은 읍 승격, 시 승격 등 위계의 변화와 이에 맞물린 약간의 행정구역 간 영역 조절 등 소규모 변동이 있었을 뿐 1914년 행정구역 개편의 틀을 유지하고 있다.

2. 교통수단의 변화

1) 근대 이전의 교통 발달

내포는 차령산지로 내륙지역과 차단되어 있고 전체적인 형상이 서해안으로 돌출되어 있기 때문에 조선시대에 주요 역로가 통과하지 않았다. 충청도를 통과했던 간선도로는 오늘날의 천안에서 공주로 이어지는 '제주로'[3]로서 내포의 주요 역로와는 직접적인 연결이 없었다. 그러나 이 노선에는 간선에 준하는 세 개의 통영가도(統營街道)가 있었는데 안성의 소사에서 충청수영에 이르는 노선이 그중 하나로 내포를 관통했다.

내포와 관련이 있는 역도는 시흥도(時興道)와 금정도(金井道) 등 모두 두 개였다. 시흥도는 내포의 북부에 발달한 도로로서 아산-온양-신창-예산-덕산으로 이어지는 역로와 신창-면천-당진으로 이어지는 두 역로를 관할했다. 소속된 역은 창덕(신창), 일흥(예산), 급천(덕산), 순성(면천), 홍세(당진), 장시(아산), 화천(평택)의 일곱 개였다. 금정도는 충청도 중로의 서부로 연결된 소로와 소역을 관장했고, 중심역은 청양의 금정역이다. 청양-대흥으로 이어지는 역로와 청양-결성-홍주-보령-해미-서산-태안으로 연결되는 두 역로를 관장했다. 이에 속한 역은 광시(대흥), 해문(결성), 청연(보령), 세천·용곡(홍주), 몽웅(해미), 하천(태안), 풍전(서산) 등 여덟 개였다. 조선 후기에는 시흥도와 금정도가 통폐합되어 금정도가 내포지역의 모든 역도를 관할하게 되었다(홍금수, 2004). 그러나 금정도를 관할했던 금정역은 대로역, 중로역, 소로역으로 등급을 구분할 때 소로역에 해당하는 낮은 등급의

---

3) 6대 간선도로 가운데 제5로에 해당하며 '시흥-과천-수원-천안-공주-여산-정읍-장성-영암-해남-제주'로 이어지는 2,016리(해로 970리 포함)의 주요 간선도로였다.

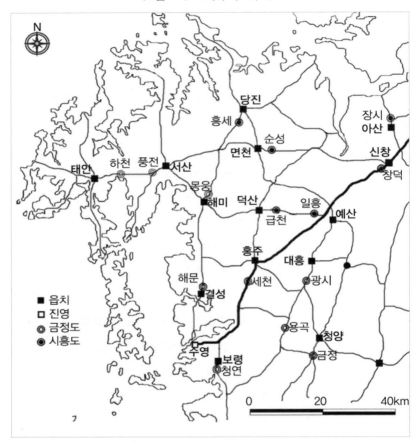

〈그림 4-4〉 18세기 내포의 역도

자료: 홍금수(2004).

역도였다. 이를 통해 조선시대 당시 내포의 도로망은 국가적 차원에서 볼때 중요도가 상대적으로 떨어졌음을 알 수 있다.

반면에 내포는 일찍부터 수로교통이 발달한 곳이었다. 만과 반도가 교차하는 복잡한 해안선은 포구가 발달하기에 적합한 지리적 조건이었으며이를 바탕으로 내륙으로 접근할 수 있는 조건을 잘 갖추고 있었기 때문이다. 내포라는 지명은 이처럼 '육지 안(內)쪽으로 깊숙하게 들어온 포(浦)구'를 의미하는 것으로 해석되기도 한다(최완수, 1997). 실제로 태안반도 일대에는 지금도 '안개'라는 지명이 많이 남아 있다(임선빈, 2003).

수로는 조선 중기까지 주로 국가의 세곡을 운반하는 수단으로 이용되었다. 내포에서 거두어진 세곡은 고려 때는 아산만과 서해안 두 곳에서 집산되었으나 조선시대부터는 아산만으로 집중되었다. 공진창은 중종 17년에 설립되어 조선 후기까지 존속한 이 지역의 대표적인 수조처였다. 현종 10년에는 천수만에 안민창이 설치·운영되었다.

수로가 민간경제에서 본격적으로 중요한 역할을 하기 시작한 것은 17세기 이후로 볼 수 있다. 「대동법」의 시행으로 조운량이 증가함에 따라 세곡을 운반하는 데 지토선, 경강사선 등 사선을 이용하는 경우가 증가했다. 또한 상업활동과 연안어업의 꾸준한 성장으로 사선 소유자들의 활동이 점차 활발해졌다. 조정에서도 배를 이용하는 사상의 활동을 인정하고 이에 대해 세금을 징수하기 시작했다.[4] 이전까지는 주로 조운이 지방과 한양을 연결하는 거의 유일한 수단이었으나 이때부터 사선의 활동이 활발해지면서 포구를 배경으로 하는 경제활동이 증가했다(홍금수, 2004). 대동법이 시

---

4) 『반계수록(磻溪隨錄)』권1 전제상(田制上), "行商每年給公文卽路引收稅綿布一疋每一名綿布一疋或代錢勿論京外受田不受田者皆同凡公文如今船隻公文之例以皆具居住容貌年歲以防奸僞苦遠輸大商人衆者則隨人數納稅"(행상에게 매년 공문, 즉 통행증명을 발급하고 면포 1필을 세금으로 받았는데 1명당 면포 1필 또는 돈으로 대신하도록 하였다. 서울과 지방을 따지지 않고 토지의 유무에 상관없이 모두 한결같았다. 배에도 똑같이 적용되었던 공문에는 거주, 용모, 나이를 일일이 기록하여 허위신고를 예방하였다. 먼 거리를 수송하는 대상인은 일하는 사람 수에 따라 세금을 납부하였다). 이 책은 1652년(효종 3년)에 쓰이기 시작하여 1670년(현종 11년)에 완성되었다.

<table>
<tr><td colspan="1" rowspan="2">구분
군현</td><td>포구</td><td>창고</td></tr>
</table>

〈표 4-3〉 19세기 내포의 포구와 창고

군현 \ 구분	포구	창고
신창	장포	해창
면천	강문포	남창, 북창
당진	웅포, 당진포	북창, 서창
해미	고조포	해창
서산	명천포, 파지포, 위포	해창(성연면), 창(마산면)
태안	개시포, 소근포, 굴포(남면), 굴포(동면), 부포	
홍주	장포	홍양창, 용천창
결성	석곶포, 동산포	해창
보령	웅포, 군인포	
예산	구만포	해창
덕산		외창
아산	견포, 공진	공진창
천안(월경지)		일창, 돈의창

자료: 「대동여지도」.

행되면서 수운에 대한 수요가 증가했고 이를 배경으로 선운업이 발달하게 된 것이다. 18세기 초에 이르면 조세의 금납화가 전국적으로 일반화되면서 세곡 운송이 불필요해지자 조운제도는 서서히 실효성을 잃게 되었다. 그러나 화폐의 유통은 상업경제의 발달을 더욱 촉진했고 이는 교역의 중심지로서 포구의 기능을 더욱 활발하게 했다(이해경, 1992). 『택리지』에도 포구가 생리(生利)에 유리한 곳으로 묘사되고 있는 것을 보면 이미 18세기에 포구가 경제적으로 중요한 위치였음을 알 수 있다.

18세기에는 내포의 아산만 일대에 많은 장시가 분포하고 있었는데, 이는 포구를 배경으로 상업활동이 활발해졌음을 의미한다. 내포에서 임운의 출발지로는 해창·웅포(보령), 석곶포(결성), 명천포(서산), 외창포(해미), 북창포(당진), 강문포(당진), 고두포(예산), 신궁포(신창) 등이 있었다(최완기, 1989). 내포는 큰 산이 없고 해안에 가까워 큰 하천이 발달하지는 않았으나 만입지나 작은 하천의 하구를 중심으로 포구가 발달했다. 천수만에 있는 포구 가운데는 광천이 대표적인 포구였다. 광천은 수로 기능을 배경으로 18세기 말에 충청도에서 손꼽히는 상업 중심지로 부상하여 해방 이후까지 포구의 기능을 유지했다(홍성군지편찬위원회, 1990).

「대동여지도」를 통하여 내포지역의 포구를 찾아보면 무려 21개가 표시되어 있다. 아울러 포구 주변에 16개에 달하는 창고가 설치되어 있었다. 이것은 19세기 당시에 내포지역에서 수로가 매우 일반적으로 활용되고 있었음을 나타내는 것으로 포구를 이용한 내포 내외부와의 물자유통이 활발하게 이루어졌음을 의미한다.

내포지역의 포구들은 지역 내의 연결에도 이용되었지만 다른 지역과의 연결에도 활발하게 이용되었다. 특히 내포지역은 무엇보다 한양과의 해상교통로가 발달했다는 점이 유리했다. 당시에 수로는 육로에 비해 훨씬 빠를 뿐만 아니라 대량의 화물을 수송하는 데도 유리했기 때문에, 수로가 주요 교통로로 이용되었을 당시의 내포는 실질적으로 한양과의 교류가 활발한 근기권에 포함되었다. 이러한 장점은 조선 중기 이후 한양에 근거를 두고 있던 관료층들이 내포를 새로운 거주지나 별장지로 선택할 수 있었던 조건이 되었다.

2) 수로교통의 변화

일제 강점기에는 신작로와 철도 등 근대적 육상교통이 발달하면서 수로

〈그림 4-5〉 1910년대 내포의 신작로와 포구

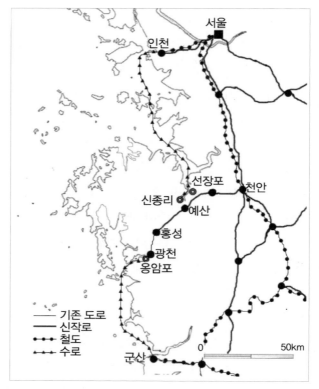

자료: 도도로키 히로시(2004).

교통에 영향을 미치게 된다. 내륙수로가 신작로와 철도교통 등 근대적 육
상교통의 발달과 함께 급격히 쇠퇴한 것이 한국의 전반적인 특징이었다.
그러나 내포의 경우 근대적 교통수단이 내포 전 지역에 고루 발달하지 못
했으며 내륙지방과는 달리 대부분 지역이 바다에 인접하기 때문에 수로의
기능이 상당 기간 유지되었다. 조선 후기에 내포의 전 지역에 걸쳐 활발했
던 포구의 교역기능은 많이 축소되었지만 아산만과 천수만을 중심으로 일
부 포구의 기능이 유지되었다. 심지어는 식민지형 교역구조로 형태가 변

형되어 포구의 기능이 근대적으로 발전한 측면도 나타났다. 즉, 아산만과 천수만 일대의 포구들을 통해 예당평야 일대에서 생산된 쌀을 비롯한 곡물과 농산물이 인천으로 반출되었으며 반대로 광목, 제과류, 생필품 등 공업제품들이 인천에서 내포로 공급되었다(김추윤, 1995). 내포가 원료 및 식량자원의 반출과 소비재 위주 공업제품의 소비지라는 식민지형 교역구조로 바뀌는 데 아산만과 천수만 일대의 포구가 중요한 역할을 하게 된 것이었다. 특히 아산만의 포구들은 인천항과 내포를 연결하는 기능을 수행함으로써 예산이 내포의 상업 중심지로 성장하는 결정적인 배경이 되었다.

천수만의 옹암포 역시 오랫동안 포구로서의 기능을 유지했다. 옹암포는 아산만의 포구들에 비해 상대적으로 인천과의 접근성이 떨어졌기 때문에 주로 군산이나 강경과 교류했으며, 특히 안면도, 원산도 등 천수만 인근의 섬과 육지를 연결하는 역할을 했다. 1930년대의 전성기에는 어선과 장배, 상고선 수백 척이 광천장날에 맞추어 들어왔다(홍성군지편찬위원회, 1990). 더욱이 광천까지 장항선 철도가 완성된 1923년 이후에는 포구와 철도가 결합하여 더욱 왕성한 기능을 수행했다(호남일보사, 1932). 그러나 이때의 수로는 연결범위가 인천, 군산 심지어는 부산까지 확대되었으므로 주로 한양과 연결되었던 조선시대와는 그 의미가 매우 다른 것이었다. 전통적으로 내포의 중심지 역할을 해왔던 홍성은 장항선상에서 경인 상권과 군산 상권의 분기점 역할을 하게 되었다. 1937년경 홍성군으로 들어오는 물자는 인천과 군산에서 거의 반반씩 들어왔으며 이출물자는 서울·인천이 40%, 군산이 60% 정도를 차지했다(홍성군지편찬위원회, 1990). 즉, 한양과의 연결성을 배경으로 했던 전통적인 '내포'의 의미가 이 시기에는 거의 사라졌다고 볼 수 있다.

이처럼 내포의 포구기능이 상당 기간 유지되기는 했으나 아산만과 천수만의 일부 포구 이외의 서해안 일대 포구들은 일제 강점기부터 포구로서의 기능을 서서히 상실했다. 수로를 통해 한양과의 연결이 유리했던 내포 지역은 대부분 지역이 근대적 교통로의 외방에 위치함으로써 이전보다 상대적 접근성이 떨어지는 지역으로 전락했다. 반대로 아산만과 천수만의 대표적 포구들은 인천, 군산 등 서울 이외 지역과의 교류를 활발하게 전개함으로써 전통적 내포의 범위를 넘어서는 세력권을 형성하게 되었다.

3) 신작로의 발달

도로는 육상교통의 기본적인 형태로서 지역 내, 지역 간 연결의 중요한 수단이 되어왔다. 특히 근대적 육상교통로의 등장은 이전의 역로와는 달리 대규모 화물의 이동을 가능하게 했고 자동차 교통의 발달과 함께 도로의 역할이 획기적으로 증대되는 계기가 되었다. 이는 단순히 도로교통의 위상 변화라는 의미를 넘어 이전의 주요 교통수단인 수로교통의 지위 변동에 영향을 주었고, 이것은 또다시 지역 내, 지역 간 상호작용에 영향을 주어 지역의 공간구조의 변동에 영향을 미쳤다. 한국의 경우 이처럼 지역구조의 변화에 매우 의미가 큰 도로가 식민지 경영전략과 관련하여 발달했기 때문에 지역구조의 왜곡으로 이어지기도 했다. 근대적 도로는 공식적으로 '1등도로', '2등도로' 등으로 명칭이 붙어 있었지만 일반적으로 '신작로'로 통칭되었다(도도로키 히로시, 2004a).

조선시대까지 육상교통을 대표했던 역제도는 1895년에 공식적으로 폐지되었다. 1899년에는 재실토지정리사업으로 역원에 소속되었던 토지는 모두 역둔토로 분류되어 국유화됨으로써 역원제도는 이 땅에서 완전히 사라졌다. 역제도의 폐지 이후 일제의 주도로 신작로와 철도가 가설되면서 이전의 육상교통체제는 획기적으로 변화하기 시작했다. 초기의 신작로 건설은 러일전쟁 승리로 한반도의 보호권을 사실상 장악한 일본이 통감부를

<표 4-4> 일제 강점기의 도로건설 현황

사업명	기간	특징	내포 관련 도로
제1기 도로개수사업	1907~1910	• 자원 생산지역과 철도 및 항구 연결	-
제2기 도로개수사업	1908~1911		천안~온양
제1차 치도사업	1911~1917	• 군사적 이용	온양~홍주
제2차 치도사업	1917~1941	• 식민통치를 위한 네트워크 구축	군산~홍주~서산 공주~홍성

자료: 도도로키 히로시(2004a).

설치하면서 본격화되었다. 일제는 한반도에서의 경제적 이익을 차지하고 이를 유지하기 위해 교통체계 구축에 힘을 기울였다.

일제는 1907년부터 본격적으로 도로건설사업을 진행했다. 이 시기 신작로 건설의 특징은 일제의 식민지 수탈을 통한 경제적 이익 추구와 군사적 목적 달성을 최선의 목표로 한다는 것이었다(충청남도, 1997). 따라서 도로는 조선시대처럼 수도를 중심으로 방사상의 형태를 취한 것이 아니라 간선철도 및 항구와 자원 산출지를 연결하는 형태가 지배적이었다. 또한 장거리 노선은 이미 철도가 기능을 수행하고 있었기에 철도와의 중복을 피해 단거리 노선에 치중했으므로 도로는 조선시대처럼 간선도로에서 지방의 군현과 진영을 연결하는 형태가 될 수 없었다. 따라서 당시 일제의 경제적 이익과 직결되는 자원을 풍부하게 갖고 있지 못했을 뿐만 아니라 군사적으로도 중요성이 크지 않았던 내포는 도로의 발달이 미진할 수밖에 없었다. 실제로 1907년 착공된 통감부의 '제1기 도로개수사업'에서는 내포와 관련된 노선이 전혀 건설되지 않았다.

1908년에 시작되어 1911년에 완성된 '제2기 도로개수사업'에서는 경부선 철도가 통과하는 천안에서 온양을 잇는 도로(14.8km)가 처음으로 개설되었다. 이 도로는 1910년에 완공되었는데 당시 유성온천과 함께 한반도를

〈표 4-5〉 「도로규칙」(1911년)에 따른 내포지역의 도로 현황

도로 등급	노선	기능
1등도로	없음	• 수도에서 지방 최고행정청 소재지, 주요 개항장, 국경에 있는 주요 도시 연결 • 국내를 관통하는 주요 노선 • 군사상 특히 중요한 노선
2등도로	공주-홍주, 천안-홍주, 군산-서산	• 인접하는 지방 최고행정청 연결 • 지방 최고행정청에서 지청 연결 • 저명한 시읍에서 전항의 각 행정청 연결
3등도로	서산-당진, 보령-오천, 서산-태안 서산-구도, 당진-홍주, 덕산-부리포 예산-부리포, 예산-유구, 신창-온양 홍천-결성, 홍주-보령, 보령-대흥	• 지방 소지구를 관통하는 도로 • 소지구 내 교통을 편리하게 하기 위해 개설되는 모든 도로
4등도로	다수	• 위의 등급에 속하지 않는 도로로 기초자치단체에서 관리하는 도로

자료: 尾西要太郎(1913).

대표하던 온양온천을 서울과 연결하기 위해서였다(도도로키 히로시, 2004b). 온양온천은 온천이 풍부한 나라인 일본인들에게는 상당히 의미가 있는 지역이었다. 즉, 온천이 거의 발달하지 않는 한반도에서 온양온천은 조선에 거류 중이던 일본인들에게 좋은 관광휴양지였던 것이다. 그러나 이 도로는 온양에서 종결되었으므로 내포와는 직접 관련이 없었다.

본격적인 신작로 건설은 한일합방 직후인 1911년 총독부가 발포한 「도로규칙」에 따라 추진되었다. 이에 따르면 내포지역에는 1등도로는 없었으며 2등도로와 3등도로, 기타 등외도로가 있었다. 1911년에 시작되어 1917년에 마무리된 제1기 치도사업으로 내포에는 1913년에 온양-홍주(48km)간 도로가 건설되었다. 이 도로는 앞서 건설된 천안-온양 간 도로의 연장선으로서 내포의 중심지 역할을 하고 있던 홍주를 경부선 철도와 연결하

는 것이 주목적이었다. 당시의 홍주는 내포에서 일본인 거류민이 가장 많
았던 중심지였다(도도로키 히로시, 2004a).

1917년에 시작된 제2기 치도사업은 급속히 보급되기 시작하던 트럭, 버
스 등 자동차의 증가와 맞물려 도로의 중요성이 높아지던 시기에 진행되
었다. 이 시기에는 자동차의 통과가 가능한 도로를 가까운 철도역까지 연
결하는 것이 지역경제에서도 매우 중요한 일이었다. 이 기간에 내포에는
군산-홍성-서산을 연결하는 도로와 공주-홍성을 연결하는 도로가 건설되
었다. 대표적 항구였던 군산과 내포를 연결하는 군산-홍성-서산 도로는 홍
성 이남지역과 홍성 이서지역을 홍성과 연결하고 나아가 군산과 연결하는
기능을 했다. 그 결과로 1923년 이후 홍성-서산을 하루 두 번 왕복하는 자
동차 노선과 광천-보령-서천을 하루 두 번 왕복하는 노선이 개설되었다.
공주-홍성 도로는 충청남도에서 관할하는 지방도로로 건설되었다. 그런데
이때까지도 내포에는 물류에서 중요한 역할을 하기 시작했던 철도가 건설
되어 있지 않았기 때문에 도로가 철도와 직접 연결되지는 못했다.

전국적으로 식민통치체제가 자리를 잡고 산업이 활성화되었던 1920년
대 이후에도 도로건설은 그다지 진척되지 않았다. '제2차 치도사업'은 예
산 부족 등의 이유로 계속 연장되어 당초 1922년으로 계획된 종료 시점이
1930년, 1937년, 마침내는 1941년으로 연기되었다. 이는 일제의 교통정책
이 철도교통 위주로 진행되었기 때문이다. 따라서 도로가 지역의 공간구
조 변화에 미친 영향은 그다지 크지 않았다. 특히 내포는 도로망의 발달이
저조했을 뿐만 아니라 노선도 기존의 역도와 거의 일치하고 있었기 때문
에 지역의 변화에 미친 영향이 크지 않았다. 더욱이 간선도로가 장항선 철
도노선과 겹치기 때문에 도로의 역할은 더 축소될 수밖에 없었다.

또한 실질적으로 도로가 많이 활용되기 위해서는 도로를 통행하는 교통
수단이 발달해야 한다. 그러나 1930년대 초까지 전국적으로 자동차 수는

1만 명당 2대에 불과했으며 그 가운데 충청남도는 1만 명당 1.5대으로 충
청북도(1만 명당 1.1대), 강원도(1만 명당 1.5대) 등과 함께 전국적으로도 자
동차의 비율이 낮은 편에 속했다(鮮交會, 1986). 자동차의 보급률이 낮았기
때문에 당시 대부분의 도로를 통행하던 주요 교통수단은 하우차와 하마차
였는데, 충남은 이것의 비중이 전국 대비 1.9%에 불과하여 역시 높지 않았
다(충청남도, 1997). 여객 수송에서도 도로의 비중은 크지 않았다. 1930년대
후반부터 1940년대 초반까지 여객자동차(버스) 수송인원은 충청남도가 전
국에서 가장 적은 수를 차지했다(鮮交會, 1986). 이러한 사실들을 통해 일제
강점기까지 내포에서는 도로교통이 그다지 중요하지 않았음을 알 수 있
다. 당시의 도로는 식민지 수탈체제에 공헌했음이 분명하지만 일반 민중
에게는 영향력이 그다지 크지 않았다고 볼 수 있다. 그러나 행상의 이동
폭을 확대하는 등 지역의 상업기능에는 일정한 영향을 미쳤다(홍성군지편
찬위원회, 1990).

구한말에서 일제 강점기에 이르는 기간의 도로는 한국 전체로 볼 때 철
도의 보조수단으로 건설되었다. 또한 지방행정중심지를 중심으로 하는 통
치형의 도로망이 아닌 항구나 철도 중심의 침략·약탈형 구조를 나타냈
다. 내포에서는 철도보다 도로가 먼저 개설되었는데, 이는 내포가 항구와
내륙 중심지를 연결하는 간선철도가 통과하기에는 적절하지 않은 위치에
있기 때문이었다. 또한 다른 지역에 비해 수탈의 대상이 될 만한 자원이
많지 않았던 것도 원인이었다. 그리고 주도로와 홍성에서 서산에 이르는
도로 외에는 대부분 3등도로 이하의 도로였으므로 지역 내의 접근성 향상
에 큰 영향을 주지 못했다.

장항선 철도가 완성된 후에는 장항선과 내포 서부 및 북부지역을 연결
하는 도로의 중요성이 증가했다. 특히 홍성에서 서산에 이르는 도로는 장
항선 철도와 서해안 지역을 연결하는 간선의 역할을 수행했다. 한편 천안

이 내포의 도로와 경부선 철도가 연결되는 지점이 됨으로써, 조선시대의 영화(수원), 가천(진위)에서 호남로와 연결되던 전통적 도로 노선에 변화가 일어났다.

4) 철도교통의 발달과 변화

전통적 육상교통체제를 획기적으로 변화시킨 결정적인 요인이 된 교통수단은 철도이다. 일제는 1905년 경부선을 필두로 1925년까지 간선철도망을 완성했다. 경부선이 천안-대전을 지나고 호남선이 대전에서 분기하면서 충청남도 내에서 천안과 대전의 지위가 급격하게 상승했다. 이러한 교통여건의 변화는 내포지역에도 영향을 미쳤다. 즉, 조선 후기까지 내포지역과 직접적인 관계가 거의 없었던 천안이 내포와 관련하여 중요한 요충지로 부상한 것이다. 그 원인은 1차적으로는 신작로가 천안과 내포를 연결하는 형태로 발달한 것이었지만 내포지역을 관통하는 장항선 철도가 천안에서 분기하게 된 것이 결정적인 것이었다.

내포의 경우는, 철도교통의 발달에 이어 이를 보조하는 수단으로 도로가 발달한 일반적인 사례와는 달리 철도보다 먼저 도로가 개설되었다. 즉, 내포를 관통하는 장항선 철도보다 신작로가 먼저 건설된 것이다. 그러나 한국 전체적으로 볼 때는 경부선 철도가 완공된 후 이를 보조하는 도로가 만들어졌고 내포의 도로도 이의 일환으로 건설되었다고 볼 수 있다. 그럼에도 내포의 도로는 철도보다 영향력이 크지 않았는데, 전반적으로 철도는 일제 강점기 육상교통의 핵심으로서 다른 교통수단을 종속시켰기 때문이다.

천안과 온양(19.7km)을 연결하는 철도가 1922년 6월 충남선이라는 이름으로 개통되어 경성과 온양을 연결하는 직통 열차를 운행함으로써 기존에 건설되었던 천안-온양 간 도로는 사실상 무력화되었다. 이후 충남선은 단계적으로 노선을 확장하여 1931년 8월 1일에 마침내 장항까지 전 구간 144.2km가 개통되었다. 이 시기는 일제가 육상교통의 기간교통망으로서 철도교통망을 완성해가던 시기였다.

내포지역의 철도교통은 단일 노선에 불과했지만 역로나 신작로에 비해 주민생활에 실질적으로 많은 영향을 미쳤다. 즉, 조선시대까지 내포지역과 직접적인 관련성이 거의 없었던 천안이 이후 상대적으로 중심성이 커지는 계기가 되었다. 또한 장항선 연변의 지역들과 서울을 비롯한 중앙 시장과의 관계를 강화하는 데 결정적인 역할을 했다.

3. 지역구조의 변화

1) 식민지 수탈체제로의 변화

(1) 식민지형 거래구조의 형성

20세기 초까지 장시의 수는 전체적으로 큰 변동을 보이지 않았다. 특히 내포는 일제의 식민통치가 본격화되기 이전까지 장시 수에서 큰 변화를 보이지 않았다. 그러나 일제의 침략이 본격화되는 1910년 이후부터 내포에서 장시의 수가 감소하기 시작했다.[5] 이는 이 시기에 전국적으로 장시

---

5) 『증보문헌비고』에 의하면 충청도의 경우 1908년 현재 이전보다 장시 수가 증가했으나 이듬해에 출간된 『통감부통계연보』에는 1908년의 장시 수가 감소한 것으로 되어 있다. 『증보문헌비고』는 1903년(광무 7년) 법무국장 김석규(金錫圭)가 『문헌비고』 수정을 건의함으로써 홍문관에 문헌비고 찬집청을 설치하고 남정철(南廷哲)·이재곤

<표 4-6> 장시 수의 변동

자료 및 시기 / 장시 수	『증보문헌비고』 (1908)	『조선 지지자료』 (1919)	『市街地の 商圈』 (1926)	『朝鮮の 市場』 (1941)	농림부 충청남도 (1962)	농림부 충청남도 (1972)
전국	1,075	1,215	1,274	1,458	1,073 (남한)	1,032 (남한)
충청도	162	88 (충남)	90 (충남)	84 (충남)	143 (충남)	126 (충남)
내포	40	27	33	28	67	53

주: 조선총독부 통계와 단행본 통계가 일치하지 않는 경우에는 단행본을 따랐음.
자료: 곽호제(2004); 朝鮮總督府(1919a · 1919b · 1923 · 1926); 統監府(1908); 文定昌(1941); 김준식 · 김권수(1996); 충청남도(1962 · 1972).

의 수가 증가했음에 비추어볼 때 이례적인 것이다. 하지만 이러한 현상은 강원도, 함경도 등 식민지시대 이후 산업이 발달하고 인구가 많이 증가했던 곳들이 장시 수의 증가를 주도했기 때문이다. 실제로 각 도별 장시의 증감을 살펴보면 강원도와 함경도는 장시의 수가 많이 증가한 반면 충청도, 경상도, 평안도, 황해도 등은 감소했다.

이러한 변화가 나타난 것은 식민지 경제체제로의 편입이 이 시기에 시작되었고 이것이 장시의 발달에 영향을 미쳤음을 의미한다. 이 시기부터 잡화, 설탕, 등유, 비료 등이 기존의 거래물품에 추가되어 거래되기 시작했다(홍금수, 2004). 내포에서는 19세기까지는 주로 어물, 소금, 곡물, 도기, 목제품, 철기, 누룩(麴子), 삼베, 돗자리(席子) 등 생필품과 비단류, 종이류, 금은, 면화, 인삼 등 사치품이나 기호품 종류가 거래되었는데 20세기 초에

(李載崑) · 이중하(李重夏) · 김석규 이하 당상 · 낭청 각 10명을 임명하여 증보작업을 한 결과물이다. 이들은 1790년 이후 변경된 사실을 각종 문서와 서책에서 추출하여 1907년 12월 현존하는 250권을 편찬했고 다음해 50책으로 인쇄했다. 이러한 사실을 고려해볼 때『증보문헌비고』의 통계는 1908년 이전의 통계일 가능성이 상당히 크다.

	『동국문헌비고』 (1770)	『증정동국 문헌비고』 (1790)	『만기요람』 (1808)	『임원십육지』 (1830)	『조선총독부 통계연보』 (1911)
경기	101	100	102	93	110
충청	157	160	157	158	138
전라	216	216	214	188	208
경상	276	279	276	268	246
황해	82	82	82	109	97
평안	134	134	134	143	125
강원	68	67	68	51	73
함경	28	28	28	42	87
총계	1,062	1,066	1,061	1,052	1,084

자료: 이헌창(1994).

이르면 도기, 철기, 누룩, 종이 등이 활발하게 거래되기 시작했다(곽호제, 2004). 이들 상품은 주로 가내수공업으로 만들어지던 이전의 상품과는 달리 공장에서 비교적 대규모로 만들어진 제품으로서 우리나라의 전통적인 수공업을 급격히 몰락시켰다. 공급자이면서 소비자였던 농민들이 공급자로서의 역할을 줄일 수밖에 없게 되면서 장시의 기능은 필연적으로 약화되었다.

일제 강점기의 장시는 일제 자본에 의한 시장구조 및 농촌경제의 왜곡을 반영하는 구조를 보여준다. 이 시기의 장시는 상설 점포를 가질 수 없는 식민지 민중의 경제력과 아울러 영세한 가계를 운영할 수밖에 없던 소비자의 요구가 맞아떨어져 주로 생활필수품을 저렴하게 구입·교환함으로써 소비생활을 지탱하는 경제적 기능이 중시되었다(이헌창, 1986). 한일 합방 직후인 1914년 「시장규칙(市場規則)」이 제정되면서 농촌의 정기시장

<그림 4-6> 일제 강점기 초기 내포지역 주요 장시의 거래액(1913년)

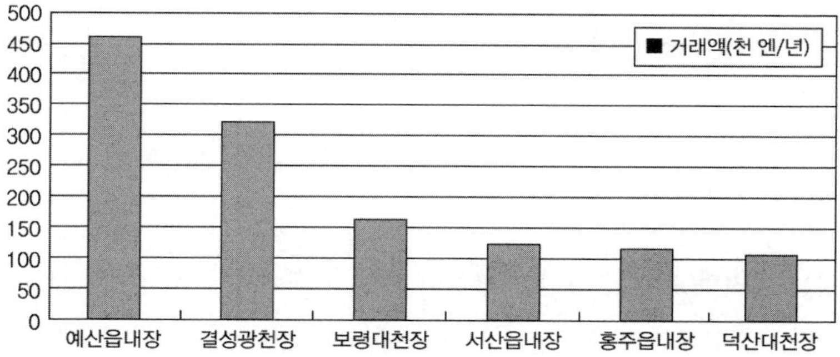

자료: 朝鮮總督府(1915); 허수열(2006).

은 본격적으로 식민지 수탈의 도구로 변화되기 시작했다. 일제는 우리나라의 정기시장을 반자급·반자족적 군국산업자본에 의한 공업 완제품의 판매시장 및 값싼 원료공급시장으로 삼는 정책을 썼던 것이다(김준식 외, 1996). 농업생산성이 높았던 내포에서도 쌀의 유출이 늘어났고 공업제품이 많이 거래되었다.[6]

(2) 개항장과의 연결

이 시기의 가장 큰 특징은 예산장과 광천장이 급성장을 하기 시작했다는 점이다. 예산과 광천의 급성장은 1차적으로 개항장과의 연결에 유리한 위치를 차지하고 있었던 점이 원인이었다. 1883년과 1899년 인천항과 군산항이 각각 개항되면서 수로를 통해 인천 또는 군산과의 교류에 유리한

---

6) 이 시기에는 수탈에 비례하여 농업생산성도 증가했는데, 특히 농경지의 확대에 힘입은 바가 컸다. 1910년대 중반까지 충청남도 각 지역의 경지율을 보면 논산이 37.45%로 가장 높았지만 내포의 홍성, 당진, 예산 등도 경지율이 30%를 넘는 군에 포함되었다(건설교통부 국토지리정보원, 2003).

<표 4-8> 홍주장과 광천장의 연간 거래액

(단위: 원)

연도 장시	1908	1913	1922	1938
홍주장	75,600	111,342	350,000	375,840
광천장	146,160	317,970	300,000	580,450

자료: 홍성군지편찬위원회(1990).

위치를 차지하고 있던 예산과 광천이 충청도 내에서 굴지의 시장으로 성장했다. 특히 예산의 읍내장은 연간 거래액 기준으로 은진의 강경장과 더불어 충청남도의 2대 장으로 부상하여 내포에서 거래액이 가장 많은 장이 되었다(허수열, 2006). 이러한 현상은 기존의 수로에 근대적 도로교통이 결합되면서 예산의 중심성이 더욱 높아진 것과 관련이 깊다.

농업생산성의 증가로 미곡, 콩 등 대일본 수출 농산물의 생산이 증가한 것도 예산의 성장에 큰 영향을 미쳤다. 농산물을 중심으로 원료를 반출하고 공업제품을 판매하는 식민지형 교역구조하에서 넓고 비옥한 경지조건을 배경으로 상업적 농업이 발달함으로써 예산장의 성장이 촉진되었다(홍성군지편찬위원회, 1990).

한편 군산항의 개항은 광천장의 발달을 촉진했는데, 이전부터 인천과 교역관계를 갖고 있던 광천은 군산항이 개항되면서 더욱 활발한 상업활동의 중심지로 성장했다. 당시 광천은 옹암포를 통해 천수만과 연결되었는데, 옹암포는 이미 1893년경부터 인천과의 교류를 위한 곡물의 집합지가 되어 있었다. 광천에서 수입 면직물인 옥양목(金巾) 200여 필을 판매하고 인근에서 쌀 300~400포를 매집할 수 있었다. 그런데 1899년 군산항이 개항되면서 옹암포는 군산과 더욱 밀접한 관계를 가지게 되었다. 1908년에 옹암포는 100호가량의 가구가 있을 만큼 번성했는데, 이 가운데 주막이 20여 호, 잡화상이 6~7호, 객주가 1호가 있었다. 옹암포는 군산뿐만 아니라

〈그림 4-7〉 1917년의 시장분포와 거래규모

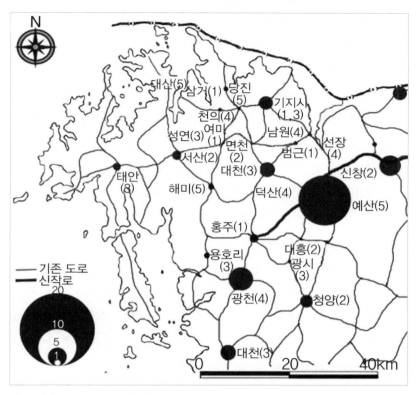

자료: 건설교통부 국토지리정보원(2003).

강경과도 연결되어 많은 거래가 이루어졌다. 광천장의 물품 판매 및 집산
지역은 보령, 오천, 홍주, 예산, 대흥, 해미 등 내포의 서부지역과 남포, 청
양, 정산 등 내포 외의 지역까지를 포괄함으로써 한일합방 이전부터 홍주
장을 넘어서는 시장으로 성장했다(홍성군지편찬위원회, 1990).

(3) 공간구조의 변동

예산장의 급성장은 이전까지 경쟁관계에 있던 덕산장의 개시일에 영향

을 미쳐서 덕산장의 개시일이 2, 7일에서 4, 9일로 변동되었다. 이는 덕산권 내에서 2, 7일에 개시되는 장시가 덕산과 인접한 면천과 입석이었던 점과 4, 9일에 개시되는 장시가 봉종과 선장으로 상대적으로 세가 약하거나 멀리 떨어진 곳이었기 때문으로 풀이된다. 덕산이 인접한 봉종과 같은 날로 개시일을 변경함에 따라 봉종은 이 시기에 덕산에 밀려 소멸되었다. 인접한 두 장시의 개시일이 같은 경우에는 일반적으로 봉종장의 예처럼 인접한 두 장시 가운데 규모가 작은 장시가 상대적으로 규모가 큰 장시에 흡수되는 경우가 많았다. 예산과 인접하면서 개시일이 예산과 같았던 신양장도 예산의 급성장으로 인해 이 시기에 소멸되었다.

그러나 인접한 장시의 개시일이 같아도 둘 중 하나가 소멸되지 않고 모두 유지되는 경우도 있었다. 두 장시가 지리적으로 인접했으나 속한 장시권이 각각 다른 경우로서 이 경우는 인접한 상태에서도 같은 개시일을 유지할 수 있었다.[7] 신양장의 경우는 공주, 청양 등 다른 장시권과도 인접했으나 차령산지가 지형적 장벽으로 작용하여 이들과는 실질적인 연계를 갖기 어려웠기 때문에 예산의 성장과 함께 쇠퇴의 길을 걸을 수밖에 없었다(곽호제, 2004). 이를 통해 이 시기까지 차령산지가 내포의 지형적 경계 구실을 했음을 알 수 있다.

농업생산성의 증대와 개항장과의 연결성 증대는 상업의 성장에 영향을 미쳤고 이것은 산업 및 금융의 발달에 영향을 미쳤다. 1913년에 예산에는 '호서은행'이 설립되었는데, 이는 당시 조선에서 아홉 번째로 설립된 은행이었으며, 지방 소읍에 설립된 은행으로는 밀양은행에 이어 두 번째로서

---

7) 서로 인접한 결성장과 옹암장은 각각 홍주권과 보령권에 속했으며, 덕산장과 면천장 역시 인접했지만 각각 예산권과 면천권에 속해 시장권이 겹치지 않았기 때문에 장시일이 같았지만 모두 유지되었다.

매우 획기적인 사건이었다. 호서은행은 산업의 발달에 따라 이를 뒷받침하기 위해 설립되었다기보다는 한말 애국계몽운동의 영향을 받은 측면이 더 강하다는 견해가 지배적이지만, 근대적 금융기관의 설립은 지역의 산업발달과 상호관계를 주고받으며 지역경제에 긍정적 영향을 미쳤음이 분명하다. 실제로 호서은행은 이후에 자회사 격인 '충남상사주식회사'를 설립하여 농산물 수매, 위탁판매 등 상업활동을 전개했고, '충남제사주식회사'의 설립에 영향을 미쳐 양잠 등 농업활동을 활성화하는 데 기여했다(이항복, 1999).

이처럼 예산장과 광천장이 빠르게 성장함에 따라 홍주장이 크게 위축되는 등 기존의 공간구조에 변화가 일어나기 시작했다. 전통적으로 홍주를 중심으로 유지되어온 내포의 공간구조는 이 시기에 이르러 결정적인 변화를 겪게 된 것이다. 이것은 행정 중심지가 경제적 중심의 역할을 겸했던 전근대사회와는 달리 경제적 중심이 공간관계에서 결절점으로서 중요한 역할을 하는 근대사회로의 변화가 일어났음을 의미한다. 이러한 내포의 공간구조 변화에는 식민지체제와 인천·군산 등 외부지역과의 연결성 증대라는 외부적 조건의 영향이 결정적으로 작용했다. 이처럼 많은 변화가 일어났음에도 이 시기까지 공간관계가 형성되는 범위는 크게 변동되지 않았다. 즉, 내포의 일부가 외부지역에 포함되거나, 반대로 외부지역을 내포의 영역으로 포섭하는 변화는 일어나지 않았다. 특히 차령산지가 여전히 지형적 장벽으로 작용하고 있었기 때문에 차령산지를 넘는 동-서 간의 연결은 활발하지 않았다. 그러나 근대적 육상교통로인 신작로가 개설되면서 기존의 역도와는 다른 간선도로망이 발달하기 시작했다. 즉, 충청수영에서 출발하여 내포를 관통하는 조선시대의 간선도로는 수영-홍주-신창을 거쳐 아산(장시)-수원(영화)으로 이어지거나 평택-진위(가천)로 이어졌으나 신작로는 천안에서 분기했기 때문에 이후 내포의 공간구조에 변화가 발생

<표 4-9> 1925~1944년 인구증가율

(단위: 명, %)

	1925년 인구	1944년 인구	인구증가율
전국	19,020,030	25,120,174	32.07
충청남도	1,259,024	1,647,044	30.82
내포	452,947	590,262	30.31

자료: 朝鮮總督府(1930 · 1945).

하는 원인이 되었다. 또한 이 시기 행정구역의 변동도 이러한 공간구조의
변동에 일정한 영향을 미쳤다(1절 '행정구역의 변화' 참조).

2) 경제적 중심의 변동과 시장권의 해체

(1) 지역 내 경제적 중심의 변동

전국적으로 볼 때 일제 강점 이후 정기시장은 지속적으로 증가하는 경
향을 보였다. 이는 우선 외래자본의 침입에 따른 경제적 여건의 변동 및
인구 증가와 관련이 깊다. 당시에 이루어진 농지 개량, 농법 개선 등은 토
지 생산성을 높였다. 또한 철도와 도로의 부설로 인해 물자의 유통이 원활
해지고 수송비가 절감됨으로써 재화의 도달범위가 확대될 수 있는 조건이
갖춰졌다. 그러나 이러한 사회적 · 경제적 변동은 일본의 식민지정책의 일
환으로 진행된 것이기 때문에 한국 농민의 소득증대로까지 이어질 수는
없었다. 농민은 폭락한 농산물가격과 일본 독점자본이 생산한 공산품가격
과의 격차로 인해 이중으로 수탈을 당하고 있었다. 더욱이 쌀을 비롯한 많
은 종류의 농산물을 공출해야 했기 때문에 농민의 상품구매력은 매우 낮
았다. 따라서 이때의 장시 수 증가는 구매력의 증가보다는 인구 증가에 따
른 것으로 해석된다.

그런데 1925~1930년 사이에 신흥산업도시의 건설이 활발했던 함경도를 중심으로 북부지방의 인구증가율이 매우 높았던 데 비해 주요 곡창지대였던 전라도, 경상도, 충청도의 인구증가율은 상대적으로 낮았다. 따라서 전국적인 장시 수의 증가추세에도 주요 곡창지대였던 전라도, 경상도, 충청도의 장시 수가 1920년대에는 감소하거나 정체했다(김준식 외, 1996). 내포지역에서도 이러한 경향이 나타나 1910년대에 감소한 장시 수가 해방 이전까지 식민지시대 이전의 숫자로 복귀하지 못했다. 실제로 1920년대 이후 내포의 인구는 전국 평균을 밑도는 증가율을 기록했다. 가야산지와 차령산지 주변과 북서부 해안지역이 특히 인구증가율이 낮았는데, 이들 지역을 중심으로 신양, 감장, 대교, 취포, 방길, 평촌 등의 장시가 소멸했다. 이러한 현상은 또한 점차 육상교통이 발달하여 장시와 장시 사이의 접근성이 높아지면서 소규모 장시가 소멸한 결과로 보인다.

장항선 철도의 부설은 내포의 전통적 공간구조의 변동을 유발했다. 1923년 천안에서 광천까지의 선로가 완공되면서 내포지역 상권의 중심이 크게 바뀌기 시작했다. 즉, 예산장이 연간 거래액에서 전국 20대 시장으로 급성장했으며 광천장이 상설시장으로 성장하여 일약 내포지역의 중심시장으로 부상했다(이재하 외, 1992). 1920년대 중반까지 예산의 성장은 매우 급속한 것이어서 충청남도 내 주요 상업지역 가운데 인구가 가장 많은 중심지로 부상했다. 일본인, 중국인 등 외국인을 포함한 인구는 강경, 공주에 이어 세 번째를 기록하고 있었다. 이 같은 예산의 급부상은 인근 장시들에 영향을 미쳐서 개시일의 변화를 유발했다. 즉, 예산과 인접하고 있던 세 개의 장시가 모두 개시일이 바뀌었던 것이다.[8]

---

8) 삽교장이 1, 6일에서 2, 7일로, 대흥장이 2, 7일에서 4, 9일로, 신례원장이 3, 8일에서 2, 7일로 바뀌었다.

(단위: 명, %)

연도\n지역	1913년	1923년	1938년	증가율\n(1913~1923)	증가율\n(1923~1938)
경기도	105	102	113	-2.8	10.8
충청북도	50	52	63	4.0	21.2
충청남도	78	92	93	17.9	1.1
전라북도	73	64	66	-12.3	3.1
전라남도	118	117	125	-0.8	6.8
경상북도	146	161	171	10.3	6.2
경상남도	114	142	163	24.6	14.79
황해도	104	117	117	12.5	0
평안북도	46	68	101	47.8	48.5
평안남도	88	124	151	40.9	21.8
강원도	83	95	148	14.5	55.8
함경북도	38	46	83	21.1	80.4
함경남도	54	94	128	74.1	36.2
전국	1,097	1,274	1,522	16.1	19.5

자료: 朝鮮總督府(1913 · 1923 · 1938).

예산을 근거지로 하고 있던 보부상조직인 예덕상무사의 활동근거지가 덕산으로 옮겨진 것도 예산의 급성장과 관련이 있다. 예덕상무사의 근거지 이전은 덕산이 갖고 있는 지리적 장점, 즉 아산만이나 서해안에서 들어오는 해산물과 가야산 일대의 내륙지역에서 생산되는 농임산물을 교류하는 데 유리한 위치라는 점이 원인이 될 수 있다. 그러나 더 중요한 원인은 장항선의 부설로 예산-홍성-광천 축이 발달하면서 이 지역의 장시가 점차 근대적으로 성장함으로써 전근대적 형태의 시장인 장시가 존속하기 어려워졌기 때문이다. 이에 따라 보부상의 근거지가 오히려 근대적 교통로로

〈표 4-11〉 1924년 충청남도 주요 상업 중심지의 인구

(단위: 명, %)

	한국인	일본인	중국인	기타	합계
공주면	7,343	1,739	151	11	9,244
대전면	2,866	4,837	122	—	7,825
논산면	4,856	583	90	—	5,529
강경면	7,850	1,385	190	—	9,425
조치원면	4,501	1,140	91	—	5,732
홍주면	6,885	436	61	9	7,391
예산면	8,637	322	141	—	9,100
천안면	8,181	792	97	—	9,070
성환면	7,240	348	34		7,622

자료: 朝鮮總督府(1926).

부터 멀리 떨어진 덕산으로 옮겨졌다고 볼 수 있다. 실제로 소규모의 장시일수록 보부상이 끈질기게 존속했다(홍성군지편찬위원회, 1990).

　이러한 변화는 읍치나 감영 등 행정기능이 강한 곳을 중심으로 경제권이 형성되었던 전통적 구조에 변화가 일어났음을 의미한다. 1910년대부터 나타나기 시작한 이러한 변화는 이 시기에 이르러 더욱 본격화되어 근대적 교통이 발달한 지역들이 상업의 중심지로 부상하기 시작했다. 1923년에 충청남도에는 연간 20만 원 이상을 거래하는 시장이 모두 13개에 달했는데 이 가운데 내포에 속하는 시장은 대천, 광천, 예산, 서산 등이었다. 이 지역은 공통적으로 해안에 인접하고 도로나 철도가 개통된 곳이었다. 특히 예산은 총 매매고가 충청남도 내에서 천안에 이어 두 번째를 차지할 만큼 경제적 위치가 월등하게 높아지고 확고해짐으로써 내포뿐 아니라 충청남도에서 경제적 중심 역할을 하게 되었다(朝鮮總督府, 1926).

<표 4-12> 충청남도 내 연간 매매고 20만 원 이상 시장(1923)

시장명	소재지	경영자	개시 횟수	1년간 매매고						개시일
				농산물	수산물	직물	축산물	기타	총액	
읍내장	공주군 공주면	김갑순	72	72,300	24,920	55,000	99,900	34,280	286,400	1, 6
대전장	대전군 대전면	矢切瀨治	64	102,550	68,400	64,230	69,580	67,080	371,840	1, 6
논산장	논산군 논산면	논산면	68	148,027	19,324	8,924	146,470	144,170	466,915	3, 8
강경장	논산군 강경면	平春富造 외 11명	73	183,000	23,000	214,000	8,700	85,000	513,700	4, 9
강경어채시장	논산군 강경면	수산회사 외 수 명	172	—	235,123	—	—	—	235,123	수시
은산장	부여군 은산면	은산면	64	43,700	7,000	272,000	57,500	89,700	469,900	1, 6
홍산장	부여군 홍산면	홍산면	64	42,600	7,300	122,550	43,900	22,450	238,800	2, 7
서천장	서천군 서천면	서천면	64	77,533	25,844	155,066	310	109,432	368,185	2, 7
신장장	서천군 마산면	마산면	65	82,123	33,850	295,646	22,849	65,670	500,138	3, 8
판교장	서천군 동면	동면	67	41,152	30,864	135,743	120,620	43,023	371,402	5, 10
간치장	보령군 주산면	주산면	70	8,407	8,429	199,796	11,802	14,247	242,681	1, 6
청양장	청양군 청양면	寺田 初三郎	67	39,340	11,500	111,000	70,100	60,100	292,040	2, 7
온양장	아산군 온양면	온양면	60	98,000	55,000	93,000	46,000	101,000	393,000	1, 6
천안장	천안군 천안면	천안면	69	1,323,778	55,700	59,700	357,355	314,535	2,111,068	3, 8
대천장	보령군 대천면	충남흥업 주식회사	72	38,000	5,500	165,000	61,225	124,000	393,725	5, 10
광천장	홍성군 광천면	시장조합	72	52,632	38,100	60,965	37,395	53,346	242,438	4, 9
예산장	예산군 예산면	예산면	70	41,537	61,923	305,313	87,412	511,758	1,007,943	5, 10
서산장	서산군 서산면	박준용	72	7,309	4,538	60,300	110,916	26,530	209,593	2, 7

자료: 朝鮮總督府(1926).

(2) 전통적 시장권의 해체

① 수직적 계층구조의 형성

인구의 증가는 각각의 장시들의 최소요구치의 범위를 축소시켰으며, 교통의 발달은 반대로 재화의 도달범위를 확대시켰다. 이러한 변화는 여러 개의 시장을 하나의 권역으로 묶어 최소요구치를 만족시켰던 전통적 장시망의 해체를 불러왔다. 5일장의 형태는 유지되었으나 여러 개의 장시가 형성했던 권역의 의미는 점차 사라졌다. 이는 전통적 시장권을 바탕으로 내포지역에서 활발하게 활동했던 예덕상무사와 원홍주육군상무사 등 보부상조직의 활동이 이 시기 이후 크게 축소된 것에서 잘 드러난다(윤규상, 2000).

일제 침입 이후로 꾸준히 진행되어온 식민지 수탈형 상업구조가 이 시기에 이르러 더욱 확고해졌다. 1920년대에 내포의 주요 장시로 유입되어 거래되던 상품들은 대부분 공장에서 생산된 섬유류, 석유, 주류 등이 주종을 이루었다. 반면에 쌀을 비롯한 곡물들이 주로 반출되었다. 예산의 경우 석유나 섬유류 등 공산품이 주로 유입된 반면, 벼, 현미, 대두, 깨, 쇠가죽 등 농축산물은 팔려나갔다. 이러한 현상은 상호보완적 성격이 강했던 장시 간의 교류가 사라지고 주로 외부지역에서 유입된 상품을 일방적으로 판매하고 농산물을 반출해가는 시장구조로 변화했음을 의미한다.

예산의 외부거래선은 거의 인천에 의존했으며 경성과도 일부 거래가 이루어졌다. 거래량이 전국 20대 시장에 들 만큼 성장했다는 사실은 이러한 상품들이 예산에서만 소비되었던 것이 아니고 예산을 거쳐 인접한 다른 지역으로 공급되었음을 의미한다. 반면에 전통적으로 내포의 행정적, 경제적 중심 역할을 해왔던 홍성은 상대적으로 중심성을 상실하기 시작했다. 홍성의 경우는 유입된 상품 가운데 섬유류가 가장 많은 비중을 차지했는데, 주요 유입처가 예산과 광천이었다. 예산과 광천이 경성, 인천 등 외

<그림 4-8> 1920년대 내포의 인구와 교통

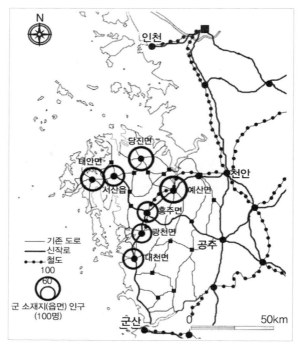

자료: 朝鮮總督府(1930); 도도로키 히로시(2004a).

부지역과 연결되면서 내포지역의 1차 중심지로 자리를 잡아가고 있었던
것이다. 홍주장에서 활동하던 외래상인의 출신지역도 예산군이 가장 많았
다. 금융 부문에서도 호서은행 본점이 예산에 있었고 영업권이 거의 내포
전역을 범위로 했던 것에 비해 홍성지점은 홍성군 내에 영업권이 한정되
어 있었다. 대출액의 차이도 거의 여섯 배에 이를 정도로 컸다. 예산의 급
성장은, 규모가 비슷한 각각의 장시들이 서로 연계하여 장시망을 형성함
으로써 내포를 직간접으로 하나로 묶었던 전통적 시장권이 소멸되는 원인
이 되었다. 대신에 경제적 차원에서 비교적 평면적인 관계망을 바탕으로
하고 있던 내포가 수직적 계층관계로 연결되는 지역으로 변화하기 시작

〈그림 4-9〉 1920년대 홍주면과 예산면의 상업과 금융

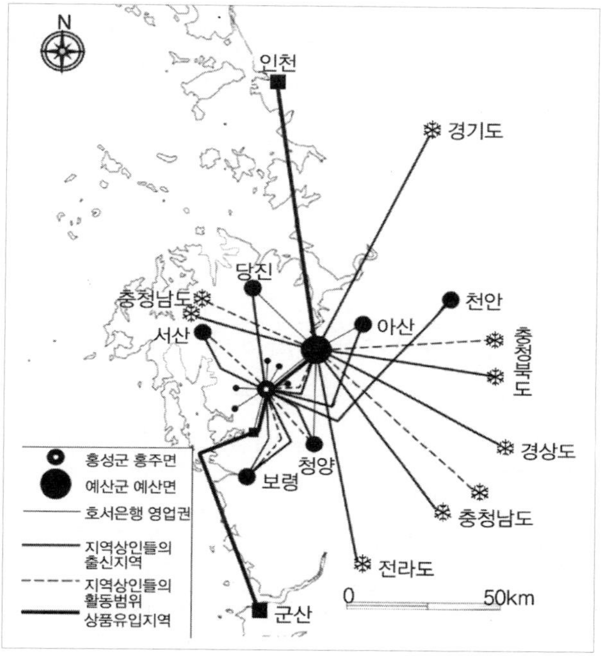

자료: 朝鮮總督府(1926).

했다.

② 전통적 공간구조의 해체

그뿐 아니라 근대적 시장으로 성장한 예산과 광천이 장항선 철도를 매개로 천안과 연결됨으로써 내포의 전통적 공간구조에 변동이 발생하기 시작했다. 천안은 경부선 철도의 부설과 함께 빠르게 성장하여 1920년대에는 충청남도 내에서 가장 큰 상업 중심지가 되었다. 조선시대까지 내포와 한양과의 연결은 주로 수로에 의존했으며 육로는 안성천 하류를 건너 수원으로 연결되거나 안성천을 거슬러 올라가 오늘날의 평택으로 연결되었

<표 4-13> 1920년대 홍주면과 예산면의 상업과 금융

		홍성군 홍주면	예산군 예산면
금융	호서은행 영업권	홍성군 전역, 삽교·덕산(예산군) 일부	예산군, 아산군, 당진군, 청양군
	이용실적 (대출총액)	928,630엔	5,707,302엔
주요 유입 상품	종류	면직물, 견직물, 금물, 식료품, 화약총포부속품, 연초, 석유, 주류	석유, 옥양목, 마직물, 호염(胡鹽), 조(粟)
	유입지	예산, 광천, 부산, 군산, 인천, 경성	인천, 경성
주요 유출 상품	종류	자료 없음	벼(籾), 현미, 대두, 임(荏), 우피
	유출지	자료 없음	인천
지역상인들의 활동범위		홍성군, 청양군, 예산군, 서산군, 보령군	충청남도 전 지역, 충청북도 일부
외래상인들의 출신지역		예산군, 천안군, 청양군, 보령군, 서산군, 당진군, 아산군	충청남북도, 경기도, 경상남북도, 전라남북도

자료: 朝鮮總督府(1926).

기 때문에 천안은 조선시대까지 내포와는 직접적 연결이 거의 없었던 지역이었다. 그러나 1910년대에 천안과 내포를 연결하는 도로가 부설되고 1920년대에 장항선 철도가 부설되면서 이를 매개로 천안이 내포와 연결되었다. 더욱이 내포를 한양과 직접 연결하는 역할을 했던 수로의 중요성이 상대적으로 감소함으로써 천안과 내포를 연결하는 장항선 철도의 중요성이 매우 커졌다. 1931년에 장항선 철도가 완공되면서 내포지역의 상업 중심지들이 장항선을 따라 발달하는 현상이 나타났다. 반면에 서산, 태안, 해미, 결성, 덕산, 면천, 당진 등 과거 읍치에 소재하면서 시장권의 1차 또는 2차 중심 역할을 했던 장시들은 상대적으로 쇠퇴했다. 그 결과 천안을

〈그림 4-10〉 1930년대 내포의 장시 분포(1938)

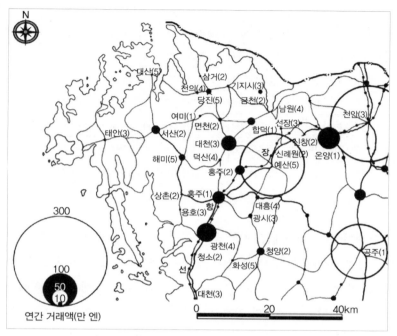

자료: 건설교통부 국토지리정보원(2003).

기점으로 장항선을 따라 천안-온양-예산-홍주-광천으로 연결되는 상업 중심지 벨트가 형성되었다.

예산 상인들의 활동범위와 예산에서 활동하던 외부상인들의 출신지역이 충청남도 전역과 경기도, 충청북도 등 인접지역, 그리고 멀리 영호남지역에까지 이르렀다는 사실은 예산의 상권이 상당히 확대되었음을 의미한다. 예산이 충청남도 내의 주요 상업 중심지로 성장하고 내포 이외의 지역과의 연계성이 커짐으로써 이전까지의 내포 상권은 실질적으로 소멸되었다. 이와 같은 상업 중심지로서의 예산의 위상은 1930년대에도 그대로 유지되었다. 1938년에 예산은 충청남도 내 연간 매매고 100만 원 이상의 시

<표 4-14> 충청남도 내 연간 매매고 100만 원 이상 시장(1938년)

시장명	경영자	개시 회수	매매고					합계
			농산물	수산물	직물	축류	기타	
대전시장	대전부	72	572,834	204,720	91,572	-	144,389	1,012,515
공주시장	공주읍	72	1,283,512	122,650	132,580	165,414	124,862	1,829,008
강경시장	강경읍	63	1,213,000	208,000	227,000	12,000	225,000	1,885,000
논산시장	논산읍	72	203,600	241,300	263,150	257,800	429,600	1,395,450
예산시장	예산면	72	298,750	89,430	585,590	270,944	745,900	1,990,614
천안시장	천안읍	72	1,270,000	76,000	310,000	185,000	613,000	2,454,000

자료: 文定昌(1941).

장 중 하나였다. 여기에는 대전, 공주, 강경, 논산, 천안, 예산 등 모두 여섯 개의 상업 중심지가 포함되었는데, 예산은 천안에 이어 두 번째로 많은 매매고를 보였다(<표 4-14> 참조). 예산이 충청남도 내 주요 상업 중심지로 성장하고 내포 밖의 지역과의 연계성이 커짐으로써 차령산지를 경계로 하나의 시장권으로 정의할 수 있는 내포의 의미는 1920년대 이후 사라져가기 시작했다고 볼 수 있다. 따라서 이 시기 이후로 내포는 점차 주민들의 의식과 기록에서 사라지기 시작하여 화석화된 지역으로 변모해갔다.

3) 해방 이후의 변화: 서울 상권으로의 편입

해방 이후에는 산업의 위축과 일본 물자의 반입 중단으로 상업이 일시적으로 후퇴했다. 그러나 1950년대 후반에 이르면 장시는 다시 우리나라 시장의 중요 부분을 차지하면서 1960년대까지 농촌상업에서 중추적인 역할을 했다. 1962년에는 남한에만 1,073개의 장시가 개설되어 많은 증가를 보였다. 이는 식민경제로부터 탈피하면서 농민경제가 어느 정도 향상되어

〈표 4-15〉 1944~2005년 인구 추이

구분	1944년	1949년 (증가율%)	1955년 (증가율%)	1960년 (증가율%)	1975년 (증가율%)	2004년 (증가율%)
전국	25,900,142	20,188,641	21,502,386 (6.5)	24,989,241 (16.2)	34,706,620 (38.9)	47,041,434 (35.5)
충남	1,673,489	2,028,188 (21.2)	2,220,895 (9.5)	2,528,133 (13.8)	2,948,553 (16.6)	1,879,417 (대전 제외) 3,317,968 (12.5)
내포	590,262	703,328 (19.2)	839,504 (19.4)	852,278 (1.5)	873,074 (2.4)	583,006 (-33.2)

주: 1949년 이후의 전국 인구는 남한 인구를 의미함.
자료: 朝鮮總督府(1945); Kosis 통계정보시스템.

농민의 시장참여도가 높아질 수 있는 여건이 갖추어졌기 때문으로 볼 수 있다. 또한 농업생산성의 향상과 이에 따른 인구 증가와도 관련이 깊다. 내포지역의 장시도 1962년에 62개로 대폭 증가했다. 또한 해방과 함께 자원적출항이었던 군산항과 인천항의 기능이 약화되면서 내포는 전체적으로 서울의 상권에 편입되기 시작했다(홍성군지편찬위원회, 1990). 이 시기까지도 예산은 내포의 읍·면 단위 중심지 가운데 가장 많은 인구를 기록했는데 경제적 중심의 위치를 유지하고 있었음을 알 수 있다.

이촌향도에 따라 대부분의 지역에서 인구가 감소했던 1970년대에 들어서면서 장시의 수는 감소하기 시작하여 1972년에 전국적으로 1,032개를 기록했다. 내포 역시 53개로 빠르게 감소하기 시작했다. 내포의 인구는 1975년까지 소폭 증가했으나 대천 등 일부 읍지역이 인구 성장을 주도하고 있었기 때문에 많은 지역에서는 실질적으로 인구가 감소하고 있었다.[9]

---

9) 대천읍의 인구 증가는 석탄산업과 관련이 깊었다. 1948년부터 성주산, 옥마산을 중심으로 개발되기 시작한 보령탄광은 1960~1970년대에 개발 최성기를 누렸다. 석

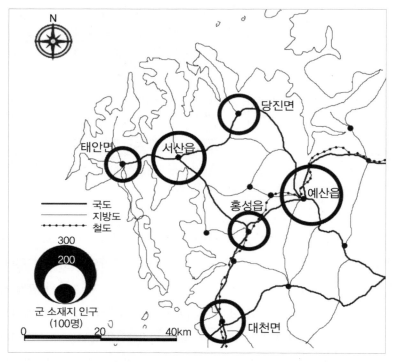

〈그림 4-11〉 1960년 내포의 인구와 교통

자료: Kosis 통계정보시스템.

인구 감소는 교통의 발달과 결합하여 정기시장을 급속하게 쇠퇴시키는 원인이 되었다. 이 시기에는 홍성-서산 간의 국도가 포장되면서 홍성이 서산, 태안 등 내포의 서부지역과 서울을 연결하는 중간지역의 역할을 하기 시작했다.

1960년대 이후의 장시들은 장시 간의 상호보완성을 바탕으로 지역권을

탄산업은 대천읍의 인구 증가에 영향을 미쳐 이후 1986년 대천읍이 시로 승격되는 결정적인 원인이 되었다(대천시지편찬위원회, 1994).

형성했다기보다는 자체로 수요량을 만족시킬 만한 독립적인 시장의 성격을 띠었다고 볼 수 있다. 특히 버스 운행이 증가하면서 구매자의 이동이 쉬워짐에 따라 지역 중심시장으로의 집중도가 높아졌다. 즉, 이 시기의 장시는 5일장의 형태를 유지하고 있기는 했으나 판매자가 이동하던 전통적 의미의 장시와는 많은 차이가 있었다. 장시를 매개로 지역권을 형성하지 못했으며 내포의 중심지들이 각각 중앙 상권에 포함됨으로써 내포가 전체적으로 하나의 결절지역으로 정의되기는 사실상 어려웠다.

1990년대에 들어서면서 내포 내부 공간구조에서 또 한 번의 변화가 일어났다. 서해안 개발이 각광을 받게 되면서 대중국 교역에 유리한 위치를 차지하고 있는 내포의 서해안 지역에 신흥공업지대가 형성되기 시작한 것이다. 2001년 서해안고속도로가 완공되면서 이러한 특성이 더욱 강화되었다. 서산시와 당진군을 중심으로 정유, 석유화학, 제철 등 제조업 기능이 강화되었으며 이와 함께 서해안고속도로를 통해 수도권과의 연결성이 획기적으로 개선되었다. 수로교통이 쇠퇴한 이후로는 내포의 서해안과 수도권은 도로와 장항선 철도를 통해야만 연결이 가능했다. 그러나 서해안고속도로가 내포의 서부지역을 관통함에 따라 기존의 도로와 철도의 중요성이 급격하게 낮아졌다. 이에 따라 그동안 서산시, 태안군 등 내포의 서해안 지역과 수도권을 연결하는 교통 결절점이었던 홍성군의 위상이 상대적으로 낮아지게 되었다. 또한 2000년대에 들어서면서 서산시, 당진군 등 서해안 지역이 경제적 중심으로 성장함에 따라 내포의 공간구조는 또 다른 변화의 시기를 맞고 있다.

4. 내포의 소멸: 근대화시기의 사회적 · 경제적 변화

구한말에서 일제 강점기에 이르는 시기는 사회적 · 경제적 측면에서 커다란 변화의 시기로서 지역 특성의 형성 및 변화에 많은 영향을 미쳤다. 특히 식민지 역사를 거친 한국의 경우는 사회, 정치, 경제 전반에 걸쳐 식민통치의 영향을 크게 받았으며 이러한 역사는 당시뿐만 아니라 오늘날의 지역 특성에도 일정 부분 반영되어 나타나고 있다.

행정 · 군사 기능이 지방 중심지의 중추적 기능이었던 근대 이전, 내포의 중심지는 홍주였다. 홍주는 충청도의 차령산지 서북부지역을 관할하던 목 소재지로서 내포와 관련이 깊은 행정구역이었다. 문헌을 통해 알 수 있는 내포의 범위는 넓게는 홍주목 관할범위 전체를 포함하며 좁게는 홍주를 중심으로 하는 가야산 주변지역을 가리키는데, 공통적으로 홍주가 그 중심이 되었다. 또한 근대 이전의 내포는 수로교통과 밀접한 관련을 갖는 지역이었다. 주로 조운, 해안방어와 관련하여 인식되었으며, 조운의 기능이 축소되면서부터는 수로를 통한 한양과의 지리적 접근성을 배경으로 한양 사대부의 생활근거지로 인식되기도 했다. 반면 조선시대 주요 간선도로와는 직접 연결되지 않는 위치였기 때문에 도로교통의 발달은 미약했다. 따라서 근대 이전의 내포지역은 수로교통이 지역의 특성에 결정적인 영향을 주었다고 볼 수 있다.

내포지역의 특성은 조선 후기에 이르러 급격하게 변화하기 시작했다. 이는 근대화시기의 사회변화를 반영한 것이지만, 특히 전근대시기 내포를 규정했던 행정구역 및 교통수단의 변화와 밀접한 관련이 있었다. 내포를 규정하는 행정적 외피였던 홍주목은 1895년과 1896년 행정구역 개편으로 그 역할을 상실하기 시작했다. 이어서 1914년 행정구역 개편으로 전통적 군 · 현 단위가 통폐합됨으로써 10여 개 군 · 현으로 정의되던 내포의 전통

〈그림 4-12〉 1970년대 내포의 인구와 교통

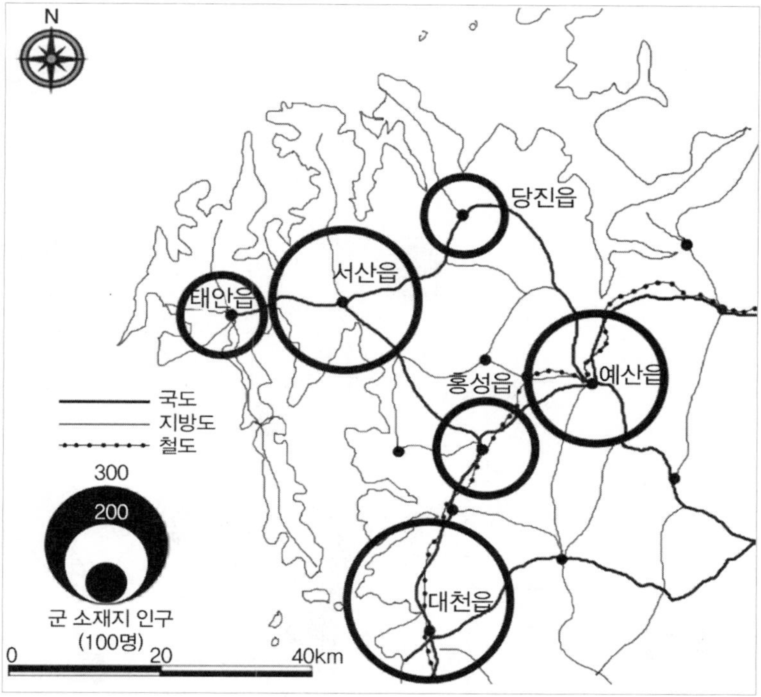

자료: 충청남도(1974).

적 경계가 완전히 흐트러졌다.

근대적 육상교통의 발달과 함께 내륙수로가 급격하게 쇠퇴했던 한국의 전반적인 특징과는 달리 내포에서는 수로교통의 기능이 일부 지역에서 상당 기간 유지되었다. 아산만과 천수만이 그 중심이 되었는데 이는 식민지형 교역구조와 밀접한 관련이 있었다. 아산만의 여러 포구들과 천수만의 옹암포는 내포에서 생산된 농산물을 반출하고 인천과 군산 등 무역항으로부터 공산품을 수입하는 역할을 했다. 이에 따라 전통적으로 홍주가 중심이 되었던 내포의 공간구조가 군산 상권과 경인 상권으로 분할되기 시작

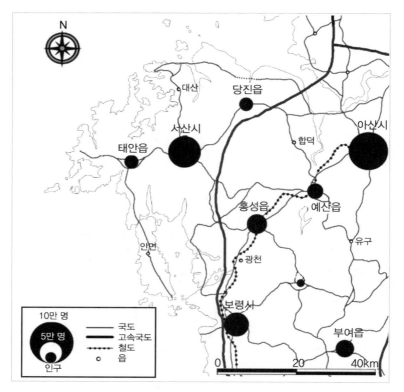

〈그림 4-13〉 2004년 내포의 인구와 교통

자료: 충청남도(2005); 건설교통부(2006).

했다.

한편 이 시기의 도로는 철도의 보조수단으로 건설되었기 때문에 지역의 변화에 미친 영향은 크지 않았다. 그러나 내포의 중심도로가 천안과 연결됨으로써 전통적으로 천안을 거치지 않고 직접 호남로와 연결되던 도로교통체제에 변화가 생겼다. 반면에 철도는 내포지역의 변화에 많은 영향을 미쳤다. 천안에서 분기하여 장항으로 이어지는 장항선 철도가 1931년 개통됨으로써 천안의 중심성이 강화되었고 장항선 연변의 중심지들이 성장하는 배경이 되었다.

이와 같은 행정구역 및 교통체계의 변화는 식민지정책과 결합하여 내포 지역의 내부 공간구조를 변화시키는 원인이 되었다. 일제의 침략이 본격화되는 1910년 이후로 식민지 수탈체제로의 변화가 시작되면서 내포의 장시 수는 감소하기 시작했다. 거래물품도 도기, 철기, 누룩(麴), 종이 등 공산품들이 크게 증가했고 쌀의 적출이 활발해졌다. 이러한 변화는 가내수공업을 몰락시켰고 다각적인 상업적 농업의 발달을 방해했다. 이로 인해 공급자이면서 소비자였던 농민의 시장 참여가 제한을 받아 장시의 기능이 약화될 수밖에 없었다. 따라서 이 시기의 시장은 항구나 철도, 도로 등 근대적 교통로의 결절점과 쌀의 주산지를 중심으로 발달했다. 예산과 광천이 이러한 성격을 잘 갖춘 곳으로 굴지의 시장으로 성장하기 시작했다. 예산장과 광천장의 성장은 조선시대 내포의 중심지였던 홍주의 위상을 크게 축소시켜 시장구조의 변화가 일어나는 계기가 되었다.

1920년대에는 인구의 증가와 교통의 발달로 전통적 시장권이 본격적으로 해체되기 시작했다. 외부로부터 유입되는 상품을 일방적으로 판매하고 농산물을 반출해가는 시장구조는 여러 개의 장시가 상호보완성을 바탕으로 연계되었던 전통적 구조를 변형시켰다. 거래량이 전국 20위권에 드는 대시장으로 성장한 예산은 인천, 서울과 연결되는 결절점으로서 내포 내의 1차 중심지로 부상했다. 또한 장항선을 매개로 천안이 내포와 연결됨으로써 내포의 전통적 공간구조가 변화하기 시작했다. 1920년대는 장시 간의 연결망과 지형적 폐쇄성을 바탕으로 형성되었던 내포 내부의 결절성이 붕괴됨으로써 지역으로서의 내포의 의미가 상실되기 시작한 시기였다. 이후 내포는 지역으로서의 실질적인 의미를 급격하게 잃으면서 주민의 인식과 기록에서 사라지기 시작했다.

해방 이후에는 일시적으로 장시가 증가하기도 했으나 5일장의 형태를 띠었을 뿐 실제로는 시·군별로 독립적인 시장의 성격을 띠었으며 이들이 모두 서울의 상권에 포함되어 결절지역으로서의 내포의 의미를 찾을 수 없게 되었다. 1970년대 이후로는 인구가 급격하게 줄어 5일장의 수도 감소하기 시작했다. 그러나 상업경제의 발달과 경제력의 상승으로 내포의 각 시·군들은 서울 상권의 일부로서 상설시장화되기 시작했다. 2001년 서해안고속도로의 개통은 내포의 공간조직에 다시 한 번 큰 변화를 일으켰다. 전통적으로 교통 결절점이었던 홍성의 위상이 상대적으로 낮아지고 서해안 연안의 서산시, 당진군의 상대적 위상이 급상승했다.

1990년대 이후 내포에 대한 관심이 급격하게 높아지고 있다. 내포를 하나의 지역으로 구성하기 위해서는 내포의 영역과 상징에 대한 논의가 필요하다. 또한 내포의 영역과 상징에 대한 논의를 위해서는 반드시 그 역사적 변화과정에 대한 탐구가 전제되어야 한다. 특히 내포의 소멸과정은 단순히 역사적 사실을 복원하는 차원을 넘어 내포의 성격을 규정하는 데 핵심적인 열쇠가 될 수 있다. 지역으로서의 내포에 대한 논의는 그 소멸과정을 통해 부활의 단초를 발견할 수 있는 것이다.

이상의 내용들을 종합해볼 때, 내포지역의 형성은 조선시대의 행정구역과 일정한 관계를 가지고 있었음을 알 수 있다. 또한 지역 내외의 연결에 수로교통이 중요한 역할을 했으며 한양 또는 경기도와의 편리한 연결성이 지역의 성격을 규정하는 중요한 배경이 되었다. 즉, 내포의 소멸은 내포를 규정했던 이러한 사회적·경제적 조건들의 변화와 함께 필연적으로 발생할 수밖에 없었으며, 당시의 이러한 사회적·경제적 조건들은 내포가 지역으로 실재했을 당시와 달랐음은 물론이고 오늘날의 조건과도 매우 성격이 다른 것이었다. 따라서 내포지역을 구성하여 내포를 새롭게 지역으로 형상화하는 과정은 현실적으로 많은 어려움이 따를 수밖에 없을 것으로 보인다.

제5장

지역정체성의 형성과 지역의 부활

지역정체성의 구축과정은 세계적 또는 국가적 획일성에 대항하여
지역에 '다름'의 위치를 부여함으로써 시작된다.

1. 내포 논의의 등장

　지역정체성의 문제는 문화적·역사적인 맥락과 정치적·경제적 맥락이 서로 얽혀 있다. 정체성은 정치적 이데올로기나 지역주의, 민족주의 등이 스스로 만들어내기보다는 문화적·역사적인 경험과정을 거치면서 비로소 만들어진다(Bloom, 1990). 이러한 경험과정은 정치적으로 조작될 수도 있지만 적절한 문화적·역사적 경험이 없는 상징이나 이데올로기는 정체성을 만들어내는 데 무력하다. 즉, 지역정체성을 형성하는 중요한 기반은 추상화된 구호로서가 아니라 사회적·문화적 실체와 담론, 그리고 행동의 형태로 존재하기 때문에 정체성 형성과정의 동기가 중요한 관심사항인 것이다. 내포의 경우는 이러한 문화적·역사적 경험의 실체가 비교적 약하고, 활동적인 담론이 부족한 가운데 지역개발과 관련하여 논의가 촉발되었다.

　조선시대까지 일반적으로 통용되었던 내포에 대한 정의가 잘못 기록되거나 또는 기록에서 사라지기 시작했던 시기는 일제 강점기 초반이었다. 이 시기는 대체로 전통적으로 내포를 정의했던 요소들인 '조운', '왜구', '포구', '근기권' 등이 시대적 변화에 따라 역할이나 의미를 상실했던 시기와 일치한다. 특히 신분제도의 철폐와 함께 내포를 거주 또는 별저에 적합한 지역으로 인식했던 양반 관료계급의 경제적 기반이 무너지기 시작했던 시기와 일치한다. 내포는 일제 강점기 이후 점차 기록에서 사라졌을 뿐만 아니라 주민들 사이에서 실질적으로 통용되지 않음으로써 화석화된 지역으로 변화했다. 이러한 상태는 1990년대까지 지속되어 사실상 내포는 지역으로서의 의미를 상실한 상태에 이르게 되었다.

내포는 배타적인 또는 내부적인 정체성을 특별히 갖지 못한데다 일정한 영역이 정해져 있는 행정구역이 아니었기 때문에 급격한 사회적 · 경제적 변화가 일어났던 식민지시대라는 환경에서 전통적 개념의 지역으로서의 존립기반을 쉽게 상실했다고 볼 수 있다. 영남지역이나 호남지역 등 문화적 · 역사적 전통이 강했던 일부 지역은 오늘날까지 적어도 지명을 비롯한 일부 특성을 유지해오고 있지만 내포는 실질적인 지역으로서의 의미를 거의 상실했다. 이처럼 사실상 지역으로서의 의미를 상실했던 내포가 최근 다시 지역으로서의 의미를 활발하게 되찾아가고 있다. 그러나 이러한 움직임은 식민지시대 이전의 내포와는 달리 매우 의도적인 것으로, 전통적인 의미의 지역개념으로는 현재의 내포에 접근하기가 어렵다. 특히 내포에 대한 활발한 논의 움직임은 한국에서 지방자치가 자리를 잡고 장소를 상품화하는 움직임이 활발해졌던 시기와 대략 일치한다. 따라서 내포 지역정체성의 구성이 지역개발사업과 매우 밀접한 관련이 있음을 알 수 있는데, 실제로 많은 지역에서 지역정체성은 지역개발계획을 수립하고 실행함에서 아주 중요한 도구로 인식되어왔다(Raagmaa, 2002).

인간의 지식은 분류에 기초를 두고 있으며 분류는 동일성을 기초로 이루어진다. 분류된 사물이나 사상에는 적절한 이름(낱말)이 붙여지며 이 낱말이 다시 사물을 만들어내고 상상력이나 이미지의 왜곡, 감정 등을 만들어낸다(Jenkins, 2000). 이것은 지역에도 똑같이 적용될 수 있는데, 예를 들어 어떤 이름(지명)을 붙이는가에 따라 지역의 의미는 달라질 수 있으며, 같은 맥락으로 '이름이 붙여진 특정한 영역에 포함되는가, 그렇지 않은가'에 따라 달라질 수 있다. 또한 그 이름을 받아들이고 활용하며 유포시키는 주체가 누구인가에 따라 매우 다양한 입장의 차이가 드러날 수 있다. 따라서 여기에는 다양한 입장과 권력관계가 작용하는 경우가 많다. '내포'는 이러한 예에 잘 부합되는 사례로서 실제로 지역의 범위와 문화적 특성에 접근함에서 다양한 입장의 차이가 나타나고 있다.

따라서 지금의 내포를 정확히 이해하기 위해서는 내포에 대한 다양한 입장들을 살펴보는 것이 필요하다. 누가 경계, 즉 우리와 타자 사이의 구분을 만들어내며, 그리고 왜, 어떻게 제도적 실체들 가운데서 주도적 실체가 되며, 발언권을 갖고 이를 재생산하는가를 분석하는 것은 매우 중요하다. 즉, 어느 시기에, 누구에 의해, 어떤 과정으로 내포에 대한 접근이 이루어졌는가를 살펴보는 것은 내포의 의미, 나아가서는 오늘날 지역의 의미를 이해하는 데 의미 있는 접근이 될 수 있을 것이다.

1990년대 이후 내포 지역정체성의 형성에 중요한 역할을 하는 제도적 실체들은 매우 다양하게 나타나고 있다. 오랜 단절의 역사로 인해 주민들이 문화적·역사적 경험을 뚜렷하게 공유하지 못한 상태이기 때문에 오히려 더욱 다양한 입장들이 제시되고 있다. 또한 논의가 지역개발 논리 중심으로 급속하게 확산되다보니 정체성 형성의 기본적 주체인 주민보다는 행정기관이나 전문 연구기관이 더욱 활발하게 입장을 나타내는 것이 내포지역의 특징이다.

이러한 경향은 특히 2000년 이후에 더욱 뚜렷했는데, 이는 내포의 문화

요소나 내포문화권 등에 대한 충분한 연구가 선행되지 못한 상태에서 지역개발과 관련된 내용으로 논의의 중심이 이동했음을 뜻한다. 경주문화권이나 백제문화권의 경우 많은 학술적 연구가 체계적으로 이루어져 학술적·문화적 토대가 튼튼한 것과 비교해볼 때 큰 차이를 보이는 측면이다. 실제로 내포 관련 논의가 활성화되기 시작했던 2000년까지 발표된 내포에 관한 학위논문은 7편의 석사학위 논문이 전부였다.[1] 특이한 점은 이 가운데 4편이 천주교와 관련된 논문이며 충남발전연구원이 내포에 관한 연구를 본격적으로 시작했던 1999년 이전에 발표된 학위논문도 모두 천주교 관련 논문이라는 점이다. 이러한 현상은 천주교 역사에서 내포가 매우 중요한 지역으로 인식되고 있는 것과 관련이 깊다.

이러한 사실들을 통해 1999년 이전까지는 내포가 폭넓은 학술적 연구의 대상이 되지 못했음을 알 수 있다. 학술지 논문 역시 2000년 이전에는 내포 관련 연구가 매우 적었다. 학위논문과 중복되거나 향토 관련 잡지에 기고되었던 것들을 제외하면 학술지 논문은 모두 8편이었으며,[2] 이 가운데

---

1) 국회도서관 소장 논문 가운데 2000년 이전에 발표된 '내포'를 대상으로 한 학위 논문은 다음과 같다. 송기영, 「조선 후기 내포지방의 천주교 전래와 수용에 관한 연구」(충남대학교 교육대학원 석사학위 논문, 1991); 채기병, 「내포지방의 천주교 교우촌 연구」(고려대학교 교육대학원 석사학위 논문, 1994); 서종완, 「조선 후기 내포지역 천주교 박해의 추이」(공주대학교 교육대학원 석사학위 논문, 1998); 권병웅, 「조선 후기 금강문화권과 내포문화권의 음악문화 메커니즘 고찰」(목원대학교 대학원 석사학위 논문, 1999); 김영숙, 「한말 내포지역 천주교의 교세확장과 향촌사회」(건국대학교 교육대학원 석사학위 논문, 2000); 임병조, 「조선시대 관료층의 내포지방 정착과정에 관한 연구」(한국교원대학교 대학원 석사학위 논문, 2000); 곽소연, 「내포지방 관광개발을 위한 한 제안적 연구」(공주대학교 대학원 석사학위 논문, 2000).

2) 국회도서관 소장 논문 가운데 2000년 이전에 발표된 '내포'를 대상으로 한 학술지 논문은

서도 천주교 관련 논문이 4편으로 많은 비중을 차지했다. 단행본은 1편뿐이었다.[3] 이러한 상황에서 몇몇 향토연구단체들이 내포 논의를 주도했다.

1990년대 이전까지 상호나 단체명 등에 '내포'가 사용된 사례가 거의 없었던 상황에서 1988년 당진향토문화연구소가 ≪내포문화≫라는 정기간행물을 발간하기 시작했다. ≪내포문화≫는 당시 내포지역 내에서 '내포'를 명칭으로 사용한 거의 유일한 것이었다. 내포에 대한 관심이 보다 구체적으로 등장한 시기는 1990년대 초반으로 볼 수 있다. 직접적인 계기는 1993년의 백제문화권 특정지역 지정이었다. 1991년부터 가시화되었던 백제문화권 특정지역개발계획에 내포지역을 포함시키기 위한 시도의 하나로서 당시 예산문화원을 중심으로 내포문화에 대한 연구가 시작되었다. 즉, 내포에 대한 초기 연구는 백제문화권의 일부로서 내포문화를 부각시키고자 했던 성격이 강했다. ≪예산문화원보≫가 주도한 이러한 시도는 결과적으로 화석화되었던 내포가 표면으로 떠오르는 계기가 되었다. 그러나 이 시기까지는 내포에 대해 관심을 보였던 지역이 예산에 한정되어 있었고 예산문화원과 내포문화연구원이 중심이었다. 따라서 당시까지는 내포 관련 논의가 광범위하게 확산되었다고 보기는 어렵다. 그러나 내포문화연구원은 1997년부터 1998년까지 ≪내포문화정보≫라는 계간지를 발행하여 다

다음과 같다. 원재연, 「오페르트의 덕산굴총사건과 내포 일대의 천주교 박해: 문호개방론과 관련하여」(2000); 임선빈, 「조선 후기 내포지방의 역사지리적 성격: 천주교 전래와 관련하여」(2000); 이원순, 「내포 천주교회사의 의의」(기조강연) (2000); 김연소, 「내포제시조」(2000); 오윤희, 「내포지방의 매향비」(1999a); 오윤희, 「내포지방의 미륵불 1」(1999b); 최영준, 「19세기 내포지방의 천주교 확산」(1999); 임선빈, 「충남의 역사문화 관광자원을 찾아서: 내포문화권과 계룡산 문화권」(1998).
3) 이인화, 『내포지역 동학농민운동의 전개과정과 그 결과: 충남 당진 지역을 중심으로』(객현연구소, 1997).

양한 문화요소에 대한 학술적 연구물들을 게재했다. ≪내포문화정보≫에 수록된 논문들은 전체적으로 불교, 천주교, 실학 등과 관련된 내용들이 중심이었는데, 이러한 문화요소들이 내포를 규정짓는 대표적 문화요소로 인식되었음을 의미한다. 이들 향토연구단체들은 행정기관과는 어느 정도 거리를 유지하면서 주민의 의사를 반영하거나 또는 주민을 상대로 여론을 형성하는 역할을 하고 있었다.

내포에 대한 관심이 본격화된 것은 1990년대 후반이었다. 충남발전연구원은 1999년 "내포지방 문화관광 개발을 위한 기초연구"를 실시했다. 이는 내포지역 내에서 산발적으로 진행되던 내포 관련 논의가 충청남도 차원으로 확대되었으며 지역개발 차원에서 내포에 대한 접근이 본격적으로 이루어지기 시작했음을 의미한다. 이 연구는 내포지역에 대한 관심을 촉발시킨 직접적인 계기라고 볼 수 있다. 이후로 충남발전연구원은 내포 관련 논의를 주도하면서 내포문화권 특정지역개발계획의 토대를 마련했다. 그러나 충남발전연구원의 내포에 대한 접근은 기관의 성격상 지역개발 차원의 접근이 중심이었기 때문에 내포문화에 대한 천착보다는 개발을 위한 문화요소에 관심을 집중하는 경향을 보였다. 따라서 내포 논의를 활성화한 긍정적 측면 이면에 학술적 논의의 진행보다는 개발논리가 선행되는 원인이 되기도 했다.

이러한 움직임을 충실하게 반영한 것은 지역신문이었다. 지역신문은 주민과 기초자치단체의 의견을 반영하거나 독자적인 의견을 제시함으로써 지역 여론을 형성하는 데 중요한 역할을 했다. 시·군별로 약간의 편차가 있었지만 작은 변화에도 민감하게 반응하는 언론의 특성상 지역신문은 내포에 관한 논의가 등장했던 초기 단계부터 내포 관련 기사를 게재했다.

내포에 대한 관심과 논의가 증가하면서 2002년에는 '충남대학교 인문과학연구소 내포지역연구단'에 의해 "충청남도 내포지역 지역엘리트의 재편과 근대화"라는 주제의 학술연구가 진행되었다. 이 연구는 충남발전연구원의 연구와는 다소 성격이 다른 것으로 내포에 대한 최초의 본격적인 학술연구였다. 즉, 지역에 기반을 두고 있는 단체나 개인이나 행정기관이 매우 주관적인 입장을 가질 가능성이 큰 반면, 내포지역연구단은 충남대학교 인문과학연구소 부설 전문 연구단체로 상대적으로 객관적인 입장을 견지할 수 있는 여건을 갖추고 있었다. 또한 연구내용도 지역개발 관련 내용이 아닌 순수한 학술적 내용으로, 다른 제도화 요소와는 차별화되는 특성을 지니고 있었다. 그러나 전통적 의미의 내포가 해체되어갔던 근대화시기에 초점을 맞춤으로써 내포지역의 형성과정 등에 대한 탐색은 부족했다.

내포문화권 개발이 본격적으로 논의되기 시작하면서 기초자치단체들도 내포에 대한 관심을 나타내기 시작했다. 그러나 대부분 충청남도의 내포문화권개발계획에 수동적으로 반응하는 정도였다. 이 가운데 홍성군이 내포사랑큰축제를 기획하는 등 내포를 적극적으로 부각시키기 위한 노력을 기울임으로써 기초자치단체 가운데 역할이 가장 두드러졌다. 충청남도는 내포문화권 특정지역개발사업의 주체로서 충남발전연구원과 유기적 관계를 지속하면서 지역개발 차원에서의 내포 논의를 주도했다. 그러나 지역개발 차원에서 지역 균형에 초점을 맞춘 결과 내포문화권의 범위가 비정상적으로 설정되었을 뿐만 아니라 단체장의 교체에 따라 지역범위에 관한 논의가 바뀌는 등의 문제점이 노출되기도 했다. 한편 정부는 2000년부터 시행한 제4차 국토종합계획에 내포를 문화적 특수지역에 포함시키고 2001년을 '지역문화의 해'로 선정하여 역사문화자원에 대한 발굴·복원을 지원함으로써 내포문화권 개발의 정책적 토대를 마련했다.

내포문화권 특정지역개발계획이 가시화되고 내포가 관심의 대상으로 떠오르기 시작한 2001년 이후에는 내포와 관련된 개인 연구물도 급증하기 시작했다. 박사학위 논문 2편을 포함한 학위논문이 2006년까지 5편이 발표되었다.4) 학술지 논문도 10편이 발표되었는데 학위논문과 중복되거나 충남발전연구원, 내포문화연구원, 향토학술지 등 전문 연구단체의 연구물은 제외한 수치이므로 2001년 이후 연구물이 급증했음을 알 수 있다.5) 연구내용도 내포문화에 대한 학술적 연구에서 지역개발과 관련된 연구, 내포지역 문제에 이르기까지 다양한 주제들이 연구되었다.

이처럼 2000년을 기점으로 내포 관련 논의는 매우 높은 증가세를 보이고 있으며 직접적인 원인은 내포문화권 특정지역개발사업이었다. 그러나 지역개발사업과 관련하여 논의가 촉발되었기 때문에 지역의 역사적·문화적 특성에 대한 폭넓은 논의가 부족한 특징이 나타났다. 즉, 내포에 대한 충분한 학술적 논의가 이루어지지 않음으로써 내포지역을 정의할 만한 객관적이고 명확한 기준이 정립되지 못했다. 이처럼 불완전한 상태는 역

---

4) 이인화, 「충청남도 내포지역 마을제당에 관한 연구: 민속지리적 접근」(2006); 임승범, 「충남 내포지역의 앉은굿 연구: 태안지역을 중심으로」(2005); 심웅섭, 「한국의 지역문화 활성화 방안에 관한 연구: 내포문화권을 중심으로」(2005); 홍동현, 「충청도 내포지역의 농민전쟁과 농민군 조직」(2003); 박진희, 「지역문화재 고찰을 통한 감상지도 방안: 충남의 내포지역을 중심으로」(2001).

5) 정경희·신승미, 「충남 내포지역의 향토음식에 대한 대학생의 인지도 및 기호도 조사연구」(2006); 임선빈, 「조선 후기 성호가학의 내포지역 확산배경」(2006); 이인화, 「내포지역 마을제당의 형성시기 및 소멸과정」(2005); 임선빈, 「조선 후기 내포지역의 통치구조와 외관: 홍주목을 중심으로」(2005); 박찬주·이차영, 「내포지역 고등학생의 진학 의식 분석연구」(2004); 이재규, 「내포지역 중소기업의 경영실태 분석: 서산시를 중심으로」(2004); 서한범, 「내포제시조의 현황과 확산을 위한 과제」(2004); 송두범·심문보, 「특정지역 개발에 관한 사례 연구: 내포문화권 특정지역을 중심으로」(2004); 채영문, 「내포지역 문화관광 특성화에 따른 관광도자기념품 개발에 관한 연구」(2003); 임선빈, 「내포지역의 지리적 특징과 역사문화적 성격」(2003).

설적으로 지역개발과 관련된 이해관계에 따라 다양한 견해가 적극적으로 표출되는 원인이 되었다. 지역개발에서 유리한 입장을 차지하기 위해 많은 관련 주체들이 내포와 내포문화에 대해 다양한 입장을 표출하고 의견을 개진하는 근거가 되는 것이다. 따라서 내포지역 연구에 접근할 때는 다양한 주체들, 즉 제도화 요소의 입장을 분석하는 과정이 반드시 필요하며 이것이 내포지역을 이해하는 효과적인 방법이 될 수 있다. 이 장에서는 이상의 기관 및 단체들을 내포지역 구성에 작용하는 대표적인 제도화 요소로 보고 이들을 중심으로 진행되어온 내포에 관한 논의들을 정리해보고자 한다.

2. 내포 논의의 주요 주체

1) 주민

지역정체성은 자연적, 사회적, 경제적, 문화적 배경들을 역사적 맥락에서 고려할 때 그 구성과정을 바르게 탐색할 수 있다. 이때 지역정체성을 사전적으로 개념화하는 것보다는 주민들이 지역에 대해 말할 때 의미하는 것이 무엇인지를 알아내는 것이 중요하다. 그러나 최근의 내포 담론에서는 행정기관이 주체가 되고 여러 연구기관과 향토연구단체가 중심이 되고 있기 때문에 주민은 상대적으로 영향력이 약하고 수동적인 입장에 있다고 볼 수 있다. 또한 주민이 다양한 계층으로 구성되어 있으며 더욱이 내포는 행정구역을 넘는 넓은 공간범위를 포괄하고 있기 때문에 제도화 요소로서 주민의 입장을 파악하기는 쉽지 않다. 여기서는 충청남도에서 실시한 지역전문가 설문조사 분석자료를 활용하여 주민들의 내포에 대한 인식 정도를 개괄적으로 알아보고자 한다(국토연구원, 2001). 이 설문조사는 '내포문화권에 대한 인지도와 공간범역', '내포지방의 전반적인 지역발전 수준에 대한 인식', '내포문화권의 특성과 본질 규명(문화, 관광 등)', '내포문화권의 특정지역 개발잠재력과 바람직한 개발방향' 등의 내용으로 이루어졌다. 그러나 이 설문조사는 응답대상자의 거주지역이 충청남도 전역(70.0%)과 대전광역시(23.3%) 및 기타(16.2%)를 포괄하고 있으며, 또한 조사대상자의 직업별 분포가 공무원 및 교사(50.6%), 학계 및 연구기관 종사자(40.0%), 지역향토사학자(6.7%) 등이 중심이기 때문에 내포 지역주민들의 입장을 정확히 파악하기에는 부족한 점이 많다. 그러나 지역정체성은 외부인들의 시각으로도 확인될 수 있으며 여론 주도 집단에 의해 지역의식이 파급될 수 있으므로 일정한 한계가 있지만 정체성 구성의 요소로서 주민을 고려하는 의미를 기대할 수 있으리라 본다.

먼저 내포지역에 대한 인지도는 전체 응답자의 대부분이 내포지역에 대해 잘 아는 편이라고 답하고 있어 내포라는 지명이 2001년 당시 지역 내에서는 상당히 높은 인지도를 가졌음을 알 수 있다. 그러나 설문이 지역의 일반 주민이 아닌 공무원·교사, 향토사학자, 학계·연구기관 종사자를 대상으로 이루어짐에 따라 내포지역에 대한 인지도는 실제보다 높게 나타난 것으로 보인다. 내포문화권의 공간범위에 대해서는 전체 응답자의 대부분이 '서산시, 예산군, 홍성군, 태안군, 당진군 및 보령시, 아산시의 일부'라는 주장에 동의했다.

내포지역의 지역발전 수준에 대한 생각은 대체적으로 모든 분야에서 상대적으로 낙후 상태에 있다고 보았다. 분야별로는 사회복지·교육 부문과 SOC 부문이 가장 낙후되어 있다고 보았으며, 반면에 경관·환경자원 부문은 타 지역과 비슷한 수준으로 평가했다. 내포지역이 낙후된 주요 요인으로는 정부정책으로부터의 소외를 꼽았다.

그렇지만 앞으로의 지역발전 전망에 대해서는 매우 낙관적으로 평가하는데, 내포지역 발전의 가장 큰 장점 및 잠재력으로는 서해안고속도로 개통에 따른 접근성 개선과 향토 문화유산 및 역사유적, 깨끗하고 수려한 자연경관자원 등을 들고 있다. 이에 따라 내포지역의 경제 활성화를 위해 지역개발 차원에서 중점을 두어야 할 분야에 대해서는 향토역사문화자원 보존·정비가 가장 중요하며 간선교통체계 구축 및 대규모 관광단지·시설 개발 등이 중요하다고 보고 있다.

한편 내포지역의 문화에 대해서는 응답자의 대부분이 내포지역은 독립적인 문화권으로 타 문화권과 차별화할 수 있는 특성을 갖고 있다고 보았다. 내포지역의 고유한 문화적 특성으로는 '애국·충절·충의지역', '해안과 내륙평야를 갖춘 자급자족지역'이라는 지역 이미지를 가장 크게 꼽고 있다. 또한 내포지역을 대표할 만한 역사유적으로는 임존성, 홍주읍성, 서산읍성 등 성곽 중심의 자원과 추사 김정희, 윤봉길 의사, 김좌진 장군 등의 인물자원을 인식하고 있으며 불교자원으로는 서산마애삼존불과 수덕사 그리고 개심사와 태안마애삼존불 등을 꼽았다. 유교 및 동학과 관련해서는 서산보현사지와 남당 한원진, 승전목 등이며 천주교자원으로는 해미읍성과 솔뫼마을 등을 지역을 대표할 만한 자원으로 인식하는 것으로 나타났다. 기타 자원으로는 남연군 묘와 기지시줄다리기, 황도붕기풍어제 등의 순으로 응답했다. 이와 관련하여 내포지역의 향토·문화유산 복원 및 정비 시 가장 우선적으로 추진해야 할 사업으로는 관방유적, 종교유적을 중심으로 전통민속유적과 고건축유적 등을 중시하고 있다.

그러나 내포지역의 발전을 위해 중점을 두고 개발해야 할 역사문화·관광자원으로는 해안 및 해양자원, 자연경관 및 생태자원 등을 자연자원으로 인식하는 반면, 충절·역사인물, 백제 역사유적 등의 개발 효용성은 상대적으로 낮게 평가했다. 이는 내포의 문화적 자원의 '상품성'을 자연적 자원에 비해 낮게 평가한 것으로 내포를 하나의 문화권으로 인식하기는 하지만 정체성의 형성 정도는 낮은 것으로 보기 때문인 듯하다.

내포문화권이 중앙정부 차원의 특정지역으로 지정·개발되어야 할 필요성을 묻는 질문에는 전체 응답자의 대부분이 필요하다고 응답했다. 이는 내포를 '낙후된 지역'으로 인식하고 있는 것과 관계가 깊으며, '소외'를 벗어나기 위한 방편으로 '개발'을 기대하고 있음을 알 수 있다. 이러한 특징은 특정지역 개발이 지역 전통문화의 보전과 개발 등 문화적 차원의 발전보다는 지역경제 발전에 더 큰 영향을 줄 것으로 기대하는 것에서도 드러나고 있다. 내포지역의 바람직한 특성화 방향에 대해서는 지역의 풍부한 전통, 향토역사자원 및 자연환경자원을 중심으로 전통향토역사지역 및 자연환경보전지역으로 특성화하는 것이 가장 효율적이라고 판단하는 것으로 나타났다.

주민은 지역정체성 구성의 기본적인 주체이며 동시에 여러 제도화 요소에 의해 특정한 입장을 요구받는 대상이기도 하다. 내포의 주민은 오랜 기간 역사적·문화적으로 공통의 경험을 했으나 식민지시대 이후에는 '내포주민'으로 자신을 인식할 만한 경험을 거의 하지 못했다. 최근에야 내포에 관한 논의가 활발해짐으로써 내포지역에 대한 주민의 의식이 많이 고양되었다. 그러나 그 역사가 매우 짧고 아직까지 정립된 입장이 없기 때문에 제도화 요소로서 주도적 역할을 하기보다는 수동적 존재로서의 입장에 있는 것이 당분간 계속 이어질 것으로 보인다.

2) 지역신문

오늘날 언론매체는 다양한 사회적, 정치적, 경제적 현상에 많은 영향을 미치고 있다. 정보의 유통에 영향을 미치는 도구가 과거에 비해 훨씬 더 다양해지고 있지만 언론매체의 영향력은 여전히 막강하다. 사실을 보도하는 것을 원칙으로 하지만 다양한 사실 가운데 어떠한 사실을 선택하고 부각시켜 전달하는가에 따라 여론을 달라지게 할 수 있기 때문이다. 더욱이 특정한 목적을 가지고 의도적인 노력을 할 경우에는 여론에 지대한 영향을 미칠 수 있다. 이러한 언론매체 가운데 대표적인 것이 신문이다.

방송의 영향권이 일반적으로 전국 단위 또는 광역자치단체 규모의 넓은 세력범위를 갖는 반면, 신문은 기초자치단체 규모의 소규모 구독권(購讀圈)을 갖는 것도 가능하다. 또한 신문은 방송매체에 비해 설립이 비교적 용이하기 때문에 소지역 단위에서도 큰 어려움 없이 설립·발간되고 있다. 실제로 대부분의 시·군 단위 지역에서 지역신문이 발간되고 있는 것이 한국의 현 상황이다. 시·군 단위로 발간되는 지역신문은 지역에 따라, 발간 주체의 입장에 따라 다양한 색깔을 나타냄으로써 소지역 단위에서 여론의 형성에 많은 영향력을 발휘하고 있다. 그러므로 지역신문은 지역정체성의 형성에 영향을 미치는 제도적 요소 가운데 그 영향력이 매우 강하다고 볼 수 있다.

지역신문은 지역의 정보를 유포·확산시킴으로써 기존의 지역정체성을 강화하며, 때로는 고유의 정체성을 갖지 못한 장소의 거주자들에게 새로운 이미지를 창조·부각시켜서 지역정체성을 적극적으로 창출하는 데 중요한 역할을 하기도 한다(이영민, 1999). 즉, 지역신문은 지역 정치에 대한 관심을 불러일으키며 지역의 경제나 문화를 활성화하는 데 중요한 역할을 한다. 정치적, 경제적, 문화적 특성은 오늘날 지역의 특성을 나타내는 대표적인 요소이다. 지역정체성을 '주민들이 공통적으로 자신과 동일시하는 지역의 제반 특성'이라고 본다면, 주민들이 지역의 대표적인 특성인 정치적, 경제적, 문화적 특성들을 자신의 것으로 받아들일 때 이를 지역정체성이라고 할 수 있을 것이다. 일반적으로 지역신문은 지역의 정치, 경제, 문화 전반에 많은 영향을 미치고 있기 때문에 지역정체성 형성에도 많은 영향을 미친다고 볼 수 있다(Jordan et al., 1997).

그러나 우리나라의 경우는 오랫동안 중앙집권적인 권력구조가 지배해 왔기 때문에 지역의 특성을 부각시키는 것은 국가의 전체적인 발전에 방해되는 것으로 간주하는 경향이 있었다. 지역의 다양한 특징에 대한 관심을 갖기에는 경제적·문화적 수준도 낮았으며 따라서 지역의 특성을 부각시키는 것이 경제적 이익과는 무관한 것으로 인식되었다. 따라서 지역정체성이 제대로 형성되지 못하고 심지어는 '지역감정' 정도로 인식되어 그 의미가 축소 또는 격하되는 경향까지 있었다. 이러한 경향은 1980년대 말에 이르러서야 극복되기 시작했고 민주주의의 성장과 지방자치제도가 본격적으로 정착되는 1990년대 초반부터 지역의 특성에 대한 관심이 급격하게 증가하기 시작했다. 이 과정에서 지역신문들의 창간이 러시를 이루었으며 이러한 움직임들은 지역정체성의 형성에 일정하게 영향을 미쳤다.

한편 언론매체와 여론은 일방적인 관계가 아니라 서로 영향을 주고받는 관계이다. 따라서 언론매체는 여론 형성에 많은 영향을 주기도 하지만 반대로 여론을 반영하는 도구이기도 하다. 그러므로 지역신문을 살펴보는 것은 여러 가지 면에서 의미가 있다. 즉, 지역신문이 지역정체성의 형성과정에 어떠한 영향을 미치고 있는지를 엿볼 수 있으며, 반대로 특정 사안에 대한 주민들의 생각은 어떠한지를 알아보는 간접적인 수단이 될 수도 있다. 또한 지방자치단체를 비롯한 행정기관의 입장 역시 지역신문을 통해 잘 드러나기 때문에 행정기관의 입장도 어느 정도 알아볼 수가 있다.

오늘날의 내포는 주민들의 인식 여부가 지역으로서의 의미를 획득하고 기능을 수행하는 데 중요한 조건이 되는 특징을 가지고 있다. 그러므로 주민들이 내포라는 지명을 사용하도록 하기 위한 여러 가지 시도는 내포지역의 구성에서 큰 의미를 가진다. 주민의 인지는 대중적 캠페인과 같이 의도적인 과정을 통해 만들어지기도 하기 때문이다. 특히 언론매체가 이를 자주 사용할 경우 지역의 주민들에게 미치는 영향력은 무엇보다도 크다고 볼 수 있다. 그러므로 지역신문은 거의 사용되지 않던 '내포'라는 지명이 다시 널리 사용되게 하는 데 매우 중요한 역할을 했을 가능성이 크다.

내포에 속하는 여섯 개의 시·군 가운데 서산시를 제외한 태안, 당진, 홍성, 예산, 보령 등 다섯 개의 시·군에서 지역신문이 발간되고 있다. 이 절에서는 이들 다섯 개의 지역신문에 게재된 내포 관련 기사를 중심으로 내포 지역정체성과 지역신문과의 관련성을 살펴보고자 한다. 또한 '내포문화권 특정지역개발사업'과 관련하여 사업권 내 포함 여부로 논란이 되고 있는 청양군과 서천군에서 발간되는 지역신문도 참고하고자 한다. 내포지역의 지역신문들은 대부분 1990년대 중후반부터 발행되기 시작하여 10년 정도의 역사를 갖고 있다. 내포에 관한 논의가 본격화된 시기가 2000년도 전후였으므로 대부분의 지역신문들이 처음부터 내포 논의과정에 일정한 입장을 표현하는 것이 시기적으로 가능했다고 볼 수 있다. 자료 검토 시점은 의도적으로 제한을 한 것이 아니라 각 신문사가 인터넷 웹사이트를 개설하고 기사를 업로드한 시기를 대상으로 했다.[6]

<표 5-1>은 분석대상 기간에 내포의 지역신문에 게재된 '내포' 관련 기사의 숫자이다. 모두 153개의 기사가 실렸으며 서천과 청양을 포함하면 모두 180개가 게재되었다. 가장 많은 기사를 게재한 신문은 84회를 기록한 ≪홍성신문≫으로 다른 지역의 신문에 비해 월등하게 많은 횟수를 게재했다. 반면에 보령, 태안, 당진 등은 10회 안팎으로 게재한 횟수가 적었다. 오히려 내포의 영역에 포함되지 않는 청양이 22회를 기록하여 다른 지역

---

6) 웹사이트가 개설되지 않은 예산의 ≪무한정보신문≫은 발간된 신문에서 기사를 직접 검색했다.

〈표 5-1〉 내포 관련 기사 게재 횟수

	당진	보령	예산	태안	홍성	서천	청양
기사 수	13	10	34	12	84	5	22
소계	153					27	
총계	180						

주 1: 웹사이트를 검색한 결과이며 검색어로 '내포'를 사용하여 제목에 '내포'가 포함된 기사를 검색한 결과이다. 《당진시대》(http://www.djtimes.co.kr, 1996. 1. 15~2007. 3. 11); 《보령신문》(http://www.brtimes.co.kr, 2001. 8. 26~2007. 3. 10); 《태안신문》(http://www.taeannews.co.kr 2002. 12. 21~2007. 2. 28); 《홍성신문》(http://www.hsnews.kr 1999. 10. 18~2007.3.10); 《서천신문》(http://seocheon.newsk.com 2006. 6. 26~2007. 2. 28); 《청양신문》(http://www.cynews.co.kr 1996. 9. 24~2007. 2. 28); 《무한정보신문(예산, 웹사이트 없음, 1998. 4. 16~2007. 5. 27).
주 2: 아산에는 《NGO아산뉴스》, 《아산투데이》 등이 있으나 게재된 기사가 없으며, 서산에는 발간되는 지역신문이 없음.

들에 비해 더 많은 게재 횟수를 나타냈다. 예산은 34회로 홍성에 비해서는 적었지만 다른 지역에 비해서는 훨씬 많은 게재 횟수를 기록했다.

(1) ≪당진시대≫

1996년 이후 총 13회의 내포 관련 기사가 실려 게재 횟수는 그리 많지 않았다. ≪내포문화≫라는 향토 학술잡지가 오래전부터 발간되었던 것에 비해 지역신문이 내포에 기울인 관심은 그리 많지 않았다고 볼 수 있다. 기사 내용도 ≪내포문화≫가 발간되었음을 알리는 기사와 '내포문화연구소' 출범 소식 등이 주를 이루며 내포문화권과 관련된 내용은 오제직 충남발전연구원장이 내포지역의 모든 지역신문에 기고한 "내포를 아시나요" 시리즈(2003. 3 ~ 2003. 5, 총 5회)가 대표적이다. '4차 국토종합개발계획'에 내포문화권개발사업이 포함되어야 함을 주장하는 기사가 있으나(1999. 11. 1) 지역주민의 의사를 반영했다기보다는 충청남도의 입장을 전하는 수준의 내용이다. 내포문화권개발사업이 확정된 후에는 개발사업 내용 중 당진군과 관련이 있는 내용을 중심으로 사건기사 형식으로 보도(2005. 3. 21)하고 있을 뿐 내포문화권에 대한 당진 주민들의 인식을 고양할 만한 내용을 찾아보기는 힘들다. 그런데도 당진군에는 사단법인 '내포문화연구소'가 연구활동을 하고 있으며 출판사 '내포문화사'가 전화번호부 ≪내포가이드≫를 발간하고 있음을 신문을 통해서 알 수 있다. ≪당진시대≫는 전체적으로 내포문화권으로서 당진군을 부각시키는 데 큰 역할을 하는 것으로 보기는 아직 어렵다. 그러나 이 신문을 통해 일부 향토학자나 개인사업가가 '내포'라는 지명을 사용함으로써 내포를 자신의 지역으로 인식하려는 시도를 하고 있음을 알 수 있다.

(2) ≪보령신문≫

≪보령신문≫도 ≪당진시대≫와 마찬가지로 내포와 관련된 소식을 사건기사 중심으로 전하고 있다. 게재 횟수가 적을 뿐만 아니라 내포에 관한 자체 사설이나 칼럼 등이 전혀 게재되지 않았다. 외부인사 칼럼으로 ≪당진시대≫와 마찬가지로 충남발전연구원장의 "내포를 아시나요" 시리즈가 유일하다. 내포문화권개발계획이 가시화되기 시작했던 2001년에 처음 기사가 등장했으며 충청남도에서 서천을 내포문화권에 포함시켜야 하는지를 검토한 내용의 기사가 실려 있다(2001. 8. 26). 이 기사에는 내포문화권을 "백제문화가 들어온 관문으로 수덕사 대웅전을 비롯한 불교 관련 문화유적이 산재해 있고 대천해수욕장과 태안해안국립공원, 덕산온천, 안면도 등 천혜의 자연관광자원이 고루 분포"하는 곳으로 정의하고 있으며, 그런데도 "각종 개발정책에서 소외되어 다른 지역에 비해 개발이 부진"했음을 지적하고 있다.

내포문화권 특정지역개발계획이 확정된 2003년에는 이를 알리는 사건기사가 게재되었으며, 보령지역에서 같은 해에 '내포제시조 경창대회'가 개최되었음을 알리는 기사가 나타나고 있다(2003. 11. 3). 이 대회는 '충남

통합시우회보령시지회'에서 개최한 대회였는데 보령지역이 내포제시조의 영향권에 속했음을 보여준다. 2006년에는 '내포문화연구연합회'라는 단체가 보령지역 문화재를 답사한 사실을 보도했다(2006. 7. 31). 기사에 의하면 이 행사는 보령지역 향토연구단체인 '보령문화연구회'가 주최하여 세미나와 답사를 진행했다. 답사 내용은 보령읍성, 홍도원 보부상 유적지, 오천 충청수영성, 갈매못 천주교 순교성지, 토정 이지함 선생 묘, 성주사지, 모산미술관 등이다.

이상의 기사 내용들을 종합해보면 ≪보령신문≫은 내포문화에 큰 관심을 표명하고 있지는 않다. 충청남도의 입장을 보도하는 기사가 대부분이기 때문에 내포지역의 범위는 충청남도에서 주장한 아산~보령에 이르는 충남 서부지역으로 정의한 것을 따르고 있다. 내포문화의 특징으로 백제문화 및 불교문화를 들고 있으며 해수욕장, 온천, 해안지형 등 자연관광자원을 강조하고 있다. 대천해수욕장을 내포문화권의 문화요소로 제기함으로써 지역의 입장을 일정 부분 반영하고 있다고 볼 수는 있으나 내포문화에 대한 전반적인 이해 수준은 그다지 높지 않다. 내포문화연구연합회 답사 내용도 이와 유사한 특징을 보이는데, 조선시대의 읍치 및 관방유적과 상업 관련 유적, 천주교 관련 유적 등 조선시대를 배경으로 하는 전형적인 내포문화와 함께 통일신라 유적, 미술관 등 시간적 범위가 모호한 문화유적들도 답사 내용에 포함되어 있다.

내포문화권를 바라보는 시각은 내포지역에 일반적으로 나타나는 전형적인 개발논리로서, 문화자원이 많이 분포하고 있음에도 '개발정책에서 소외'되고 있음을 지적하고 있다.

(3) ≪무한정보신문≫

≪무한정보신문≫에 수록된 '내포' 관련 기사 수는 ≪홍성신문≫에 이어

두 번째로 많다. ≪무한정보신문≫은 기사 게재 수에서는 ≪홍성신문≫에 뒤지지만 일찍부터 내포문화에 관심을 가져 사건기사에 그치지 않고 여러 차례 기획기사를 게재했다. 사건기사를 통해 지역에서 진행되었던 내포와 관련된 행사나 주민의 움직임을 유추해볼 수 있으며, 기획기사를 통해서는 ≪무한정보신문≫이 내포지역 또는 내포문화권 개발에 대해 취하는 입장을 알아볼 수 있다.

① '지역으로서의 내포'에 대한 입장

전반적으로 ≪무한정보신문≫은 예산이 내포의 중심임을 일관되게 주장하고 있다. 1998년 창간된 해부터 "수덕사에서 예덕상무사까지 그 뜻 깊은 여행"이라는 기획기사를 통해 예산을 '내포 역사·문화자원의 보고'로 표현하고 예산이 내포문화의 중심이라는 주장을 펼쳤다(1998. 8. 20). '가야산 주변의 열 개 고을'이라는 내포지역에 대한 일반적인 정의를 받아들이면서 예산이 '내포(안개)'의 전형으로서 내포의 중심에 위치하고 있음을 주장하고 있다. 이에 따라 교통이 발달함으로써 일찍부터 상업이 번성했고 일본과 중국 상인들의 거점이 되기도 했으며 바닷길을 통해 들어온 물건들을 내륙으로 연결하는 보부상이 발달한 지역으로 보고 있다(2004. 1. 15). 조선시대까지 내포의 행정 중심이었던 홍성과 함께 예산은 실제로 내포의 중심지였다고 볼 수 있다. 특히 내포는 조선 중기 이후 한양에 근거를 두었던 양반관료층이 대거 유입되었던 지역으로서 근기권으로서의 성격을 띠고 있었다.

그러나 예산을 내포의 중심으로 보는 근거로 제시되었던 역사유물, 유적들 가운데는 내포가 지역으로 가시화되기 이전, 또는 지역으로서의 의미를 상실해갔던 시기에 형성된 것들도 있다. 일례로 예산에는 중국으로부터 불교가 전파되는 과정에서 창건되었던 폐사지가 많은 것으로 알려져 있는데, 이러한 문화적 특성을 내포문화의 특징으로 보고 이것을 예산이 내포문화의 중심인 이유로 들고 있다(1999. 4. 1). 그뿐 아니라 1910년대에 군 단위에서는 전국에서 두 번째로 설립된 호서은행의 존재가 당시 예산이 내포지역 경제의 중심이었음을 의미하는 것으로 보고 예산을 내포의 중심으로 주장하는 기사도 있다(1999. 11. 11). 이 시기는 내포가 전통적 지역개념으로 볼 때 지역으로서의 의미를 상실해가기 시작했던 시기였다(제4장 '내포의 소멸' 참조).

② 내포문화 및 문화권 개발에 대한 입장

예산에서는 향토학자를 중심으로 일찍부터 내포문화에 대한 관심이 제기되어왔다. 덕산의 '월진회'라는 단체는 2000년 현재까지 '내포강연회'라는 향토 관련 대중강연회를 4년간 50여 회 진행해오고 있다(2000. 1. 21). 예산에서도 보령과 마찬가지로 매년 '내포제시조 경창대회'가 개최되고 있다(1998. 10. 1).

내포문화에 대해서는 수덕사, 남연군 묘, 충의사, 보덕사, 남은들 상여, 예덕상무사, 추사고택, 임존성, 사면석불 등 현재 내포지역에 분포하는 모든 문화요소들을 포괄적으로 내포문화로 보고 있다(1998. 8. 20, 2001. 12. 3). 즉, 역사적으로 특정한 시대의 문화를 내포문화로 보지 않고 오늘날 예산을 중심으로 내포지역으로 분류되는 지역에 현상적으로 드러나는 모든 유무형의 문화를 내포문화로 정의하고 있는 것이다. 충청남도가 충남발전연구원에 용역 발주한 내포문화권개발계획에서 예산을 중요하게 고려해야 한다는 요지의 글에서는 그 근거로서 '충절로 상징되는 충남 정신의 발원'으로 내포문화를 정의하고 있다(2001. 7. 2). 또한 경주의 신라문화권과 부여·공주의 백제문화권으로 대표되는 왕족·양반문화와 대비되는 최초의 서민·종교문화권으로 의미를 부여했다(2006. 2. 6).

내포문화권개발계획이 구체화되기 시작했던 2003년도에는 내포문화권 개발에 대한 예산 지역주민의 관심이 상당히 높았음을 알 수 있다. ≪무한 정보신문≫은 내포문화권개발사업에서 예산이 42.6% 정도의 비중을 차지 하고 있음을 지적하면서 개발계획에 대한 기대감을 표현했다(2003. 4. 28). 또한 구체적인 개발사업으로서 봉수산 자연휴양림 및 리조트 유치사업, 임존성 정비사업, 내포 보부상촌 조성사업, 풍수-남연군 묘역 정비, 추사고 택 및 화암사 정비, 기반시설 확충사업 등에 대한 기대감을 표현하고 있다 (2004. 1. 5). 2005년에 예산문예회관에서 개최된 내포문화권개발 학술회의 에는 향토사학자를 비롯하여 500여 명의 관계자와 주민이 참석하여 개발 사업에 대한 관심이 상당히 높았음을 알 수 있다(2005. 2. 14).

그러나 개발사업이 구체적으로 진행되면서 사업내용의 질적 변화가 필 요함을 주장했다(2005. 2. 21). 내포문화권개발사업이 총사업비의 41.1%를 예산군 지역에 투입하는 것으로 결정되었지만 예산군 내의 사업이 대부분 기존에 잘 알려진 문화유적의 정비에 치중되어 있어 중복투자로 인해 지 역발전의 효과를 극대화하기 어려울 수 있음을 우려했다. 그리고 이에 따 라 새로운 개발사업 내용을 찾기 위한 노력이 필요함을 주장했다.

③ 내포지역 내 다른 시·군과 관련된 입장

기초자치단체별로 각기 다른 정치적 입장이 많이 표출되고 있지만 내포의 여러 기초자치단체들이 특정한 사안에 대해서는 한목소리를 내는 경우도 있 었다. 대표적인 사례로 충남도청 이전 문제를 들 수 있다. 충남도청 이전 위치 가 홍성·예산으로 확정되기 이전인 2006년까지 충청남도 내 각 시·군들이 각기 도청이전운동을 추진하고 있었는데, 내포지역에서는 '내포지역 도청유 치운동'이 전개되기도 했다. 예산군도 군수, 국회의원 등 지역 유력인사를 중 심으로 '내포지역 도청유치추진위원회'를 결성하고 유치운동을 전개했다.

≪무한정보신문≫은 이러한 사실을 자세히 보도함으로써 도청 유치에서 '내포'를 부각시키는 전략을 지원했다(1999. 11. 11). 편집국장의 칼럼을 통해 도청 유치를 위한 내포지역의 전략적 연대운동이 필요함을 역설하기도 했다(2001. 7. 2). 근거 논리는 내포가 충남의 동부지역에 비해 상대적으로 개발에서 소외되어 낙후지역을 벗어나지 못하고 있기 때문에 도청 유치를 균형발전의 토대로 삼아야 한다는 것이다.

내포문화권 특정지역개발계획의 수립과정에서도 각 지역의 관계자들은 한목소리를 내고 있었다. 민간 연구단체인 '내포향토문화연구연합회'는 영남, 호남 등 한국의 다른 지역에 비해 내포가 현대 정치사에서 소외되었던 것을 지적하고 내포문화권 개발을 위한 정부 지원과 지역 출신 정치인의 노력을 촉구하고 있다(2001. 8. 2). '내포권 고속도로' 추진 요구가 예산 출신 도의원에 의해 도정질의에서 제기되기도 했다(2003. 12. 1). 해당 도의회 의원은 충남을 통과하는 호남고속도로와 서해안고속도로 등으로부터 내포가 격리되어 있음을 지적하고 이를 보완할 대책을 요구했는데, 이러한 것들은 내포지역 내의 연합이 목적을 달성하는 데 유리하다는 판단에 따른 전략으로 볼 수 있다.

그러나 내포지역 내의 구체적인 개발방향에서는 예산의 주도권을 일관되게 주장하고 있다. 2001년 12월에 게재된 독자투고에서는 "내포지역 중심이라면서 안내판도 없는 예산군"이라는 제목으로 예산군 홈페이지 등에서 내포와 관련된 안내 자료가 부족함을 지적하고 있다(2001. 12. 3). 특히 이 기고문은 "홍성군에서는 내포 땅의 중심이 홍성이라고 공공연히 소리내어 외치고 있는 실정에 별다른 대책 마련을 하지 못하는 예산군을 보고 있자니 답답하기 그지없음"을 지적했다. 봉산면 한티마을의 '내포문화발원탑' 건립에 대해서도 "최근 홍성에서 예산보다 한발 앞서 내포문화제를 여는 등 내포의 이미지를 선점하고 있는 시점에서 이는 매우 중요한 의미

를 가지며 마인드가 없는 예산군 행정에도 경종을 울리고 있다"라고 주장
했다.

④ 지역주민의 입장

2005년 3월에는 가야산 자락의 봉산면 대치리(한티마을) 주민들이 '내포
문화발원탑'을 세우고 "예산이 내포의 중심이며 역사의 새벽을 열어온 내
포지역이 앞으로 문화의 새벽을 열어갈 것"을 천명했다(2005. 3. 14). 내포
문화발원탑 건립에 대해 한티마을 이장은 "내포문화권개발사업을 추진함
에서 권역 주민들의 참여가 부족하다면 문화의 생명인 사람이 배제되고
개발이익에 초점이 맞춰질 수 있다. 이를 막기 위해서는 학계나 공무원들
에게 무조건 맡기기보다는 주민들이 구상해내고 재현하여 체득하는 작은
실천이 이루어져야 한다"라고 주장하면서 "사실 그동안 내포문화의 중심
인 가야산이 있고 개발사업의 핵심에 있으면서도 내포라는 이름조차 널리
사용하지 못했다. 홍성의 경우 예산보다 먼저 내포를 지역의 이미지로 상
품화하고 있다. 발원탑 건립을 계기로 예산도 주민들이 정신과 뜻을 한데
모아 내포문화 창달에 참여하자"라고 호소했다(2005. 3. 14).

(4) ≪태안신문≫

≪태안신문≫은 내포 관련 기사를 모두 12회 게재하여 ≪당진시대≫,
≪보령신문≫과 비슷한 빈도를 보였다. 전체적으로 내포문화권 개발에 관
한 사실보도가 중심이 되고 있으며(2002. 12. 21; 2003. 4. 11; 2004. 12. 10) 내
포에 관한 학술적·전문적인 내용은 충남발전연구원 오제직 원장의 글만
이 유일하다고 볼 수 있다. 그러나 내포문화권개발계획이 확정된 이후로
는 이전에 비해 기사의 내용이 증가하여 지역 여론을 환기시키고 있음을
알 수 있다. 그러나 이 또한 대부분 사실기사, 공약 관련 보도가 중심적으

로 내포문화권 개발이 태안 지역주민들의 주체적 요구에서 출발하고 있다고 보기 어려운 것들이다. 실제로 내포문화권 특정지역개발계획이 확정 발표된 2004년 12월에서야 내포의 범위와 특징을 소개하는 기사가 게재되었다(2004. 12. 10). 이를 통해 당시까지 내포가 태안 지역주민들에게 잘 알려진 지역이 아니었음을 알 수 있다.

전반적으로 충남발전연구원과 충청남도가 내린 내포에 대한 정의와 지역범위를 그대로 소개하고 있다.[7] 특이한 점은 '내포의 중심은 옛 홍주고을'이라고 소개하여 홍성을 내포지역의 중심으로 인정했다는 점이다(2004. 12. 10). 내포문화권개발사업을 충청남도 주도의 사업으로 인식하고 있으며 전체 사업계획 속에서 태안과 관련된 내용을 부각시키는 등 내포문화권에 대한 주민의 관심을 불러일으키고자 하는 시도를 찾아보기는 어렵다. "가이드의 역할"이라는 제목의 칼럼에서 "태안은 내포문화의 특이성을 지니고 있으며, 내포문화권 특정지역개발계획에서 해양문화권으로 구분되어 있어 내포문화와 해양문화의 깊이를 태안지역을 찾는 관광객들에게 설명해주어야 함"을 주장하는 것이 눈에 띄는 정도이다(2005. 5. 23).

전체적으로 ≪태안신문≫에서는 내포와 관련된 심도 있는 내용이나 주민들이 주체적으로 관심을 표현한 내용은 찾아보기 어렵다.

---

7) '내포'란 어원적으로는 '안개'라는 뜻으로 바닷물이 육지 깊숙이 들어온 지역을 말한다. 충남 서북부는 내륙 깊숙한 곳에 포구가 발달하여 교통의 요충지 역할을 해왔고, 이로 인해 외부에서 접근하기가 쉬워 내포는 선진 문물의 수입 창구 역할을 해왔다. 가야산 일원에 있었던 열 개 고을인 태안·서산·당진·홍주·예산·덕산·결성·해미·신창·면천지역을 통칭한다(≪태안신문≫, 2004. 12. 10).

<표 5-2> 《홍성신문》에 게재된 내포 관련 기사내용 분류

구분	기사							칼럼			
내용	내포문화권 개발		내포문화 관련		도청 이전	내포 문화제	기타	내포 문화제	내포의 중심으로서의 홍성	내포 문화권 개발 내용 제안	기타
	홍성군 관련	충남도 관련	내포제 시조	지역단체							
게재 횟수	13	6	4	9	3	27	6	6	2	1	7
	19		13								
	68							16			

(5) 《홍성신문》

《홍성신문》은 내포 관련 기사를 모두 84회 게재하여 내포지역 내 신문 가운데 월등하게 많은 게재 수를 기록했다. 기사의 형식은 주로 사건기사 형식이 많았고 칼럼 형식은 내포문화제에 대한 내용들이 대부분을 이루고 있다. 내포문화권에 대한 지식을 전달하거나 주민의 행동을 호소하는 내용은 전체 기사 수에 비해 많지 않았다. 전체적으로 내포문화제와 관련된 내용이 모두 33회로 가장 많은 부분을 차지하고 있다. 다음으로는 내포문화권 개발과 관련된 내용과 내포문화와 관련된 지역단체의 각종 행사에 대한 보도가 그 뒤를 이었다.

① '지역으로서의 내포'에 대한 입장

내포지역에 대한 정의는 『택리지』의 정의를 원용하여 "태안, 서산, 당진, 예산, 해미 등 열 개 고을을 일컬으며 다양한 유무형의 관광자원이 산재해 있는 곳"으로 정의하고 홍성을 비롯한 예산, 청양, 당진, 서산, 보령, 태안 등의 지역을 대략 '가야산 주변의 열 개 고을'에 해당하는 지역들로 규정했다(2004. 10. 6).

≪홍성신문≫도 예산의 ≪무한정보신문≫과 마찬가지로 자기 지역을 내포의 중심으로 자리매김하기 위한 주장을 지속적으로 펼치고 있다. 대표적인 논리로서 홍성이 행정·군사기능을 비롯하여 교통, 상업 등 옛 홍주의 중심지 역할을 수행한 내포문화의 본고장임을 주장한다(2003. 10. 31; 2007. 1. 19). '옛 홍주가 되살아난다'는 표현에서 알 수 있듯이 홍주가 한때 내포문화권의 핵심이었던 시기를 부각시키면서 내포의 중심으로서의 위치를 확고히 하려는 시도를 계속하고 있다. 또한 홍주의사총이나 홍주성 복원, 역사문화공원 조성 등 전통적으로 내포와 관련된 문화유적들도 부각시키고 있다. 그러나 홍성을 내포지역의 중심으로 부각시키기 위한 전략으로 제시된 것들 가운데는 전통적인 내포의 의미와 무관한 만남의 광장 및 테마 먹거리, 한우축제 등 오늘날 충남 서북부지역에서 홍성이 관광중심지 역할을 하는 데 필요한 것들도 제시되고 있다(2003. 3. 20). 2004년 충남도지사가 연두 방문을 통해 피력한 '6개 시·군 통합 내포문화제'를 제안'하면서 "그 중심축이 홍성에 모일 수 있을 것"이라고 표현한 것을 부각시킴으로써 '내포의 중심으로서의 홍성'을 객관화하려고 시도하고 있다 (2004. 3. 4).

홍성의 한우를 '내포 한우'로 브랜드화하기 위한 노력과(2006. 3. 2) 홍성 지역에 '국립내포박물관'을 건립하기 위한 노력이(2005. 12. 25) 활발하게 이루어지고 있다. 특히 내포박물관에 대해서는 내포지역의 문화를 독특한 서민문화로 규정하고, 선조들의 생생한 삶의 자취가 담긴 서민문화를 확인하고 근대사의 주요 역사인물들을 재조명할 수 있는 박물관 건립이 지역주민의 자긍심을 높이는 계기가 될 것으로 보고 있다. 또한 홍성군은 '내포녹색체험프로그램'을 정부혁신국제박람회에 출품하여 많은 관심을 불러일으켰으며(2004. 7. 14) 마침내는 혁신우수사례로 선정되었다(2004. 10. 25). '홍성'이란 지명을 전면에 내세운 홍성군만의 프로그램이 아니라 '내포'를 내건 프로그램을 시도한 것이다. 이러한 움직임은 모두 홍성을 내포의 중심으로 부각시키기 위해 외연을 넓히려는 시도로 볼 수 있다.

② 내포문화 및 문화권 개발에 대한 입장

≪홍성신문≫은 한성준 민속무용 전수관, 결성농요 전수회관, 홍주성 복원, 만해 한용운 생가지 정비, 백야 김좌진 생가지 정비, 노은서원 복원 정비 등을 내포문화권 개발사업 대상으로 들고 있는데 이는 주로 조선시대와 관련된 유무형의 문화유산들로서, 예산군에서 제시하고 있는 내포문화 요소에 비해 시대적 동질성이 큰 편이다. 그러나 2005년 내포문화권 특정지역개발계획이 확정되면서 ≪홍성신문≫은 홍성이 '내포의 변두리로 전락'했음을 한탄하면서 계획의 내용에 불만을 표시하고 있다(2005. 2. 3). 개발될 문화요소의 종류와 예산의 배정에서 예산군에 비해 월등하게 적은 것에 대한 불만인데 이러한 입장은 이에 대해 만족감을 표현했던 예산과는 대조적인 것으로 "내포문화의 중심이라는 구호가 민망할 정도로 소외되는 것이 아니냐"는 우려를 드러내고 있다.

홍성은 향토연구단체활동에서도 주도적인 역할을 하고 있다. 즉, 내포문화연구연합회는 2005년 10월 연락사무소를 홍성에 두고 홍성을 중심으로 교류 및 연구활동을 더욱 적극적으로 추진해나갈 것을 천명했다. 이 모임에서는 불교문화, 천주교 순교성지, 동학농민운동, 의병 및 독립운동사, 문화축제 등 공통된 역사적·문화적 연구과제에 대해 보다 적극적으로 협력해나갈 것을 합의했다. 이러한 문화요소들은 다분히 홍성 중심적인 것으로 볼 수 있으며 주로 한말에서 일제 강점기까지 형성된 것들이다. 그러나 불교문화는 고려시대 이전의 문화유산으로 문화요소 간의 시대적 연결성은 떨어진다. 이것은 내포문화를 규정하는 정확한 시대적 기준이 없음을 의미한다. 그러나 2005년 말부터 내포문화를 '서민문화'로 규정하고 방향을 잡아가려는 시도가 시작되었는데(2005. 11. 15), 이러한 움직임은 기존에 논의되었던 내포문화의 정체가 모호했음을 방증하는 것으로 내포문화의 성격을 보다 구체화하고 차별화된 특성을 부각시키기 위한 시도로 볼 수 있다. 그러나 홍성 역시 내포의 서민문화적 특성을 부각시키는 데는 충분히 성공하지 못했다. 아직 문화 콘텐츠를 찾아내고 확보하기 위한 역량이 부족한 탓일 수도 있으나 전반적으로 내포문화의 성격을 '서민문화'로 규정하기가 어렵기 때문이다.

③ 내포문화제와 관련된 내용

홍성군은 2003년도부터 본격적으로 내포문화제 계획에 착수했는데 내포문화제를 통해 "홍성군이 내포문화의 본고장임을 널리 알리는 동시에 내포권의 중심지임을 확고히 다지는 계기가 될 것으로 기대"한다는 것을 명확하게 밝히고 있다. 나아가서 "인근 시·군의 문화제를 포용할 수 있는 프로그램을 개발해 지역의 대표축제로서 전국 나아가 세계적인 축제로 육성 발전시켜나간다"는 의지를 나타내고 있다(2003. 10. 31). 2004년 개최된 '2004 홍성 내포사랑큰축제'는 슬로건을 '내포의 핵, 홍성을 아십니까?'로 정해 홍성을 내포의 중심으로 주장하기 위한 의도를 숨김없이 드러내고 있다(2004. 8. 17). 또한 유명 밴드와 영화배우, 예능인 등을 축제 홍보대사로 위촉하여 축제를 전국적 스케일로 확대하기 위한 노력을 기울였다(2004. 9. 8).

홍성군은 내포사랑큰축제를 통해 내포 지역주민들이 축제에 동참할 것을 호소함으로써 내포의 중심으로서의 홍성을 부각시키는 데 유리한 고지를 선점했다(2004. 10. 6). 그러나 실질적으로는 다른 지역의 참여를 이끌어내는 데는 성공하지 못했다. 이에 따라 ≪홍성신문≫은 다른 지역을 끌어들일 수 있는 대책 수립의 필요성을 끊임없이 제기하고 있다(2005. 8. 22).

군의회의 평가 역시 '집안 잔치로 전락'했음을 질타했다(2004. 12. 16). 홍성군이 많은 노력을 기울였지만 내포문화축제가 실질적으로 다른 지역을 끌어들이는 데는 한계가 있었다는 것이다. 하지만 홍성군은 2005년 2회 축제에서는 '천주교 성지 연합미사'를 프로그램으로 배치하여 인근 시·군 천주교 신자 수천 명이 참여하도록 했다. ≪홍성신문≫은 이를 인근지역에 비해 지명도가 떨어졌던 홍성의 천주교 순교지를 성역화하는 계기로 이해하며, 내포축제가 홍성만의 잔치가 아닌 명실상부하게 내포를 아우르는 축제가 될 수 있는 계기로 의미를 부여하고 있다(2005. 10. 4). 2006년 내포사랑큰축제는 다른 지역 민속공연단의 참여를 이끌어냈다. ≪홍성신문≫은 여기에 큰 의미를 부여하고 내포의 중심으로서의 기득권을 주장하기보다는 다른 지역에 명분을 제공함으로써 참여를 더욱 확대하는 방안을 모색할 필요가 있다고 주장했다(2006. 12. 26). 이러한 입장은 내포사랑큰축제를 발판으로 지역의 성격을 내포지역의 중심으로 정립하는 데 어느 정도 성공했다는 판단에 따른 것으로 볼 수 있다.

그러나 내포문화축제의 성공을 위해서는 홍성군 특유의 지역문화 인프라가 구축되어야 함을 역설하면서 가장 향토적인 것을 추구하는 전략을 수립하라고 촉구했다(2005. 10. 24). ≪홍성신문≫은 내포축제만의 색깔에 대해 고민하면서 '서민문화'를 강조하고 있으나, 전반적으로 문화 차원의 인프라 구축보다는 현상적인 지역개발 차원에 1차적으로 관심을 보이고 있다(2005. 11. 15).

내포문화제가 처음 개최된 것은 2004년이었는데 이때까지 내포문화제 관련 기사를 뺀 나머지 내포 관련 기사의 수는 예산의 ≪무한정보신문≫과 비슷한 추세를 보였다. 그러나 내포문화제가 개최되면서 축제 관련 기사가 폭발적으로 늘어나기 시작했고, 이후로는 문화제 관련 기사뿐만 아니라 내포지역과 관련된 일반 기사의 수도 증가했다. 이러한 현상은 내포문화제가 내포지역에 대한 주민들의 관심을 불러일으키는 데 일정한 영향을 주었음을 의미한다. 한편 《홍성신문》은 2004년 9월 내포사랑큰축제 직전에 유명 밴드의 초청공연을 주최했는데 그 이유가 '내포문화제를 통한 충남도청 유치를 위한 사전 포석'임을 명확히 밝혔다(2004. 9. 30). 이는 지역 언론과 행정기관이 특정한 사안에 같은 입장을 취하면서 지역 여론을 이끄는 한 사례로 볼 수 있다.

④ 내포지역 내 다른 시·군과 관련된 입장

도청이전 문제와 관련된 기사가 단일 주제로는 많은 부분을 차지하고 있다. 초기에는 충남도청을 내포지역으로 이전하기 위해 예산군을 비롯하여 서산시, 보령시, 청양군, 당진군 등 내포지역 자치단체와의 연대활동을 적극적으로 전개했다(1999. 10. 18; 2002. 8. 3). 1차적인 목표를 '차령산지 서쪽 유치'로 잡고 지역 간의 연계를 강조한 것이다. 이러한 움직임은 같은 시기 예산의 움직임과도 일치한다. 그러나 청양군과 아산시 등 인접 시·군이 독자적인 유치추진위원회를 구성하고 활동하는 것에 대해서는 경계를 하고 있다(2002. 8. 3).

같은 맥락에서 2004년 이후에는 내포지역 시장·군수회의(2004. 12. 29)나 내포권 의회 합동연수(2005. 1. 11) 등 자치단체와 지방의회를 중심으로 내포문화권 개발과 관련된 통일된 목소리를 내기 위한 시도가 홍성군 주도로 진행되었다. 그런데 2004년에 이르면 예산 출신의 도의원이 '예산·홍성지역이 교통의 요지이자 내포권의 중심'으로서 도청 이전의 적지임을 주장하고 있다(2004. 8. 23). 이러한 입장은 내포 전역의 연합을 통해 도청을 충청남도 서부지역으로 유치하기 위한 초기의 입장이 어느 정도 관철되면서 보다 구체화된 것으로, 예산과 홍성을 내포지역의 중심으로 주장하고 있다. 정치적으로 유리한 경우에는 '내포'가 기초자치단체 간 연합의 수단으로 활용되고 있음을 알 수 있다.

⑤ 지역주민의 입장

홍성군은 내포문화제 계획단계에서 주민 대상 설문조사를 실시했다. 이것의 의미는 비단 의견을 수렴하는 절차에만 머무는 것이 아니라 문화제에 대해 사전에 홍보하고 주민의 동의를 모으기 위한 효과적인 노력으로 볼 수 있다. 2004년 3월에 실시한 설문조사에서 응답자 가운데 압도적 다수인 82%가 내포문화제 개최에 대해 긍정적인 입장을 나타냈다. 또한 대부분의 응답자가 축제의 필요성을 '지역경제의 활성화'에서 찾고 있다(60%). 그러나 '문화정체성의 확립'에도 29%가 응답하여 문화에 대한 관심이 상당히 높음을 알 수 있다. 하지만 내포문화의 정립이 미흡하고 타 지역과 내용이 유사하다는 이유 등으로 내포문화제가 불필요하다는 의견도 10% 정도에 이르렀다. 중점 재현분야를 묻는 질문에는 문화적인 면(54%), 사회적·경제적인 면(25%), 정치적·역사적인 면(16%) 등을 꼽았다. 축제 도입 프로그램으로는 내포지역 씨름대회가 가장 많았고 홍주목사 행차 거리 퍼레이드, 홍주의병 재현, 보부상 재현 행렬, 내포지역 시·군 농악경연대회 순으로 나타났다. 이외에도 전통혼례 재현, 풍어제 재현, 김좌진 장군 청산리전투 재현, 최영 장군배 전국남녀궁도대회, 한성준 춤 공연 등이 제기되었다. 참여 의향을 묻는 질문에는 응답자의 84%가 참여 의사를 밝혔다(2004. 4. 1).

홍성은 내포지역에서 지역 내 문화단체를 비롯한 각종 민간단체들의 활동이 가장 활발하게 이루어지는 지역이다. 지역문화단체가 '내포'라는 이름을 걸고 있거나 행사 제목에 '내포'를 넣는 식으로 지역 내에서 내포에 대한 접근을 가장 적극적으로 전개하고 있는 것이다. 홍성군 내포제시조 보존통합시우회는 매년 전국남녀내포제시조경창대회를 개최하고 있는데

(2000. 11. 16; 2001. 11. 29; 2003. 10. 31), 이는 내포지역에서 역사가 가장 깊은 것이다. 한국미술협회홍성지부에서도 매년 개최하는 전시회의 명칭을 '내포지역현대미술제'로 정하여 이미지 부각에 힘쓰고 있다(2002. 12. 13, 2005. 3. 23). 홍성예총은 '2003 홍성문화제'에서 '홍성을 내포 중심 문화도시로'라는 구호를 내걸었다(2003. 11. 7).

종교단체인 홍성기독연합에서는 내포사랑큰축제 성공기원기도회를 개최하기도 했으며(2004. 10. 7), 홍주향토문화연구회장은 내포지역에 홍성향토사를 전파하는 것을 2005년 새해 목표로 제시했다. 홍성의 향토연구단체 역시 내포의 중심으로 홍성을 자리매김하기 위한 노력을 펼쳤던 것이다. 또한 구항면 이장단과 체육회가 각각 내포축제를 지원하고 활성화하는 방안을 논의했으며(2005. 9. 12), 심지어는 '대정초등학교 전교생이 내포축제 홍보에 앞장섬'(2004. 10. 12)으로써 초등학생들도 주민의 일원으로서 지역축제에 적극 참여했다. 이처럼 홍성 내 법인, 학교, 이장단 등 다양한 단체와 주민들이 내포문화축제에 관심을 갖고 참여하고 있다.

이와 같은 주민의 적극적인 참여는 자치단체 차원에서 주민의 참여를 유도하기 위한 다양한 시도들이 적극적으로 진행되고 있는 것과도 관련이 깊다. 일례로 홍성군은 2006년 내포사랑큰축제 개최 전에 내포문화(서민문화)에 맞는 프로그램(공연, 시연, 체험 등)이나 관광객과 군민이 함께하는 참여형 프로그램, 홍성브랜드 홍보와 지역경제 활성화 방안 등에 관해 의견을 수렴하고자 했다(2006. 5. 10). ≪홍성신문≫이 이러한 시도에 대한 홍보 역할을 충실히 했음은 물론이다. 홍성군에서는 이처럼 관과 민간단체가 지역축제를 매개로 호흡을 맞추기 위한 시도를 활발하게 전개하여 가시적인 성과를 많이 거두었으며 지역 언론이 매개체로서 충실한 역할을 수행했다.

(6) ≪서천신문≫

　≪서천신문≫은 1989년에 창간되었지만 웹서비스는 2006년부터 제공했기 때문에 자료의 제한이 컸다. 그러나 이러한 제한점에도 2006년도 이후의 기사들은 '내포', 특히 '내포문화권 개발'에 대한 서천군의 입장을 잘 나타내고 있다. ≪서천신문≫에 게재된 내포 관련 기사 수는 5회(날짜로는 2일)로 매우 적었다. 그러나 2006년 이후 다른 지역에서도 내포 관련 기사 수가 그다지 많지 않았던 것에 비추어 볼 때 유별나게 빈도가 적은 것으로 보기는 어렵다.

　≪서천신문≫을 통해 서천군과 주민들이 서천을 내포문화권개발사업의 대상 지역에 포함시키기 위해 다각적인 노력을 기울였음을 알 수 있다. 즉, 서천군민들은 내포문화권 특정지역개발계획에서 서천이 제외된 것에 대해 수차례에 걸쳐 문제를 제기하고 '지구설정 변경'을 촉구하는 건의서와 내포문화권개발사업에 대한 의견서를 제출하며 충남발전연구원에 권역설정 재검토를 요청하는 등 다양한 노력을 기울였다(2006. 6. 26). '문화적 특수성과 역사성을 충분히 갖추고 있음'에도 서천군이 내포문화권 특정지역에서 '제외된' 이유는 '충청남도의 무관심과 정치지도자들의 의식이 결여되었기 때문'이라고 보았다(2007. 1. 29).

　이러한 주장의 배경은 2006년 당선된 충청남도지사의 선거 공약에 힘입은 바가 컸는데, ≪서천신문≫은 여기에 강한 기대감을 표시했다(2006. 6. 26). 이에 앞서 충청남도는 2006년 신임 도지사 당선 이후 특정지역개발계획에서 지구의 면적을 제한하는 관련 법령 개정을 정부에 건의하거나 이것이 여의치 않을 경우 사업지구를 재조정한다는 방침을 세우고 서천을 내포문화권에 포함시키는 방안을 모색하고 있었다. 내포문화권개발사업이 이러한 정치적 판단에 영향을 받을 수밖에 없는 것은 문화권을 설정하는 데 기준이 되는 문화의 내용이 명확하지 않기 때문이었다. 내포지역 내의 여러 시·군에서 내포문화권과 비교의 대상으로 자주 언급되는 경주문화권이나 백제문화권의 경우는 명확하게 특정 시대에 한정된 문화를 내용으로 하고 있으므로 그 범위와 관련된 논쟁이 발생할 여지가 많지 않은 것과는 비교된다.

내포문화권개발계획에서 서천이 제외된 것을 '서자취급론'으로 부각시키는 움직임도 있었는데, 이는 내포문화권개발계획을 포괄적으로 충청남도 차원의 지역개발계획으로 이해하고 있음을 나타낸다(2006. 6. 26).[8] 이에 따라 ≪서천신문≫은 "서천군이 내포문화권 특정지역개발사업 대상지로 선정될 경우 지역관광 인프라 구축이나 지역의 역사·문화를 재건하고 활용하는 데 상당히 도움이 될 수 있다"라고 주장했다(2007. 1. 29). 그뿐 아니라 서천군이 백제, 내포문화권의 중심지역이라는 주장도 기사화되어 있다(2006. 6. 26). 서천군이 백제문화권의 주요 지역인데도 충청남도가 '백제문화권 특정지역개발사업'에서 서천을 소외시켰고 내포문화권개발계획에서마저도 서천을 소외시켰다는 것이다. ≪서천신문≫이 내포문화권개발계획을 낙후지역인 서천이 발전할 수 있는 계기로 보고 충청남도에 대책을 촉구하는 여론을 조성하기 위해 강도 높은 시도를 진행했음을 알 수 있다. 내포문화권 특정지역개발계획 수립단계에서 배제되었다가 뒤늦게 논의에 참여하게 된 서천은 이와 같이 충청남도와 대립각을 세움으로써 주민의 의식을 고양하고 행동을 촉구하는 전략을 채택하고 있다.

---

8) "지역주민들은 내포문화권 사업취지가 지역균형발전이라는 차원에서 이루어지고 있음에도 불구하고 도내에서 가장 낙후된 서천군을 충남도가 배려하고자 하는 노력조차 보이고 있지 않은 것에 '서자취급론'까지 불거질 정도로 실망감을 감추지 못했던 게 사실이다"("내포문화권 서천 포함은 당연", ≪서천신문≫, 2006. 6. 26).

(7) ≪청양신문≫

≪청양신문≫은 모두 22회의 내포 관련 기사를 게재함으로써 일반적으로 내포의 영역에 포함되지 않는 지역임에도 상대적으로 많은 게재 수를 기록했다. 그러나 이 가운데는 '내포소식'이라는 제목으로 내포지역 내 다른 신문사의 보도내용을 전재하는 란에 실린 기사가 6회, 내포지역 모든 신문에 기고된 오제직 충남발전연구원장의 "내포를 아시나요" 시리즈가 5회 실려 있어 청양군 자체 관련 기사는 11회 정도에 불과하다. 특이한 점은 오제직 충남발전연구원장의 기고문이 ≪청양신문≫에도 게재되었다는 점이다. 충남발전연구원의 공식적 입장이 내포문화권 특정지역개발계획에 직접적으로 반영되었고 여기에 청양이 포함되지 않았다는 사실을 고려해볼 때 특이한 움직임이라고 볼 수 있다.

≪청양신문≫에는 1996년에 내포 관련 기사가 처음으로 게재되었는데, 내용은 홍성에서 개최된 '내포지방 도청 유치 심포지엄'에 대한 것이었다. 내포문화와 관련된 내용으로 대표적인 것은 내포제시조에 대한 기사로 모두 5회 게재되었다. 내포제시조 관련 기사는 예산, 홍성에서도 여러 차례 게재되었는데 ≪청양신문≫은 "내포제시조, 청양이 뿌리"라는 제목의 기사를 통해 청양이 내포제시조의 뿌리라고 주장하고 있다(2001. 5. 20). 그 근거로는 내포제시조의 중시조로 불리는 윤종선이 청양군 장평면 미당리를 중심으로 부여, 보령, 홍성, 예산 등 내포지역 내 인근지역과 멀리는 서천, 공주, 연기, 대전 등으로 내포제시조를 전파하는 데 중요한 역할을 했음을 들고 있다. 이에 따라 '내포제시조 유래비'가 건립되고(2001. 5. 28) '내포제시조 경창대회'가 개최되었다(2002. 11. 14; 2004. 10. 18). 내포제시조 경창대회는 청양뿐만 아니라 보령, 예산, 홍성 등 4개 시·군에서 각각 개최되고 있었는데, 청양이 2004년까지 9회 대회를 개최한 데 비해 예산은 16회, 홍성은 18회 대회를 각각 개최했으며 보령은 청양과 같은 9회 대회를

개최했다.

그러나 청양은 내포문화권의 경계에 위치하여 내포문화권 특정지역개발계획에 포함되지 못했다. 이에 대해 ≪청양신문≫은 내포문화권개발계획의 입안단계에서부터 문제제기를 하고 있다. 즉, "백제권에서 밀리고 내포권에서도 빠진 찬밥문화"라는 기사를 통해 청양은 백제문화권과 내포문화권 양쪽에 모두 속하는 지역임에도 두 문화권 개발계획에서 모두 소외되었다고 주장하고 있다(2001. 11. 12). 사실 청양은 백제문화권과 내포문화권의 경계에 위치함으로써 두 문화의 속성을 모두 지니고 있지만 이러한 점이지대적 특성은 두 문화권 가운데 어느 한쪽의 문화적 속성도 뚜렷하게 나타내지 못하게 하는 원인이 되었다. 청양 출신의 한 도의원은 "청양군은 백제문화권도 내포문화권도 아닌 관광 미아"라고 주장하면서 내륙권 관광개발에 대한 구체적 대책을 요구하기도 했다(2006. 11. 27). 이러한 청양지역의 특성은 지역의 입장을 하나로 통일하는 데 방해 요소가 되기도 했다. 실제로 청양지역을 내포문화권이 아닌 백제문화권에 포함되도록 해야 한다는 주장이 국회의원 정책토론회에서 강력하게 제기되기도 했다 (2005. 12. 26).

내포의 범위에 관한 입장을 살펴보면 『고종실록』에 정산까지를 내포에 포함시킨 기록이 있으며 가야산, 오서산, 칠갑산이 내포를 정의하는 주요 산일뿐만 아니라 대표적인 사찰로는 수덕사, 무량사, 장곡사를 꼽는다고 주장하고 있다(2001. 11. 12). 문화적으로는 청양과 인접한 부여 은산의 은산별신제까지를 내포문화에 포함시킴으로써 청양을 내포지역에 포함시키고 있다. 또한 조선 후기 홍주의병 가운데 대표적인 인물인 최익현이나 천주교문화에서 중요한 역할을 한 최양업 신부가 청양지역 태생이라는 사실 등을 들어 청양이 내포지역에 포함되어야 한다고 주장했다(2001. 11. 12). ≪청양신문≫이 '내포소식'이라는 코너를 마련하여 내포지역 내 다른 지역신문의 보도내용을 옮겨 실은 것도 청양을 내포의 일부로 보고자 하는 시도로 볼 수 있다.

《청양신문》은, 서천군의 경우 초기 단계에는 내포문화권개발계획 대상지역에서 제외되었다가 발 빠르게 대응함으로써 계획단계에서 대상지역에 포함되었다고 주장하면서 청양군의 대책이 부족함을 지적했다(2001. 11. 12). 그러나 《서천신문》은 서천이 내포문화권에 포함되지 못한 원인을 주로 충청남도의 무관심과 정치인의 역할 부족에서 찾고 있다.9) 《청양신문》의 이러한 입장은 《서천신문》과는 다소 차이를 보이는 것이다. 즉, 《서천신문》은 의견을 관철하는 데 유리한 대치점을 군과 충청남도 사이에 두는 반면에 《청양신문》은 군 내부에 두고 있는 것이다. 《청양신문》이 청양군의 적극적인 행동을 촉구했다는 것은 청양군이 내포문화권개발계획에 뚜렷한 움직임을 보이지 않았기 때문일 가능성이 크다. 또한 청양군의 이러한 입장은 주민들의 요구가 많지 않았거나 입장이 통일되지 못했기 때문으로 볼 수 있다. 지리적 근접성이나 문화적 특성으로 볼 때 청양군이 오히려 서천군보다 내포문화권에 가까움에도 내포문화권 포함 여부가 적극적인 논의의 대상이 되지 못했다는 것이 이를 말해준다.

(8) 지역 이미지 형성자로서의 지역신문

지방자치시대의 지역신문은 주민의 의견을 행정기관에 전달하거나 특정한 사안에 대해 여론을 형성함으로써 지역정책에 많은 영향을 미치고

---

9) 백제 · 내포문화권개발사업에 서천이 모두 제외된 것은 충남도의 무관심과 서천군 정치지도자들의 결여된 마음 때문이라는 지적도 제기돼 정치권과의 연계도 무엇보다 필요할 것으로 요구되고 있다("내포문화권 서천 포함 심혈 기울여야", 《서천신문》, 2007. 1. 29).

있다. 특히 지역정체성의 형성에 지역신문의 역할은 결정적이다. 지역단위에서 통일된 입장을 정해 널리 유포할 수 있는 단체나 매체는 지역신문 외에는 사실상 없기 때문이다. 더욱이 오늘날의 지역정체성은 점차 의도적인 행위나 이미지 생산에 영향을 받고 있으며 심지어는 이에 의존하기도 한다.

정체성이 점차 이미지에 의존하는 것은, 곧 (개인적, 제도적, 정치적) 정체성들의 연속적이고도 순환적인 복제가 실제로 가능하고 또 문제가 됨을 의미한다. 우리는 이러한 것이 이미지 형성자로서 정치영역에서 작용함을 분명히 관찰할 수 있으며, 대중매체는 정치적 정체성의 형성에 보다 큰 역할을 맡고 있다(하비, 1989). 내포지역 내의 지역신문들은 정도와 방향의 차이는 있으나 공통적으로 '내포'에 대한 관심을 표명하고, 특히 '내포문화권 특정지역개발사업'에 적극적인 입장을 나타내고 있다. 이러한 지역신문들의 입장이 주민의 의식을 고양하고 기초자치단체의 정책방향에 영향을 주고 있음은 물론이다. 또한 일부 지역신문들은 '내포' 또는 '내포문화권'과 관련해서 특정한 이미지를 생산하는 데 중요한 역할을 하고 있다.

내포의 지역범위는 대부분 지역신문들이 '가야산 주변의 열 개 고을'이라는 『택리지』의 정의를 따르고 있다. 이는 지역신문뿐만 아니라 내포지역 내에서 가장 일반적으로 받아들여지는 내포에 대한 정의라고 볼 수 있다. 일례로 서산의 한 대학교는 내포지역 다섯 개 시·군(홍성, 예산, 당진, 서산, 태안) 학생들을 대상으로 '지역학생 특별전형제도'를 실시하고 있다 (≪홍성신문≫, 2003. 2. 20). 그러나 이해관계에 따라 지역범위를 유동적으로 적용한 사례도 찾아볼 수 있는데, 도청 유치를 위해 조직된 '내포지방 도청 유치 추진위원회'에는 예산군, 청양군, 당진군, 서산시, 보령시, 태안군 등의 시·군이 참여했다. 한편 ≪서천신문≫이나 ≪청양신문≫은 가장 포괄적인 정의를 소개함으로써 자신의 지역을 내포의 범위에 포함시키고자 했다.

내포문화권이 갖는 문화적 특징은 불교문화, 천주교문화, 내포제시조, 백제문화, 보부상, 호서은행 등 내용적·시대적으로 매우 다양하게 제시되고 있다. 심지어는 해수욕장, 온천, 국립공원 등을 내포문화권의 문화요소로 들기도 했다. 현재 내포지역에 분포하는 모든 문화요소들을 포괄적으로 내포문화로 보고 있는 것이다. '충절'이나 '왕족·양반문화와 대비되는 서민·종교문화권'으로 내포문화를 정의하기도 했다. 이 가운데 가장 대표적인 것이 불교문화인데, 시대적·문화적 동질성보다는 지역 내 분포가 많은 것이 가장 큰 원인이다.

전반적으로 지역 간 연계가 부족하고 이에 대한 문제의식도 부족한 실정이다. 도청이전 문제 등 일부를 제외하고는 대부분 내포지역 내의 다른 자치단체를 경쟁상대로 보고 있다.[10] '내포문화연구연합회'라는 향토학술단체가 결성되었으나 역시 각 지역의 문화적 특성을 부각시키는 데 초점을 맞추고 있다. 내포 전체적으로 공통의 목소리를 낼 때도 그 근거로서 현대사에서 영남·호남 등 다른 지역에 비해 소외되었던 역사를 부각시킴으로써 지역의 단결을 호소하고 있다. 그러나 이러한 입장은 카스텔의 분류로 볼 때(제1장 3절 '포스트모던 개념으로서의 지역정체성' 참조) '저항의 정체성'에 해당하는 것으로 다른 지역과 대등한 독자적인 문화권 설정을 전제로 할 때는 적절하지 못한 전략이라고 볼 수 있다.

특히 내포의 핵심지역이라고 볼 수 있는 예산군과 홍성군의 상호 견제가 가장 눈에 띈다. 예산군은 내포지역에서 가장 일찍 내포에 대해 관심을

---

10) "그저 수덕사에 들렀다가 산채비빔밥 한 그릇을 비운 뒤 온천이나 하고 서산으로 넘어간다면 예산은 그야말로 스쳐가는 곳이 되는 것이다"(≪무한정보신문≫, 1998. 8. 20).

보였으며 따라서 지역신문도 일찍부터 내포에 대한 기사를 게재했다. 그러나 '내포사랑큰축제'가 홍성군에서 시작됨으로써 주도권을 빼앗긴 것으로 평가했다. 반대로 홍성군은 지역축제를 통해 '내포문화권 특정지역개발'에서 유리한 고지를 차지한 것으로 보이지만 실질적인 예산 배분에서는 예산군에 비해 월등히 적다는 점을 아쉬워한다. 이 외에 태안, 당진, 보령 등 내포의 외곽지역에서는 내포에 대한 관심이 크게 부각되지 않고 있다.

'내포사랑큰축제'는 내포문화에 대한 관심이 하나의 군 차원을 넘어 내포 전체 차원으로 시각을 넓혀야 함을 앞서서 제기하는 계기가 되었다. '내포사랑큰축제'를 3회에 걸쳐 치러낸 후 ≪홍성신문≫은 내포 전체를 아우르는 통합적 사고의 필요성을 비로소 제기했다. '내포사랑큰축제'라는 이름에도, 홍성군 중심으로 축제가 진행되어왔던 것에 대해 문제를 제기하고 다른 지역들을 끌어들일 수 있는 방안을 모색해야 한다고 지적한 것이다. 이러한 움직임은 내포지역에서 홍성이 주도권을 행사하고 이를 유지하고자 하는 의도로 볼 수 있다. 홍성은 내포한우, 내포녹색체험프로그램 등 '내포'를 전면에 내건 명칭을 다양하게 사용함으로써 스스로를 내포의 중심으로 자리매김하고자 시도하고 있다. 이에 따라 지역단체들이 주관하는 각종 행사들도 '내포'를 행사 명칭으로 사용하는 경우가 다른 시·군에 비해 월등하게 많다. 이러한 경향은 물론 홍성의 주도권 행사에 1차적인 목적이 있겠지만, 장기적으로 볼 때 내포문화를 시·군 단위를 포괄하는 통합적 문화로 정립하는 첫걸음이 될 수도 있다.

내포의 지역신문들은 연구단체나 행정기관의 입장을 요약·재생산하여 유포하는 역할을 함으로써 '서민문화로서의 내포', '불교문화 집중지로서의 내포' 등 다양한 이미지를 확대재생산하고 있다. 이 가운데 ≪홍성신문≫과 예산의 ≪무한정보신문≫의 역할이 두드러지게 나타나고 있다. 특히 ≪홍성신문≫은 '내포사랑큰축제'를 계기로 내포 관련 기사를 양산함으로써 내포에 대한 주민의 관심을 불러일으키고 내포의 이미지를 생산하는 데 많은 역할을 했다. 또한 아직까지 내포와 관련된 통일된 입장을 찾아보기는 어렵지만 내포문화권 특정지역개발사업과 관련하여 입장을 적극 피력함으로써 지역의 입장을 관철시키기 위한 노력을 계속하고 있다. 지역 신문은 내포 지역정체성 구성에 작용하는 제도화 요소 가운데 영향력이 강한 요소로서 내포지역의 형성에 중요한 역할을 하고 있다.

3) 연구단체

(1) 향토연구단체

향토연구는 전반적으로 시·군 단위의 행정구역을 중심으로 진행되고 있다. 이는 현재 국내 향토연구의 전반적인 특징이라고 볼 수 있으며, 내포의 경우도 아직까지는 각 시·군 단위에서 개별적으로 향토연구가 이루어지고 있다. 더욱이 내포는 하나의 지역으로서 관심을 갖게 된 역사가 짧기 때문에 이러한 현상이 더욱 두드러진다. 이에 따라 내포지역에 속하는 시·군 가운데서도 내포를 본격적으로 연구한 지역은 많지 않았다. 그러나 지역개발과 관련하여 개발정책이 수립되면서 향토연구자들이 지역 연구에 많은 관심을 나타내고 있다. 최근에는 예산, 홍성, 서산, 태안, 당진, 보령 등 내포지역에 속하는 6개 시·군 향토사학자들이 '내포문화연구연합회'를 결성하고 활동하고 있다. 그러나 아직도 지역으로서의 내포를 주제로 연구를 왕성하게 하기보다는 각자의 지역에 대한 연구가 중심이 되고 있으며 지역개발사업에서 지역의 입장을 강조하기 위한 목적이 크다고 볼 수 있다.[11]

① 당진향토문화연구소와 ≪내포문화≫12)

내포와 관련된 향토연구자료 가운데 정기간행물로 가장 먼저 발행된 것은 당진의 '당진향토문화연구소'에서 발간된 ≪내포문화≫이다. ≪내포문화≫는 1988년 창간호 이래로 거의 매년 발간되었다. 내용은 전반적으로 향토사와 향토문화에 관한 것들이지만 대부분 당진군에 국한된 내용으로 내용 및 필진을 내포지역 전반으로 확대하지는 못하고 있다. '내포'에 관한 내용도 대부분 내포를 하나의 지역권으로 설정하고 내포 전체를 대상으로 접근하기보다는 내포지역의 일부로서 당진과 관련 있는 내용들이 중심이 되고 있다.13) 제7호에서는 청양14) 및 서산15)과 관련된 내용을 다룸으로써 내용영역을 내포지역으로 확대하기도 했지만, 전체적으로는 당진을 중심으로 하는 향토사 및 향토문화 연구가 주를 이루고 있다.

≪내포문화≫는 내포에 대한 관심이 본격화되기 이전에 발간되기 시작하여 일찍부터 '내포'라는 지명을 부각시킨 의미가 있었으나 연구 범위에서 당진지역을 벗어나지 못한 한계를 보였다. 따라서 제도화라는 관점에

---

11) "보령, 예산, 홍성, 서산, 태안, 당진 등 6개 시·군 향토사학자 모임인 내포문화연구연합회 지역회의가 지난 27일 보령문예회관에서 열렸다. 이날 회의에서는 '보령지역 향토문화연구 소개'와 '문화유산에 대한 슬라이드 상영', '토정 이지함 선생묘'와 '보령 보부상 유적지 홍도원'을 비롯, 오천 '충청 수영성'과 '성주사지' 등의 현지답사를 실시했다"(≪대전일보≫, 2006. 7. 30).

12) 당진향토문화연구소, ≪내포문화≫, 창간호(1988)~제17호(2005).

13) 우관식, 「내포문화의 심장 가야산」, 제4호(1992); 우관식, 「내포지방의 천주교 전래과정 고찰」, 제8호(1996); 김추윤, 「버그내의 어원과 내포평야 및 월경지에 대하여」, 제8호(1996); 우관식, 「대종교와 내포지방」, 제9호(1997).

14) 안종일, 「청양의 문화유적」, 제7호(1995).

15) 이은우, 「충절로 명문을 이룬 한다리 김 씨」, 제7호(1995).

서 볼 때 '내포'의 영역적 상징이나 정체성을 강화하는 역할을 하기 어려운
내용이었다고 볼 수 있다.

② ≪예산문화원보≫[16]와 ≪내포문화정보≫[17]

내포와 관련된 연구와 관심이 가장 활발했던 지역은 예산이다. 예산에
서는 향토연구가를 중심으로 내포지역에 관한 연구가 꾸준히 진행되었는
데 '예산문화원'에서 발간된 ≪예산문화(원보)≫와 '내포문화연구원'에서
발간된 ≪내포문화정보≫를 통해 내포에 대한 관심이 어떻게 변천해왔는
지를 살펴보고자 한다.

'내포'라는 지명이 가장 먼저 등장한 것은 1991년으로 ≪예산문화원보≫
18집에 '충남 향토사연구연합회'의 주최로 "내포지역 항일독립운동의 재조
명"이라는 연구발표회가 열렸음을 알리는 기사이다. 기사에 의하면 이 발
표회에서는 예산을 비롯해 홍성, 태안, 당진 등 내포지역에 속하는 여러
시·군의 향토연구가들이 독립운동을 주제로 연구발표를 했다. 이어서
1992년(19집)에는 내포제시조 강습회를 알리는 기사가 실려 있다. 이 기사
에 따르면 내포제는 경제(京制), 완제(完制), 영제(嶺制) 등과 함께 우리나라
전통시조 유파 가운데 하나인데, 다른 유파와는 달리 내포제는 점차 사라
져가는 추세이며 동호인들을 중심으로 내포제시조 부활을 위해 노력하고
있다. 특이한 점은 시조강습회의 강사는 소동규(부여)와 박병규(홍성)로 소

---

16) 예산문화원, ≪예산문화원보≫, 제1집(1976) ~ ≪예산문화≫, 제38집(2005). 예산
　　문화원에서는 1976년부터 매년 1~2회 ≪예산문화원보≫[23집(1995년)부터는 제
　　호가 ≪예산문화≫로 바뀜]를 발간해오고 있는데 '내포' 관련 기사는 18집(1997)
　　~35집(2002)에 집중되고 있다.
17) 내포문화연구원, 계간 ≪내포문화정보≫, 창간호(1997)~제3호(1998).

개하고 있는데, 소동규는 내포지역에 포함되지 않는 부여 사람이다(제3장 3절 '민요와 시조' 참조).18)

1993년에 발간된 20집에서는 백제문화권개발사업에 내포가 포함되어야 함을 주장한 내용이 있어 눈길을 끈다. "부양되어야 할 내포문화"라는 글에서 백제문화권개발계획에서 내포가 제외된 것에 대해 문제를 제기한 것이다. 부여, 공주 등 왕도 중심의 백제문화권 설정의 문제점을 지적하고 백제 불교문화의 요충지, 부흥운동의 본거지로서의 내포의 의미를 부각시켰다. 백제문화권개발사업은 1991년에 기본계획 및 타당성 조사가 시작되어 1993년에 백제문화권 특정지역이 지정되었다.19) 이것은 이 시기에 예산을 중심으로 내포에 대한 연구가 활발하게 진행되었던 배경에는 정책적으로 시행되었던 백제문화권개발사업에 내포지역을 포함시키고자 하는 의도가 다분히 깔려 있었음을 보여준다.

이외에도 20집에서는 "내포 백제불교문화의 재조명"이라는 제목의 기사에서 내포지역의 문화원장단을 중심으로 '내포지역 백제문화협의회'를 구성하여 "백제문화권 개발에 있어서 내포지역 백제문화의 중요성"이라는 주제의 협의회를 개최했음을 밝히면서 내포가 백제문화의 중심지임을 거듭 강조하고 있다. 또한 이 기사에서는 예산, 서산, 홍성, 당진, 청양, 보령 지역의 불교 유적을 수록하고 있다.

1995년에 발간된 22집에서는 내포제시조 악보가 발간되었음을 알리는 기사와 함께 내포제시조에 대해 소개하고 50년 전에는 내포제 명창으로 청양의 윤종선, 보령의 김용래가 유명했음을 밝히고 있다. 그러나 1995년

---

18) 내포의 지역범위에 관한 논의들 가운데 가장 광의의 정의는 홍주목 관할지역을 포괄하는 개념인데 오늘날 부여군의 홍산이 포함되기도 한다.

19) 대통령 공고, 제134호(1993. 6. 11).

이후에는 오랫동안 내포가 등장하는 기사를 찾아볼 수가 없다.

한편 1997년에는 '내포문화연구원'이라는 지역단체에서 《내포문화정보》라는 계간지가 발간되기 시작했으며, 이후 3집에 걸쳐 내포에 대한 독자적인 연구를 진행했다. 이 잡지는 발간사를 통해 "정부에서는 백제문화권 개발이라는 정책을 시행하는 데 있어 왕도 위주로 집행이 되고 백제 고유의 유풍이 유존되고 있는 내포문화권은 방치하고 있다. 내포에서 살고있는 사람으로서 착잡한 심정뿐이다"라면서, "이런 관치문화에 대해 재고와 그 시정을 기대하면서 내포문화권을 환기하자고 7개 지역 내포문화인이 발의한 바 있다. 여기서 다 같이 힘을 모아 부운(浮雲)이 예백일(翳百日)하고 있는 현상을 거두어 보고자 해서 《내포문화정보》를 창간하게 되었다"라고 밝혔다(내포문화연구원, 1997).

이후 《내포문화정보》는 내포지역의 불교 및 백제 유적에 대한 연구를 중심으로 내포가 백제문화권의 핵심지역임을 거듭 강조하면서,[20] 이외에도 천주교,[21] 실학,[22] 불교[23] 등 내포지역 특유의 문화를 지속적으로 연구·조망했다.

한편 《예산문화》는 오랫동안 내포와 관련된 기사를 싣지 않다가 2000년(31집)에 「내포의 노래」라는 성찬경 추사기념사업회장의 시를 게재했고, 2002년(35집)에는 '내포의 불교'라는 주제로 최완수의 글을 실었다.

---

20) 홍병철, 「후백제왕 견훤과 합덕연호」, 창간호(1997); 이항복, 「나라사랑의 상징 임존성을 복구하자」, 제2호(1998); 편집부, 「백제불교문화는 내포에서 시작」, 제2호(1998).
21) 송기영, 「내포지방의 천주교 수용」, 창간호(1997).
22) 임배세, 「고덕 탁천장의 여주이문」, 제3호(1998).
23) 최완수, 「내포의 불교」, 창간호(1997); 최완수, 「내포의 불교 2」, 제3호(1998).

이상과 같이 ≪예산문화(원보)≫와 ≪내포문화정보≫를 통해 살펴본 바에 의하면 내포에 관한 연구는 1991년에 처음 등장했으며 내포지역 가운데 실질적으로 예산지역에서 가장 일찍 내포에 관심을 가졌다. 그러나 내포지역을 단일 문화권으로 설정하고 접근하기보다는 백제문화권의 일부로 인식하고 '백제문화권개발사업'에 내포를 포함시켜줄 것을 지속적으로 요구하기 위한 것이 출발점이었다. 백제문화권개발사업이 본격적으로 시작된 1993년을 전후하여 논의가 활발해진 점이 이를 잘 뒷받침해준다. 그러나 내포가 지역으로 인식되기 시작한 것이 대략 고려 말 즈음이었던 점을 고려해보면 백제시대와 내포를 연결하는 것은 단순히 공간적 공통성에 근거한 것으로, 지역개발사업과 문화연구를 연결시키고자 하는 의도가 컸음을 유추할 수 있다. 이러한 움직임은 내포를 독립적인 지역으로 인식하고 내부적 정체성을 찾기 위해 접근하려는 노력이 부족했음을 보여주는 것이다. 그러나 조선시대 문화를 중심으로 내포를 독립적인 문화권으로 설정하고 접근하는 이후의 연구에 단초를 제공했다고 볼 수 있다.

한편 예산지역에서 이루어진 내포 연구는 내포의 지역적 범위를 오늘날의 행정구역으로 볼 때 예산, 서산, 홍성, 당진, 청양, 보령지역 등으로 설정하고 있는데, 이는 대체로 『택리지』에 제시된 지역범위와 거의 일치한다.

(2) 충남발전연구원

충남발전연구원은 충청남도와 시·군의 중장기 개발 및 지역경제 진흥과 관련되는 제도 개선 등 제반 과제에 대한 전문적이고 체계적인 조사·분석, 연구활동을 통해 지역단위의 각종 정책을 개발하고 제시함으로써 충청남도와 각 시·군의 지역균형개발 및 지역경제력 향상 등에 기여하고자 1995년에 설립되어 충청남도 내의 효과적인 지역개발을 위한 사회·경제·문화 전반에 걸친 연구를 진행해오고 있는 전문 연구기관이다.[24]

충남발전연구원에서 내포에 관한 연구물로 처음 나온 것은 「내포지방 문화관광 개발을 위한 기초연구」로서 1999년에 처음으로 선을 보였다. 이 연구물은 내포가 독특한 문화특성을 갖고 있음에도 정부 개발정책의 대상이 되지 못하고 있음을 지적하면서 "사장되다시피 한 내포의 역사문화자원을 활용하기 위한 기초연구로서 수행되었으며 원론적으로 내포 문화유산의 중요성을 부각시키고, 아울러 서해안고속도로의 건설에 따라 관광상품으로서의 가치를 널리 알리는 데 목적을 두고 있다"라고 그 목적을 밝히고 있다(오석민, 1999).

구체적으로 살펴보면 내포지역의 자연적·문화적·역사적 자원의 관광상품화 가능성을 진단하는 데 목적을 두고 내포지역의 역사지리적 배경과 각각의 자원실태를 파악하며, 상품화의 가능성을 진단한 후에 개발의 방향과 전략을 탐색하고 있다. 또한 이 연구는 현재 진행되고 있는 개발정책에 필요한 관광자원의 제공을 목적으로 하며, 나아가 각각의 자원들을 연계시키는 개발 가능성을 모색함으로써 개발권역의 설정을 재검토하는 작업의 초석으로 진행되었다.

이 연구에 의하면 내포는 조선 초기까지는 일반 군·현과 비교할 만한 작은 규모의 지역이었다가 점차 범위가 넓어져 홍주목 관할의 행정구역을 거의 대부분 포함하는 지역으로 확대 인식되었다.[25] 제목에서 알 수 있듯이 이 연구는 내포의 관광자원에 주목한 연구로 내포의 관광자원을 망라

---

24) http://www.cdi.re.kr/cdi/sub01/sub0102.jsp?menu=01(충남발전연구원)

25) 서천, 면천, 서산, 태안, 온양, 평택, 홍산, 덕산, 청양, 남포, 비인, 결성, 보령, 아산, 신창, 예산, 해미, 당진 등 18개 고을로 오늘날의 차령산지 이북의 모든 시·군과 차령 이남인 부여의 일부, 그리고 아산만 연안에 자리 잡은 경기도 평택까지 넓은 범위를 내포로 보고 있다(오석민, 1999).

하여 살펴보고 있는데, 내포의 문화자원을 크게 네 가지로 분류하고 있다. 첫째는 태안해안국립공원을 중심으로 하는 바다 및 관련 자원, 둘째는 가야산을 축으로 하는 내륙의 자원, 셋째는 천주교와 동학 등의 종교적 유적, 넷째는 명현(名賢)이나 충절을 지킨 인물 등이다.

이와 유사한 내용의 내포문화에 대한 기초연구는 2001년까지 진행되었는데 2001년에는 「내포문화권 특정지역 종합개발사업 기초조사 연구」와 「내포문화권 특정지역 지정 및 개발계획 수립 연구」가 진행되었다. 이들 연구는 이전의 연구보다 한층 구체화되어 '내포문화권 특정지역 종합개발' 사업으로 연구내용을 구체화하고 있다. 이것은 충청남도가 2000년부터 내포문화권을 특정지역으로 지정하기 위해 연구용역을 추진했던 사실과 맞물린다.

2001년 11월에 열렸던 "내포문화의 재조명"이라는 주제의 심포지엄은 기초연구단계의 대미를 장식했다. 이 심포지엄에서는 「내포지역의 역사와 문화적 특성」(유홍준), 「내포지역의 불교문화」(최완수), 「내포지역의 지성사」(이성무), 「내포지역의 민속과 삶」(임동권), 「내포지역의 역사문화 · 관광자원과 개발 방향」(김용웅) 등의 주제가 발표되었다. 다양한 주제들이 다루어졌으나 전체적으로는 문화관광자원 개발에 초점이 맞춰졌다. 특히 "내포지역에 존재하는 역사 · 문화자원을 포함한 모든 자연자원에 대한 재조명을 통해 지역경제 활성화와 국토균형발전을 도모할 수 있는 방안을 연구 중에 있음"을 밝혔다(충남발전연구원, 2001).

이 심포지엄에서는 내포의 범위를 대략 '가야산을 중심으로 한 충남지역 서해안의 서북부'로 정의하고 있다. 또한 내포문화의 특징을 '불교를 중심으로 한 백제문화', '민속문화', '충신 · 열사의 고장', '천주교문화' 등으로 보며 자연 생태계, 온천 등의 자연관광자원과의 연계를 주장했다.

2001년도 심포지엄 이후 충남발전연구원의 연구는 주로 '내포문화권 특정지역 지정 및 개발사업'과 관련된 것들이 주를 이루고 있는데, 이는 같은 해 5월에 충청남도와 국토연구원에서 「내포문화권 특정지역 개발구상 및 지정 타당성 조사 연구」가 완성된 것과 관련이 깊다. 이와 관련하여 충남 발전연구원에서는 내포지역에 대한 연구를 기초과제26)와 현안과제,27) 그리고 수탁과제28)로 나누어 진행했으며 여러 차례 세미나 및 심포지엄29)을 개최했다. 이 가운데 2005년 2월에 개최된 "내포문화권 특정지역 개발 활성화를 위한 심포지엄"을 통해 충남발전연구원에 의해 진행된 연구의 흐름을 읽어볼 수 있다. 이 심포지엄이 열렸던 2005년 2월은 '내포문화권 특정지역개발'사업이 확정되어 진행 중이었던 시기로서, 심포지엄을 통해 이 사업의 추진과정과 의의 그리고 향후 추진방향에 대해 종합적으로 조망했기 때문이다. 또한 내포문화권 개발에 관한 실무 연구를 진행했던 연구원들이 주제발표를 하고 중앙 및 충청남도 행정실무자와 학계 인사가 토론자로 나섰다.

먼저 충남발전연구원에서 내포문화권 개발에 대해 어떤 의미를 부여하는지를 살펴보면, 지금까지의 다른 지역개발사업에서는 문화유산에 대한

---

26) 오석민, 「내포문화권 관광개발을 위한 기초연구」(1999)

27) 임선빈, 「내포문화권 특정지역 종합개발사업 기초조사 연구」(2001); 박철희, 「내포문화권 특정지역 지정 및 개발계획(안) 관련 의견 수렴」(2003); 이인배, 「내포문화제 성공적 개최 방안에 관한 연구」(2004).

28) 김정연, 「내포문화권 특정지역 지정 및 개발계획 수립 연구」(2001); 박철희, 「내포문화권 특정지역 개발 및 개발계획(안) 변경 요구」(2004); 권영현, 「홍성 내포사랑큰축제 티 디자인 개발」(2004); 박철희,「내포문화권개발사업 기본계획 연구」(2005); 박철희, 「내포 보부상촌 조성 및 간월도 관광도로 실행계획 수립」(2005).

29) "내포문화의 재조명"(2001); "내포문화권 특정지역 개발 활성화를 위한 심포지엄"(2005).

관심이 많지 않았던 데 비해 내포문화권 개발은 유형·무형의 문화에 관심을 두고 있기 때문에 진일보한 것으로 평가하고 있다(오석민, 2005). 또한 서해안고속도로가 개통되고 대규모 산업단지가 조성되면서 내포는 과거의 '서울과 가까운 벽지'라는 개념에서 '수도권과의 연계성이 큰 지역'으로 의미가 변화했으며 이러한 시기에 지역문화에 대한 관심을 반영한 지역개발계획이 수립된 것은 시의적절하고 의미가 큰 것으로 보고 있다. 그렇지만 사업이 기초연구에도 못 미치는 연구결과를 바탕으로 추진되었고, 무형의 문화에 대한 관심이 상대적으로 떨어지며, 이전부터 진행되어왔던 사업과의 연계성이 부족한 점 등을 문제점으로 지적하고 있다.

한편 내포의 대표적인 문화유산은 교통(포구, 운하 등) 및 해안방어와 관련된 유적, 금산(禁山)과 목마장 관련 유적, 불교 유적, 보부상 관련 유적, 천주교 관련 유적 등으로 분류하고 있다. 또한 내포문화권 개발은 이러한 문화적 자원을 바탕으로 문화재 정비 및 관광자원화에 주안점을 두며 이와 연계된 도로 등 사회기반시설의 확충을 추진하는 사업으로 성격을 규정했다. 사업내용을 구체적으로 살펴보면 정신문화 창달사업, 문화유적 정비사업, 관광휴양시설 확충사업, 기반시설 확충사업 등으로 나누어볼 수 있다.

충남발전연구원은 내포지역에 대해 체계적이고 종합적으로 접근한 대표적인 전문 연구기관으로 1999년 이후 내포지역에 대한 연구를 시작하여 많은 성과를 거두었다.[30] 충남발전연구원이 내포지역에 접근하는 방식은

---

30) "몇 해 전까지만 해도 우리에게 '내포'라는 용어는 생소한 단어였으며, 중앙정부에서도 내포, 내포문화권이라는 개념조차 이해하지 못했지만, 오늘 내포문화권에 대한 구체적인 추진방안을 논의하는 자리에 서게 되니 감회가 새롭습니다"(충남발전연구원·충청남도역사문화원, 심포지엄 자료집, 2005, 충남발전연구원장 인사말).

기본적으로 지역개발을 위한 기초연구 및 방향성 제시 등을 목적으로 하기 때문에 유형·무형의 문화재와 이의 정비 방안, 관광자원화 등에 대한 연구가 주를 이루고 있다. 동질성 또는 결절성으로 형성되는 하나의 지역권으로 접근하기보다는 개발을 위한 지역으로 접근하고 있기 때문에 내포는 경계가 명확한 형식지역의 성격을 띠고 있다. 그뿐 아니라 범위를 정해 놓고 그 속에서 문화자원들을 찾아가는 방식이기 때문에 다양한 문화요소들이 나열식으로 제시되고 있다. 문화권이라는 개념에 대해서는 엄격한 논의 자체가 없었으며 문화재 관련 시설의 정비에 관심을 두기 때문에 문화 콘텐츠와 관련된 내용은 거의 없다(오석민, 2005). 이와 관련하여 충남발전연구원은 보다 철저한 기초조사의 필요성을 제기하고 있는데, 단편적인 문헌조사, 향토사가들의 제보에 의존한 답사, 피상적인 관련 연구 검토 등의 문제점이 있었음을 스스로 지적하고 있다(오석민, 2005).

3) 내포지역연구단

'충남대학교 인문과학연구소 내포지역연구단'은 2002년부터 한국학술진흥재단의 기초학문 육성지원사업의 일환으로 '충청남도 내포지역 지역엘리트의 재편과 근대화'라는 주제로 내포지역에 대한 연구를 진행했다. 연구의 주제는 조선 후기 이후 1950년대까지 내포지역 근대화과정에서 지역엘리트(local elite)의 재편과정으로, 정치·사회 엘리트, 종교 관련 엘리트, 경제 및 경제 관련 엘리트, 유학 및 교육 엘리트 등에 관해 구체적으로 연구했다(충남대학교 내포지역연구단, 2006). 이 연구는 내포에 대해 전문 학술연구기관에서 시도한 연구로는 유일한 것으로, 지역개발 차원에서 내포에 접근한 대부분의 다른 연구들과는 성격을 달리한다. 즉, 지역개발의 당사자가 아닌 외부자의 입장에서 내포를 객관적으로 조명하고 있다. 따라서 연구의 주제가 내포에 관한 전반적인 내용이 아니고 시기도 제한적인 한계가 있음에도, 내포 지역정체성 구성과정에 영향을 미치는 제도적 요소의 하나로서 많은 의미가 있다. 특히 내포지역의 정체성이 역사적 성격을 강하게 띠기 때문에, 현재의 내포의 성격을 이해하는 데 매우 의미 있는 연구이다. 또한 현재의 내포에 대한 일반적인 접근이 새로운 정체성의 구성을 의도하고 있는 경향이 많다는 점을 고려할 때 올바른 방향 정립에 유용한 근거가 될 가능성이 크다.

① 지역범위의 설정과 연구대상 지역 선정 원인

이 연구사업은 "최근의 지역 연구들은 연구대상 지역에만 함몰되어 그 지역 사회·문화의 개별성, 특수성만을 강조하는 경향이 있다"고 지적하고 "지역 연구의 궁극적인 목적은 일정한 지역의 문화적 특수성과 보편성을 함께 규명하는 데 있으며 이는 결국 연구대상 지역과 다른 지역을 끊임없이 비교함으로써만 가능한 일"이라고 보고 "새로운 형태의 지역 연구를 시도해보려는 데에 그 뜻이 있음"을 밝혔다.[31] 즉, 내포지역은 문화적·사회적 측면에서 보편성과 특수성을 같이 드러내줄 수 있는 매우 적절한 지역이기 때문에 적합한 연구지역으로 보고 있는 것이다.

이 연구는, 충청남도의 내포문화권개발계획이 추진되고 있지만 내포문화권의 범위에 대한 합의가 부족하여 아산만에서 금강 유역(서천군)에 이르는 충남 서해안 전 지역을 설정하기도 하고 가야산 인근 지역만을 설정하기도 하는 등 내포지역에 대한 정의가 제대로 이루어져 있지 않은 실정임을 지적하고, 따라서 내포지역에 대한 개념 확립이 우선적으로 이루어져야 할 현실적 필요성이 대두되고 있음을 주장했다. 또한 내포문화권을

---

31) http://www.cnu.ac.kr/%7Ecci/naepo/contents/introduce.htm(내포연구단).

개발한다고 하여 자칫 역사적 전통을 고려하지 않은 각종 문화사업들이 진행될 경우 이 지역의 역사와 문화의 원형이 훼손·왜곡될 가능성도 높다고 우려하면서 이러한 점들을 고려할 때 이 지역의 지방사·지방문화 연구는 더 이상 미루기 어려운 상황에 있다고 보았다. 이 연구는 이러한 문제의식에서 출발하며 크게 여섯 개의 범주로 나누어 내포지역 연구에 접근하고 있다. 지역범위는 기본적으로 '가야산 주변 열 개 고을'이라는 『택리지』의 정의에서 출발한다.

② 연구의 목적과 방법

우리나라의 근대화 과정은 지주-소작인, 자본가-노동자 계급 간 갈등뿐만 아니라 신분, 문중, 마을 간의 갈등 등이 복잡하게 얽혀 있기 때문에 이같이 다양한 요소의 유기적 관련 속에서 설명해야 한다. 하지만 이는 매우 방대한 작업이므로 전국적 상황을 한꺼번에 설명할 수는 없다. 따라서 한 지역에서의 구체적인 근대화 과정, 지역엘리트의 재편 과정을 면밀히 추적함으로써 한국사회 근대화 과정의 여러 사례들을 먼저 얻어야 한다. 그리고 그러한 사례들이 축적되어야만 이를 바탕으로 한국사회의 근대화 과정을 설명할 수 있는 새로운 이론을 만들어낼 수 있다. 즉, '미시적 접근'을 통해 '거시적 시각'을 획득하려는 것이며 적절한 사례인 내포지역에 대한 미시적 접근을 통해 하나의 사례를 추출하는 것이 목적이다. 또한 지역엘리트들이 성장하고, 또 서로 세력을 이루어 경쟁하는 과정을 구체적으로 정리해보고 그러한 과정이 지니는 역사적 의미가 무엇인지를 살펴보며, 이를 통해 이 지역에서의 근대화 과정이 과연 어떠한 이론적 틀로서 설명될 수 있는지 가설을 만들어나가는 것이 또 하나의 목적이다.

연구방법으로는 경관(landscape)의 변화와 그 주체를 다루고, 조선 후기 사회구조의 변동을 양반·향리·평민층을 대상으로 살피며, 경제구조의 변동을 지주 · 자본가 · 상인층의 동향과 관련하여 연구했다. 또 지성계의 변동에서는 유학 · 실학 · 천주교 · 기독교 · 불교 · 동학 · 신지식 수용 등을 망라하여 그 모습을 살펴보았고, 정치적 동향에서는 위정척사와 의병운동, 식민지 시기 민족운동, 그리고 해방 이후 좌우익 갈등, 한국전쟁과 그 이후의 지역정치 동향 등을 정리하여 파워엘리트가 어떻게 형성되는지를 살펴보았다. 즉, 기존의 좁은 연구 시야, 혹은 단편적 연구를 벗어나 한 지역에 대한 종합적인 연구를 시도한 것이다.

③ 내용

구체적인 연구내용은 첫째, 근대화와 지역엘리트의 재편과정에 상당한 영향을 미쳤을 것으로 보이는 내포지역의 인문지리적 조건과 그 변화이다. 이와 관련해서는 내포의 지리적 특성, 해만 간척 과정, 마을과 읍치의 경관 변화와 그 주체 문제 등을 다루었다. 둘째, 조선 후기의 향촌사회가 어떠한 변동을 보였는가 하는 문제이다. 내포지역의 서원과 사우의 실태 및 변화, 내포지역에서의 생원진사시 합격자 분석, 수령의 지방통치 구조, 내포지역 동학농민군과 반농민군의 동향 등이 여기에 포함된다. 셋째, 내포지역 유림의 동향과 신교육의 수용과정으로 내포지역 유학자들의 학맥, 대표적인 유학자들의 학문, 신교육의 수용과정, 그리고 유림과 학생층의 항일운동 등이다. 넷째, 내포지역의 종교와 신앙생활의 변화로서 불교계, 천주교계, 개신교계의 동향을 다루었다. 다섯째, 경제계 엘리트의 변화로, 이 지역의 대표적 기업이었던 충남제사와 호서은행, 조선 후기 내포지역 장시의 변화 등을 연구했다. 마지막으로는 정치엘리트의 변화와 관련한 내용으로, 식민지시대의 민족운동, 사회운동과 해방 이후 좌우익의 대립, 1950년대 지역정치의 구도재편 과정 속에서 엘리트층의 부침 등을 다루었다.

다양한 주제를 포괄하고 있는 이 연구는 먼저 연구를 수행하면서 다양한 주제를 통합할 수 있는 지역범위를 설정하는 것이 중요했다. 이 연구는 대체적으로 『택리지』의 정의를 따라서 '가야산 주변 열 개 고을'에 해당하는 태안, 서산, 당진, 홍성, 예산 및 보령과 아산의 일부를 내포로 보고 있다. 해안의 굴곡이 심한 이 지역은 해만 간척이 시작되기 이전에는 곳곳에 '안개', 즉 '내포'가 발달하고, 특히 삽교천에서 아산만에 이르는 지역에 '내포'가 가장 발달하고 있었기 때문에 '내포'라는 지명이 많았다고 보고 있다.[32] 즉, 내포를 지형적 특징을 반영한 일반 명사에 기원한 지명으로 보는 점이 특징이다.

해안의 굴곡이 심하고 많은 포구가 발달한 내포의 특성은 주민들이 일찍부터 내륙수로와 해로를 주요 교통로로 이용하는 원인이 되었다. 그리하여 내포 사람들이 생선과 소금 그리고 곡물을 한양을 비롯한 다른 지방에 팔면서 상업이 발달하고, 구릉지 및 해만 간척을 통해 넓은 농경지를 확보하는 계층이 발생할 수 있었다. 그러나 이러한 지리적 조건은 조선 중기 이전 사족집단이 각 지역에 자리를 잡고 성장할 당시에는 이들이 선호하는 입지가 아니었다. 따라서 이 지역은 내륙지방에 비해 유교문화가 상대적으로 약했다. 이러한 특성은 반대로 민중문화가 발달하는 원인이 되어 민간신앙, 불교, 동학 등이 강하게 자리 잡는 토대가 되었으며 충청도 내륙의 '보수성'과 대비되는 '개방성', '진취성', '저항성'의 기틀이 되었다. 이처럼 내포는 전체적으로는 충청문화권 안에 속하여 충청도의 다른 지역과 유사한 특성을 지니면서도 여러 객관적 조건들로 인해 다른 지역들과 구

---

32) 『증보문헌비고』 권34, 여지고(輿地考) 관방(關防) 해방조(海防條)에는 충청도 지역의 주요 포구로 56개소가 거론되는데, 이 가운데 아산부터 결성까지의 포구는 44개소에 달한다(이해준, 1997).

별되는 문화적 · 사회적 특성을 지니게 되었다.

④ 의의

내포연구단은 근대화 과정에서 지역엘리트의 형성과 변화과정을 살펴봄으로써 내포 지역정체성 형성과정을 이해하는 중요한 단서를 제공하고 있다. 즉, 자연 및 인문 환경과 관련하여 주민들의 삶의 방식을 설명하고 이러한 특성들이 독특한 지역의 성격을 만들어낸 과정에 역사적 방법으로 접근하고 있다. 이러한 접근법은 지역을 사회적 구성물로서 탐구하는 데, 다시 말해 지역엘리트의 재편과정, 즉 권력관계의 변화를 통해 지역의 특성을 설명하는 데 유효한 접근법이다. 또한 내포 담론의 역사성을 읽어내는 데도 중요한 근거자료가 된다. 특히 내포는 근대화시기를 거치면서 주민들의 의식과 기록에서 사라지는 역사를 경험했기 때문에 이 시기에 대한 연구는 내포의 역사를 이해하는 중요한 단서가 될 수 있다.

그러나 내포연구단의 연구는 연구의 대상이 대부분 시 · 군 단위에 초점이 맞춰져 있기 때문에 내포 전체를 고려한 접근이 부족하다는 한계가 있다. 내포지역을 하나의 지역으로 고려하기 위해서는 다양한 요소들을 전체적으로 고려하는 접근이 필요하기 때문이다. 그럼에도 내포연구단의 연구는 내포지역에 대한 전문 학술단체의 연구로는 유일한 것이며, '내포문화권 특정지역개발사업'과는 직접적인 이해관계가 없는 객관적인 입장을 견지하고 있기 때문에 오히려 내포 지역정체성의 구성과정에 대한 이해와 향후 지역개발 논의의 올바른 방향을 정립하는 데 유용한 근거자료가 될 수 있다.

4) 지방자치단체

(1) 기초자치단체: 홍성군

내포지역의 기초자치단체들은 전반적으로 내포 지역정체성 구성과정에 수동적인 경향이 있다. 왜냐하면 무엇보다 내포에 대한 관심을 촉발한 내포문화권 특정지역개발계획이 충청남도 차원의 광역개발계획이기 때문이다. 또한 모든 자치단체들이 공통적으로 내포문화권 특정지역개발이 본격화되면서 수동적으로 내포에 관심을 갖게 되었고, 내포문화권개발계획 실행 이전에 각 시·군별로 진행되던 문화재 개발 및 시설 정비사업의 연장선으로 내포문화권 특정지역개발사업을 인식하는 경향이 있기 때문이다. 특히 내포의 지역범위에 대한 논의는 철저하게 지역개발의 관점에서 이루어지기 때문에 내포문화권 특정지역개발계획에 포함된 지역(예산, 홍성, 당진, 서산, 태안)은 그 범역이 왜곡되는 것에 대한 관심보다는 그 안에 포함됨으로써 현실적으로 예산 지원을 받을 수 있다는 사실에 가장 큰 관심을 보였다. 긍정적인 점으로는 행정 경계를 넘어서는 개발을 통해 과거의 기초자치단체별 분절성을 넘어설 수 있는 가능성을 들 수 있다. 그러나 예산상의 문제와 기초자치단체 간의 유기적 관계의 부족으로 내포 전체를 아우르는 사고의 틀을 기대하기는 어려워 보인다. 실례로 2004년부터 '내포사랑큰축제'가 시작되었는데 원래는 관련 시·군이 모두 참여하는 연합축제의 성격으로 기획되었으나 다른 시·군의 참여가 부족하여 기획 주체였던 홍성군이 단독으로 축제행사를 주관하고 있다.

홍성군은 과거 홍주목의 치소가 있던 곳으로 조선시대 이래로 내포지역의 행정 중심지였다. 지금도 행정기관의 집중도가 높고 지리적으로 내포의 중심에 위치하여 행정기능이 강한 지역으로 볼 수 있는데, 최근 충남도청 이전지역으로 확정됨으로써 중심성이 더욱 높아질 가능성이 크다.

<표 5-3> 내포사랑큰축제 내포 관련 행사 내용

행 사	내 용
내포문화 재현 거리 퍼레이드	취타대 → 홍주목사 행차 → 보부상 행렬 → 성삼문 선생 행차 → 최영 장군 행차 → 농경생활 재현 → 3·1운동 → 전통혼례 행렬 → 결성농요 행렬 → 풍어제 행렬 → 김좌진 장군 행차 → 호상놀이 행렬 → 관광객과 일반 참석자
내포 민속문화 시연	결성농요, 덕산 보부상놀이(예산), 볏가릿대 세우기(태안), 웃다리 농악(보령), 박첨지 놀이(서산), 기지시 줄다리기(당진)
각종 대회	최영 장군 탄신 기념 전국남녀궁도대회, 오서산 억새풀등반대회, 이봉주마라톤대회, 전국국악경연대회, 고암전국청소년미술실기대회

자료: 홍성내포사랑큰축제추진위원회(2005).

홍성군은 지역축제를 통해 어느 정도 내포 지역정체성 구성과정의 제도적 요소로서의 역할을 수행하고 있다. '내포사랑큰축제'로 이름 붙은 이 축제는 기존에 홍성지역에서 산발적으로 열렸던 지역축제를 통합한 것이다.[33] 소지역별로 진행되었던 기존의 개별 축제와 더불어 내포와 관련이 있는 새로운 내용을 추가하여 진행하고 있다.[34]

홍성군은 과거 홍주목 치소의 소재지였음을 내세워 내포의 중심임을 주장하며, 내포의 가장 매력적인 요소로는 '충청도에서 가장 살기 좋은 곳'이라는 『택리지』의 언급을 부각시키고 있다. 이는 홍성에만 국한되는 것이 아니고 내포지역에서 일반적으로 볼 수 있는 현상으로, 잊힌 과거의 긍정

---

33) 새조개 축제, 남당 대하축제, 만해제, 광천 새우젓 축제, 조선김 대축제, 김좌진 장군 전승기념축제 등.

34) 내포문화 재현 거리 퍼레이드, 홍성 역사인물 패션쇼, 최영 장군 영신굿, 최영 장군 탄신 기념 전국남녀궁도대회, 전국농민요 초청 발표회 및 내포지역 민속문화 재현, 전국국악경연대회, 고암전국청소년미술실기대회.

적인 이미지를 주민들에게 각인시켜 지역정체성화하고자 하는 의도가 큰 것으로 볼 수 있다.[35]

내포사랑큰축제는 '고향 같은 정겨움', '살아 있는 역사', '푸짐한 먹거리' 등을 축제의 주요 내용으로 내세우고 있는데, 이는 현재 전형적인 지역축제의 모습에서 크게 탈피하지 못한 모습이다. 즉, 문화적 정체성에 근거하는 지역축제보다는 먹거리 등 상품 판매 중심의 경제적 축제의 모습을 크게 벗어나지 못함을 의미한다. 또한 주민의 자발성보다는 관이 주도하는 축제의 모습도 역시 다른 지역과 유사하다. 그러나 '내포 민속문화 시연'에서는 홍성군을 넘어 내포지역 전체로 공연 내용을 확대하여 덕산 보부상 놀이(예산), 볏가릿대 세우기(태안), 웃다리 농악(보령), 박첨지 놀이(서산), 기지시 줄다리기(당진) 등을 축제에 끌어들였다. 이는 내포축제의 범위를

---

35) "'내포'는 순수한 우리말로 '안-개'란 뜻으로 바닷물이 육지 깊숙이 들어와 내륙 깊은 곳까지 배가 항해할 수 있는 지역을 말합니다. 조선 실학자 이중환은 그의 저서 『택리지』를 통해 내포를 충청도에서 가장 살기 좋은 곳이라 정의했고, 『조선왕조실록』에서는 홍주목에서 관할하던 지역이라 칭했습니다. 이에 우리 홍성은 그 내포지역을 다스렸던 홍주목의 치소가 있었던 내포문화의 발흥지로서 내포문화의 실체를 재조명해 역사·문화의 정체성을 확립하고, 서민문화의 결정체인 내포문화를 널리 알리기 위해 오는 9월 30일부터 10월 2일까지 2006 홍성 내포사랑큰축제를 개최합니다. 우리네 서민들의 소박한 삶과 살아가는 애환이 서려 있으며, 화려하지 않으면서 친근하고, 가슴속에서 우러나오는 고향의 향수를 느낄 수 있는 내포문화 속으로 여러분을 초대합니다. 홍성이 낳은 최영, 성삼문, 한원진, 김복한, 한용운, 김좌진, 홍주의병 등을 통하여 위인들의 발자취를 배우고, 옹기 제작, 지승·짚공예 등 각종 전통생활 체험을 통하여 서민들의 문화를 몸소 체험하는 등 조상들의 애환이 담긴 내포문화의 진한 향수를 느껴보십시오"[내포사랑큰축제 홍성군수 초대의 글, http://festival.naepo.go.kr/festival_2006/html/html_contents.jsp?md1=1&md2=1(내포사랑큰축제)].

넓히고자 하는 의도로서 여타의 지역축제와는 다른 특징이라고 볼 수 있다. 또한 내포를 주제로 한 대규모 축제를 개최함으로써 내포에 대한 지역주민의 관심과 인식을 직접적으로 고양하는 데는 무엇보다도 큰 효과가 있다.

(2) 광역자치단체: 충청남도

① 배경 및 목표

충청남도에서 내포지역에 본격적인 관심으로 보이기 시작한 것은 2001년으로서 내포문화권 특정지역 지정을 위한 연구용역 수립 등 타당성 조사를 실시한 것이 그 시초가 되었다(국토연구원, 2001). 이어서 기획예산처 등 17개 중앙부처 협의 및 중앙도시계획위원회 심의, 국토정책위원회 심의를 거쳐 2004년 12월 9일 내포문화권 특정지역 지정 및 개발계획이 확정되었다. 이후 2014년을 목표로 사업이 본격적으로 이루어졌다. 지역개발계획이 수립·추진되는 과정은 범위를 설정하고 개발내용을 구체적으로 선정해야 하므로 지역에 대한 면밀한 연구가 필요하다. 따라서 충청남도에서 발간된 '내포문화권 특정지역 개발 지정 및 개발계획'과 관련된 자료를 통해 계획 수립 및 시행의 주체인 충청남도가 내포에 어떤 입장을 가지고 접근해가고 있는지 알아볼 수 있다.

먼저, 내포문화권에 관심을 갖고 지역개발계획을 수립하게 된 배경은 첫째, 지역발전에서 역사·문화자원의 중요성과 역할이 증대되었다는 점이다. 전 세계적으로 문화에 대한 관심이 지속적으로 증가함으로써 문화·관광의 경제적 가치가 크게 증대되는 사회적 변화가 나타나고 있다. 따라서 21세기에는 지역의 문화기반 확보 여부가 지역발전에 주요 요인으로 등장하고 있다. 둘째, 문화권형 특정지역개발을 통해 지역균형발전을 도모하고자 하는 것이다. 내포문화권은 지역 내에 잠재적인 역사·문화자

<표 5-4> 내포문화권 개발 추진경과

시기	내용	주체
2000. 8 ~ 2002. 12	특정지역 지정을 위한 연구용역 추진	충청남도
	타당성 조사	국토개발연구원
	지구지정/개발계획	충남발전연구원
2003. 3. 31	지역지정 및 개발계획(안) 주민공람 공고	충청남도
2003. 6. 18	지역지정 및 개발계획 승인신청	충청남도 → 건설교통부
2003. 6~11	개발계획(안) 관계부처 협의	건설교통부 → 17개 부처
2003. 12. 12	지역지정(안) 중앙도시계획위원회 심의	건설교통부
2004. 5. 21	개발계획 변경(안) 제출	충청남도 → 건설교통부
2004. 6~10	개발계획(안) 관계부처 재협의	건설교통부 ↔ 관계 부처
2004. 11. 18	국토정책위원회(위원장: 국무총리) 심의	건설교통부
2004. 12. 9	지역지정 및 개발계획 확정·고시	건설교통부

자료: 충청남도(2005).

원이 풍부하기 때문에 이를 재조명함으로써 지역경제 활성화와 국토균형
발전을 도모할 수 있도록 문화권형 특정지역으로 지정·개발할 필요성이
높다. 셋째, 내포지역의 개발수요 증대와 역사·문화자원 보전 및 종합정
비의 필요성이다. 내포지역은 지형적·지리적 특성상 경부축 위주의 육상
교통과 단절되어 산업화시대에는 산업화 소외지역으로서 인구가 전반적
으로 감소하는 등 지역발전이 상대적으로 취약한 편이었다. 그러나 서해
안고속도로의 개통과 더불어 서해안 중심의 발전축 형성이 예상되면서 개
발수요가 급격히 증가하고 있다. 또한 다양한 문화자원들이 산재하고 있
으나 정책적 차원의 관심 부족과 급격한 개발압력하에 독특한 역사·문화
자원들이 원형이 훼손되거나 망실될 가능성이 높은 실정이다(국토연구원,
2001).

한편 충청남도는 내포문화의 특징을 "내포지역은 어느 곳을 가더라도
불교 유적을 비롯하여 유교 및 천주교 유적은 물론 선인들의 발자취가 한

껏 풍기는 생생한 역사의 현장이자 살아 있는 박물관"이라고 정의하고 내포문화권 개발을 통해 "충청인물사를 집중 연구하여 양반과 선비의 올바른 개념을 정립하고 도민의 자긍심과 자신감이 충만할 수 있도록 진취적이고 발전지향적인 '충청의 정체성'을 정립해나갈 것"임을 밝히고 있다(충남발전연구원, 2001, "충청남도지사 축사"). 또한 '내포문화권 특정지역개발사업'에 대해 "우리 도가 특정지역 제도부활을 선도하고 부활된 제도에 의해 전국 최초로 특정지역을 지정함으로써 개발의 물꼬를 트고 지역균형개발의 전기를 마련했다"는 점에 의미를 부여하고 "'기존의 왕족·귀족문화' 중심 개발에서 탈피하여 서민문화를 중심으로 공주·부여 지역의 '백제문화권'과 더불어 21세기 충남문화의 양대 축으로 육성해나갈 것"임을 밝히고 있다. 또한 이를 위해 "지역에 꽃피었던 찬란한 문화의 실체를 재조명해낼 것이며, 내포에 전해오는 독특한 유형·무형의 문화재와 문화유적의 실체를 발굴·정비·복원하여 지역의 정체성을 확립해나가는 계기로 삼을 것"을 목표로 제시하고 있다(충남발전연구원·충청남도역사문화원, 2005, "충청남도지사 축사").

② 지역범위

2001년도 기초연구에서는 내포의 공간적 범위를 서산시, 홍성군, 예산군, 태안군, 당진군 전역과 아산시, 보령시의 일부 지역을 대상 범역으로 했다. 정부의 정의에 의하면 문화권이란 "관광이라는 기능적 측면뿐만 아니라 지역의 생활, 전통, 문화가 고려된 권역이라는 측면에서 의의"가 있으며, 문화관광권이란 "문화관광자원을 효율적으로 개발·관리하여 관광객 유치를 증대시키기 위하여 특성화된 관광자원의 존재, 관광상품화가 가능한 자원의 집적성, 교통접근의 상태, 행정구역의 명확성 등을 고려하여 '동질적 특성으로 구분되는 광역적 지역'"을 의미한다. 따라서 문화·관광권

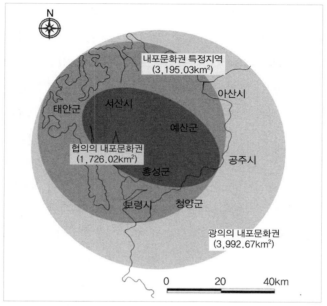

자료: 국토연구원(2001).

역의 설정기준으로는 지형적 조건 및 접근체계, 생활권 등 문화 외적 조건과 더불어 지역주민의 생활 및 심성, 역사성 등이 포함된 문화 내적 조건이 동시에 고려되고 있다. 이와 같은 조건을 고려하여 내포의 범역을 설정했는데, 여기에 적용한 기준은 '지역 및 지명의 역사성', '문화적 동질성 및 유사성', '지형지리적 특성 및 생활권', '지역개발 추진의 효율성(역사자원의 집적·연계개발)' 등이다.

첫째, 고문헌에 나타난 지역 및 지명의 역사성을 기준으로 내포를 '가야산 주변의 10개 또는 18개 고을'을 통칭한 지명으로 보고 있다. 내포라는 지명은 『조선왕조실록』을 비롯하여 『택리지』, 『대동지지』 등 많은 고문헌에 등장하는데, 위치는 역사적으로 고정되어 있지 않았고 후대로 갈수록 차령 서북부지역을 통칭하는 지명으로 확대 사용되었다. 둘째, 문화적 동질성 및 유사성을 기준으로 한 지역범위는 주로 농요, 마애불의 공간적 집적분포를 통해 파악하고 있다. 즉, 내포지역은 결성농요로 대표되는 상사류와 기타 방게소리가 비교적 동질적으로 분포하고 있으며, 백제시대의 마애불 3점이 독점적으로 분포되어 있다. 이 밖에 해양에 인접한 지리적 특성으로 인해 제례, 전통의식, 생활문화 곳곳에서 유사한 풍습과 문화적 습성을 나타내고 있다. 셋째, 동일생활 및 교류인지권을 기준으로 한 지역범위는, 차령에서 오서산으로 이어지는 산줄기로 경계를 삼는 권역으로 가야산 주변을 일컫는다. 이 지역은 지형적으로 해안선이 복잡하고 내륙 깊숙한 곳곳에 포구가 발달할 수 있던 반면, 지역을 둘러싼 산세로 인해 육로교통으로는 다른 지역과의 접근성이 결여되어 있었다. 넷째, 지역개발의 효율성 도모를 기준으로 할 경우에는 제도적 기준 및 지역개발 추진상의 효율성 확보가 중요한 판단기준이 된다. 이 경우에는 실질적인 문화권과 특정 지역이 일치하지 않을 수도 있으며 문화권 내의 일부 지역만을 지정할 수도 있다.

이와 같은 기준을 적용하여 내포의 지역범위를 설정하고 이를 지역개발과 관련시켜 세 개의 공간범역 대안을 제시했다. 제1안은 협의의 내포문화권으로, 공간적 범역을 최소화하여 문화적 고유성 및 동질성을 부각시키고 지역개발을 집약적으로 추진할 수 있게 하기 위한 안(案)으로서 서산시, 홍성군, 예산군 전역에 해당한다. 제2안은 광의의 내포문화권으로, 역사적으로 연관된 동질적 속성을 지닌 지역을 전반적으로 포괄하여 광역적인 차원의 문화자원 정비와 보존이 가능한 공간범위로서 아산시, 서산시, 보령시, 홍성군, 예산군, 당진군, 태안군이 포함된다. 제3안은 내포문화권의 문화적 특수성을 반영하면서도 내포문화권 특정지역으로서의 지역개발 잠재력을 극대화할 수 있는 안으로서 서산시, 예산군, 홍성군, 태안군, 당진군과 보령시(천북, 청소, 오천, 주교, 주포), 아산시(도고, 선장, 신창) 일부가 포함된다. 이 가운데 지역개발과 가장 관련성이 큰 제3안이 내포문화권 특정지역의 공간범역으로 채택되었다.

제3안은 내포지역의 독특하고 고유한 문화적 특성을 부각시킬 수 있을 뿐만 아니라 지역개발 추진상의 효율성을 도모하는 데 상대적인 우위를 가진 것으로 판단되었으며, 특히 서해안고속도로의 개통에 따라 예견되는 급격한 개발수요 증대에 대비하여 지역문화자원의 정비·보존 및 균형적 지역개발을 추진하는 데 적합한 공간적 범역으로 판단되어 「내포문화권 특정지역 개발구상 및 지정 타당성 조사연구」에서 최종안으로 확정되었다.

이 안에 따르면 여기에 포함되는 지역의 면적은 2,508km²로 충남 전체 면적의 29.22%에 해당한다. 그러나 "특정지역 지정 면적은 원칙적으로 광역지방자치단체의 관할구역 면적의 30%를 초과할 수 없다"는 규정에 의거하여 면적을 축소하게 되었다.[36] 변경안에 따르면 내포문화권 특정지역에 포함되는 지역은 태안군(제외지역: 이원면, 남면, 안면읍, 고남면), 서산시(제외지역: 대산읍, 지곡면, 팔봉면, 성연면 등 북부 공업단지), 당진군(제외지역: 대호지면, 신평면, 고대면, 석문면, 송산면 등 북부공업단지), 예산군(제외지역: 오가면, 대술면, 신양면), 홍성군(제외지역: 은하면, 광천읍, 홍동면, 장곡면), 보령시(포함지역: 천북면, 오천면, 주포면) 등이다. 이 안에 대해 충청남도는 내포의 문화 독창성과 독특성을 반영하면서 역사·문화유산의 정비·보전이 가능한 범위이며, 주변 관광자원과 연계한 개발로 지역개발의 파급효과와 사업추

---

36) 충청남도에는 이미 백제문화권 특정지역이 지정되어 있었는데, 그 면적이 1,620km²(충남 전체 면적의 18.86%)를 차지하고 있어 내포문화권 특정지역을 충남 전체 면적의 11.12%에 해당하는 955.09km²로 조정하여 변경 확정했다(박철희, 2004).

<그림 5-2> 내포문화권 특정지역의 범위

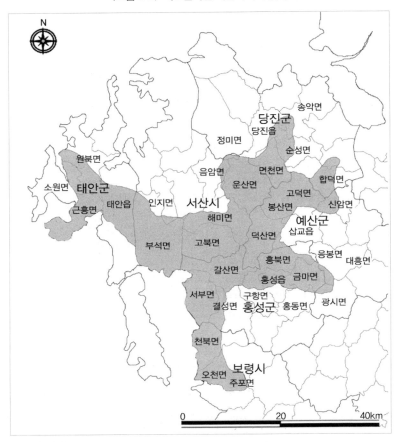

자료: 충청남도(2004).

진의 효율성을 극대화할 수 있으며, 법률에 규정된 공간적 범위를 초과하지 않는 장점이 있다고 보고 있다. 반면에 광역적 차원의 역사·문화자원에 대한 정비가 어려우며 관련 지역의 배제에 따른 불만이 우려된다고 보았다.

실제로 내포문화권 특정지역개발계획에서 최종적으로 배제된 인근지역

(아산, 서천)의 반발이 나타나고 있는데, 비교적 관광자원이 풍부하고 관광 개발이 많이 이루어져 있는 지역의 특성상 아산시 차원에서는 공식적으로 문제를 제기하지는 않고 있다. 그러나 서천군의 경우는 관광 자원이 빈약하고 개발이 저조하기 때문에 '내포문화권 특정지역'에서 배제된 것에 대해 조직적으로 문제를 제기하고 있다. 이에 따라 충청남도에서는 2006년 광역자치단체장 선거로 충청남도지사가 바뀌면서 충청남도 차원에서 특정지역 범위 제한에 관한 대통령령 개정을 건의하는 등 내포문화권 특정지역개발 범위에 서천을 포함할 수 있는 방안을 모색하고 있다.[37]

③ 내용

충청남도의 내포에 대한 관심은 내포지역 역사 · 문화자원의 보존 및 정비와 활용을 통한 해양형 · 내륙형 복합관광지대를 조성하기 위한 목적에서 출발했다. 따라서 내포지역만의 독특한 유형 · 무형의 문화자원에 1차적인 관심을 두고 있다. 이러한 목표를 달성하기 위한 구체적인 추진전략으로 먼저 '내포의 문화적 정체성 확립을 위한 역사 · 문화자원의 보전 · 정비 추진'을 제시하고 있다. 이러한 추진전략은 '지역경제 활성화'와 관련되어 있으며, 이를 위해 역사문화 · 경관자원 활용형 문화공간 조성, 자원 간 네트워크화, 관광 클러스터 조성을 위한 교통기반시설 구축 등을 추진전

---

37) "서천군은 1969년 16만 명이던 인구가 금년 6월 6만 3,000명으로 급감한 낙후지역이다. 『택리지』나 『영조실록』 등에서 내포지역으로 고증되고 있으나 도 면적의 1/3을 초과할 수 없다는 지역균형개발 및 지방중소기업 육성에 관한 대통령령에 따라 2004년 내포문화권 지정에서 제외되었다. 이에 따라 사업 취지에 맞게 서천군이 내포문화권에 포함될 수 있도록 대통령령 개정을 건의하였다"(≪충남도정신문≫, 제420호, 2006. 8. 15).

〈표 5-5〉 내포문화권 개발 단계별 · 분야별 추진사업 현황

단계별	사업량	분야별 추진계획
1단계	16개 사업	• 정신문화: 기지시 줄다리기 시연장, 결성농요 전수회관 • 문화유적: 해미읍성, 임존성, 홍주성, 보원사지, 추사고택, 화석전시관 정비, 마애삼존불, 내포보부상촌, 개심사, 봉산사 면석불, 안국사 정비 • 관광휴양: 간월도 관광지 • 기반시설: 가야산 순환도로, 갈매못성지 진입도로
2단계	15개 사업	• 정신문화: 한성준 민속무용 전수관 • 문화유적: 면천읍성, 한용운 생가, 대흥동헌, 효제비, 오천성, 김좌진 생가, 노은서원, 백화산성, 안흥성 정비, 남연군묘(가야사지), 태안읍성 • 관광휴양: 신두사구생태공원, 봉수산 자연휴양림 • 기반시설: 간월호 관광도로, 개심사 진입도로
3단계	15개 사업	• 정신문화: 박첨지놀이 전수회관 • 문화유적: 가야산사적지 주변 정비, 솔뫼성지, 합덕제, 대련사, 보령읍성, 소근진성, 명종태실, 천주교 순례지, 갈매못 성지 • 관광휴양: 황도관광지, 창리관광지 • 기반시설: 대련사 진입도로, 명종태실 진입도로, 내포권 연계도로

자료: 오석민(2005).

략으로 제시하고 있다.

특히 충청남도는 도청이전사업과 이를 연계하여 새 도청 후보지로 선정된 예산군 삽교읍, 홍성군 홍북면 일대를 '충남의 중심', '내포문화의 중심'으로 부각시키고 있다. 내포의 중심인 예산군, 홍성군 일대를 '용수, 교통, 인프라가 신도시 조성에 적합하며 배산임수, 비산비야의 지형으로 풍수지리도 탁월한 곳'으로 부각시키고 있다.[38]

---

38) "도청이 이전할 홍성군 홍북면과 예산군 삽교읍 일원은 대부분 지대가 높은 농경지이다. 지난 2002년 도청이전 용역 당시 홍성군 · 예산군이 도청 후보지로 공동추천한 곳으로, 충남의 중앙에 위치하고 내포문화권의 발흥지이며 신도시 조성 여

한편 지역 내의 역사문화·관광자원과 자연경관 등을 가야산권, 해양권, 북부권, 내륙권 등 네 개의 개발권역으로 설정하여 권역별 개발구상을 수립했다. 또한 이를 실천하기 위해 권역별로 부문별 개발사업을 선정했는데 자원 특성과 사업내용을 바탕으로 '정신문화, 문화유적, 관광휴양공간, 기반시설' 등 네 부문으로 나누었다. 이를 통해 충청남도의 내포문화에 대한 입장을 유추해볼 수 있다.

첫째, 내포지역 내의 소지역을 네 개로 구분하고 있는 것이 특징이다. 4개 권역 가운데 가야산권은 가야산의 불교 유적을 중심으로 덕산의 보부상 유적 그리고 해미읍성 등이 중심이 되고 있으며, 해양권은 간월도, 서산 간척지 철새 도래지, 신두리 해안사구 등의 자연자원과 천주교 유적인 갈매못 성지 등을 내용으로 하고 있다. 당진군을 중심으로 하는 북부권은 기지시 줄다리기 등 민속문화와 김대건 유적 등 천주교 성지 그리고 왜목마을로 대표되는 자연경관 등을 내용으로 하며, 마지막으로 내륙권은 내포의 행정 중심인 홍주성과 백제부흥운동의 중심이었던 임존성 등이 주요 내용이다.

건도 좋아 처음부터 도청 입지로 유력하게 거론됐다. 충남의 금강산으로 불리는 용봉산(381m)이 서쪽에, 내포문화권의 주산인 가야산(635m)이 북서쪽에 있고 삽교천(금마천)이 동쪽으로 흐르는 배산임수 지형이다. 비산비야의 구릉지에 남쪽으로 넓게 트여 있어 도시개발과 시설배치가 쉽고 예당저수지와 삽교호, 보령댐이 인근에 있어 용수 확보가 쉽다. 교통은 국도 45호선과 지방도 609호선이 통과하고 장항선 철도(화양역), 서해안고속도로(홍성나들목), 당진-대전고속도로(건설 중)가 인접해 있다. 또 태안 및 보령 화력발전소가 인근에 있고 충남(천안 제외)의 통신망을 관리하는 KT 홍성지사가 있어 신도시 조성을 위한 인프라도 구비됐다. 인근에 수덕사와 덕산온천, 홍성온천 등 관광지가 있고 30분에서 1시간 거리에 대천해수욕장 등 서해안의 주요 관광지가 있다"(≪충남도정신문≫, 제403호, 2006. 2. 5).

〈표 5-6〉 내포문화권개발사업의 경제적 파급효과

(단위: 100만 원)

총 사업비	생산유발효과	부가가치유발효과	고용유발효과(명)	관광수입효과
1,050,577	2,090,878	877,945	18,782	11,626,287

자료: 충남발전연구원 · 충청남도역사문화원(2005).

둘째, 내포지역 전체를 아우르는 큰 틀의 동질적 문화요소보다는 각 지역에 흩어져 있는 개별 관광자원을 중심으로 영역상의 동질성을 기반으로 하는 문화권이 설정되고 있다는 점이다. 전체적으로 불교, 천주교 등 종교문화와 민속문화 그리고 역사유적 등의 다양한 문화요소가 시대적 또는 내용적 동질성과 무관하게 같은 문화권으로 묶여 있으며 자연자원이 여기에 결합되고 있다.

충청남도는 내포문화권 특정지역개발사업의 기대효과를 경제적 측면과 문화적 · 사회적 측면, 그리고 도시적 · 환경적 측면으로 나누어 제시한다. 먼저 경제적 측면에서 내포문화권개발사업의 경제적 파급효과는 〈표 5-6〉과 같다. 특히 관광자원 개발을 통한 직접적인 효과 외에도 타 지역과의 연계, 대중국 교역 증대 등의 효과를 기대하고 있다.

또한 문화적 · 사회적 측면의 기대효과로는 지역문화자원의 체계적 보전과 정비를 통한 경제 · 문화 · 교육 인프라 구축과 문화를 통해 지역정체성을 확립하고 지역사회를 통합할 것을 기대하고 있다. 즉, 산재하는 문화자원의 체계적 개발과 역사교육으로의 활용 그리고 지역에 대한 자긍심 및 소속감의 공유를 문화적 · 사회적 측면의 기대효과로 제시하고 있다. 도시적 · 환경적 측면에서 내포지역의 도시들은 내포문화권 특정지역개발사업을 문화 판촉의 수단으로 활용하여 기업투자를 유치하고 도시의 물리적 개발을 촉진하며 연계교통망 및 도시환경을 정비하여 주민들에게 문화적이고 쾌적한 환경을 제공할 수 있을 것으로 기대하고 있다.

④ 의의 및 과제

이상에서 살펴본 것처럼 충청남도는 2001년부터 본격적으로 내포지역에 대해 관심을 갖고 광범위한 자료조사를 시작으로 개발계획을 수립했다. '내포문화권 특정지역개발사업'으로 결실을 맺어 현재 사업이 진행 중인데 충청남도의 입장은 '내포지역'의 제도화 과정에서 몇 가지 의의를 갖는다.

첫째, 가장 큰 의의는 '내포문화권'에 대한 본격적인 논의를 촉발했다는 점이다. 충청남도에서 내포문화권에 대한 조사·연구와 개발정책을 수립하면서 국토연구원, 충남발전연구원 등 유관 연구기관의 연구는 물론이고 내포지역 내 각 자치단체의 향토연구가 활발해지는 계기가 되었다.

둘째, 내포에 대한 논의가 활발해지면서 자연스럽게 내포지역에 대한 관심이 확산되었다. 거의 화석화되다시피 했던 '내포'가 지역주민들 사이에 인식되면서 지역으로서의 의미를 빠르게 회복하는 계기가 되었다.

이상의 의의와 함께 몇 가지 과제가 제기될 수 있다.

첫째, 객관적인 지역범위 설정을 위한 진전된 논의가 필요하다. 지역개발사업 차원에서 지역에 접근함으로써 문화적 동질성 또는 결절성으로 정의하기 어려운 지역범위가 설정되었기 때문이다. 이는 다분히 산하 기초자치단체 간의 의견을 '조절'한 것으로 자치단체 간의 권력관계에 따라 지역범위가 변경될 수 있는 여지를 남겼다.

둘째, 따라서 지역 전체를 포괄할 수 있는 문화 콘텐츠의 내용과 틀을 확보할 필요가 있다. 현재 각 기초단체는 그러한 부분을 간과한 채 현실적으로 개발 가능한 자원들을 중심으로 하부 문화권을 설정했고 물리적 시설의 설치 및 보수 등에 주안점을 두는 개발계획을 수립했다.

셋째, 지역개발 논리, 즉 경제적 효과가 가장 중요한 전제조건이 되었기 때문에 문화적 정체성에 대한 천착이 부족하며, 따라서 경제 논리로는 설득할 수 없는 주민들을 포괄하는 논리의 개발이 필요하다.

5) 정부

문화관광부는 2001년을 '지역 문화의 해'로 지정하고 지역 내 유형·무형의 역사·문화자원을 발굴·복원하고 그것을 관광자원화하기 위한 다양한 시책과 지원을 추진하고 있다. 한편 제4차 국토종합계획(2000~2020년)에서는 전국을 7대 문화관광권으로 구분하고 독특한 역사·문화자원을 갖고 있는 문화적 특수지역을 문화권으로 개발하고 정비할 것을 제시했다. 여기에는 내포를 비롯하여 강화, 지리산, 가야, 신라, 안동, 중원, 탐라 등이 포함되었다.

이러한 맥락에서 2004년 12월 '내포문화권 특정지역 지정 및 개발계획'이 승인되었다. 이 개발계획은 「지역균형개발 및 지방중소기업 육성에 관한 법률」에 의거하여 추진되고 있는데, 이 법에 의해 광역권 개발계획, 특정지역 개발계획, 개발촉진지구 개발계획 등이 수립·시행될 수 있다. 내포는 여러 가지 특정지역 지정대상 유형 가운데 '역사·문화유산의 보전·정비 또는 관광자원의 개발 등을 위해 기반시설의 설치, 주변지역의 연계개발 또는 정비가 필요한 지역'으로 분류되었다.[39) 내포가 특정지역으로

---

39) 첫째, 주요 산업 및 기반시설의 이전·쇠퇴나 지역의 부존자원 고갈 등으로 새로운 지역경제기반의 구축이 필요한 지역. 둘째, 역사유산·문화유산의 보전·정비 또는 관광자원의 개발 등을 위하여 기반시설의 설치, 주변지역의 연계개발 또는 정비가 필요한 지역. 셋째, 자연재해 및 산업재해 등으로부터 항구적인 복구와 정비가 필요한 지역. 넷째, 국가의 특별한 경제적·사회적 목적을 위하여 집중개발이 필요한 지역 등(「지역균형개발 및 중소기업 육성에 관한 법률」 제26조 제3항).

〈그림 5-3〉 7대 문화 · 관광권과 지역문화권

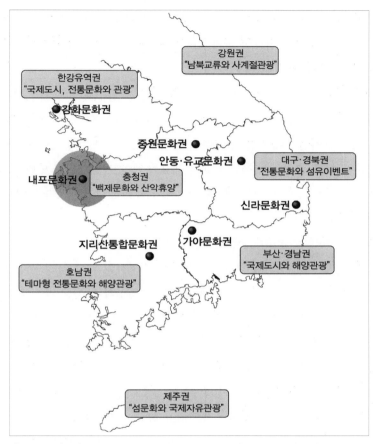

강원권
"남북교류와 사계절관광"

한강유역권
"국제도시, 전통문화와 관광"

강화문화권

중원문화권

안동·유교문화권

대구·경북권
"전통문화와 섬유이벤트"

내포문화권

충청권
"백제문화와 산악휴양"

신라문화권

지리산통합문화권

가야문화권

부산·경남권
"국제도시와 해양관광"

호남권
"테마형 전통문화와 해양관광"

제주권
"섬문화와 국제자유관광"

자료: 국토연구원(2001).

지정된 것은, 예전의 내포지역은 교통이 발달하지 못하고 지형적 조건이 고립적이어서 독특한 지역문화를 유지해올 수가 있었으나 서해안고속도로가 완성되고 개발압력이 점차 거세지면서 내포지역의 유무형 역사·문화자원이 멸실 내지 훼손될 가능성이 높아져 내포문화권 특정지역 지정 및 개발계획을 통해 이를 보존하고 부흥시키며 지역발전의 계기로 활용하기 위한 것으로 볼 수 있다(차미숙, 2005). 이상의 사실들은 내포가 특유의 역사와 문화를 갖고 있는 동질적인 문화지역으로 인식되고 있음을 의미하며 내포지역에 대한 접근이 국가적으로 볼 때 '균형개발'이라는 차원에서 이루어지고 있음을 보여준다.

한편 '내포문화권 특정지역개발사업'은 사업 관련 주체가 중앙정부를 비롯하여 충청남도와 6개 시·군 그리고 민간부문 등일 뿐만 아니라 중앙정부도 소관부처인 건교부를 포함하여 문화관광부, 문화재청 등으로 매우 다양하여 이들 간의 유기적인 연계가 중요한 과제로 제기되고 있다. 그리하여 중앙정부 주도에 의한 거버넌스(governance)형 추진체계가 제안되고 있다(차미숙, 2005).

그러나 이러한 사업추진체제는 중앙정부의 일방적인 사업추진에 의한 지역주민 및 민간 부문의 참여가 저조하여 지역사회 내에 특정지역 개발시책을 추진하는 것에 대한 공감대를 제대로 형성하지 못할 가능성이 지적되고 있다. 또한 주민들의 공통적인 인식과 자발성보다는 관에서 의도적으로 지역에 접근하고 있으며, 특히 내포가 중앙정부가 주도하는 지역개발지역으로 대두되고 있기 때문에 전통적인 의미의 지역개념과는 거리가 있다고 볼 수 있다. 내포지역 내 역사·문화자원의 상당수는 지역 향토사학자들의 연구에 의해 명맥이 유지되고 있다. 그뿐 아니라 무형의 정신문화적 속성을 띠고 있기 때문에 지역 향토사학자, 지역주민 등의 참여에 의한 내포지역의 문화적 정체성을 확립하는 작업이 필요하다.

3. 지역의 부활: 지역정체성의 재구성

1) 영역적 형상의 발달

영역적 형상은 상징의 형성이나 제도 출현의 기초가 되는 공간적 단위이다. 영역적 형상을 기반으로 정치 · 경제 · 행정 등 사회적 실천이 이루어지며 이러한 사회적 실천이 지역의 변화를 유발한다. 이것은 다시 지역의 경계에 영향을 미치기도 한다. 제도화는 매우 긴 과정으로 각각의 단계는 순차적이지 않을 뿐만 아니라 영속적이지도 않기 때문이다.

내포의 영역은 고려 말 이후 정치적 · 경제적 원인들에 의해 조금씩 변화를 거듭해왔다. 그러나 내포는 근본적으로 홍주목 관할의 여러 군 · 현과 관련이 깊었으며, 차령산지라는 지형적 장벽으로 내륙의 다른 지역과 구분되었다는 점과 포구를 통해 한양 · 경기도와의 연결성이 높았다는 점이 내포의 영역을 결정짓는 중요한 원인이 되었다. 따라서 내포의 영역은 아산만에서 천수만에 이르는 서해안 지역에서 차령산지에 이르는 충청남도의 서북부지역이라고 규정할 수 있다.

그러나 내포가 등장했던 시기부터 내포의 영역을 결정지었던 여러 조건들은 오늘날 그 의미를 거의 완전히 상실했다고 볼 수 있다. 따라서 현재 진행되고 있는 내포의 영역적 형상의 발달과정은 본래부터 관련 주체의 의도와 권력관계에 의해 많은 이견이 표출될 가능성을 내포하고 있었다. 실제로 내포의 영역에 대한 다양한 이견들이 표출되고 있는데, 이들은 모두 나름대로의 역사적 근거와 타당성을 가지고 있다. 충청남도에서는 내포의 범역을 설정하기 위한 기준으로 '지역 및 지명의 역사성', '문화적 동질성 및 유사성', '지형적 · 지리적 특성 및 생활권', '지역개발 추진의 효율성' 등을 내세우고 있다. 그중에서도 '지역개발 추진의 효율성'이 영향력이 가장 큰 기준으로 대두되고 있다.

현재 내포지역에서 일반적으로 통용되는 내포의 영역에 대한 입장은 크게 다섯 가지로 나눌 수 있다. 첫 번째는 '가야산 주변의 열 개 고을'이라는 『택리지』의 기록을 따르는 입장으로서 오늘날의 홍성군, 예산군, 당진군, 서산시, 태안군 전역과 보령시와 아산시의 일부를 내포의 범위로 보는 견해이다. 내포의 영역에 포함되는 대부분의 지역을 비롯하여 각종 연구단체나 지역 언론 등에서 가장 일반적으로 받아들이고 있는 정의이다.

두 번째는 『조선왕조실록』에 근거하여 조선시대 홍주목 관할의 18개 군·현을 내포의 영역으로 보는 입장이다. 서천군과 청양군의 입장이 여기에 해당하는데, 이와 같이 광의의 영역으로 내포를 정의해야만 이들 지역이 내포문화권개발계획구역에 포함될 수 있기 때문이다. 충청남도 이 입장을 일부 받아들여 내포문화권의 수정을 검토하기도 했다. 그러나 이 논의는 서천군이 중심이 되었으며 청양군의 경우는 원론적인 문제제기 수준을 넘지 못함으로써 중심적인 논의의 대상이 되지 못했다.

세 번째는 내포를 고정된 것이 아니라 변화해온 영역으로 보는 입장이다. 충남발전연구원은 내포를 "조선 초까지 일반 군·현 수준의 작은 규모였으나 점차 넓어져 홍주목 관할의 행정구역을 거의 대부분 포함하는 지역으로 확대되었다"고 보고 있다.

네 번째는 자연지리적 특색으로 내포의 영역적 형상을 해석하는 입장이다. 대표적인 사례로는 내포의 범위를 '아산만에서 천수만에 이르는 서해안 일대'로 보는 내포지역연구단의 정의를 들 수 있다. 이 입장은 내포를 '안개'라는 지형적 특징을 나타내는 일반명사에서 기원한 지명으로 보고 있다. 다시 말해서 복잡한 해안선과 큰 조차로 인해 내륙 깊숙하게 들어와 발달한 포구, 즉 '안개[內浦]'가 많이 분포하기 때문에 '내포'라는 이름이 붙여졌으며 이와 같은 지형적 특색이 나타나는 범위를 내포의 영역으로 보는 것이다.

다섯 번째는 특정한 목적을 위해 영역적 형상을 인위적으로 설정한 사례이다. 내포문화권 특정지역개발계획상의 경계가 이 범주에 포함될 수 있다. 여러 가지 현행법과 지역 간의 이해를 고려한 결과 탄생한 이 영역은 경계가 명확하지만 실질적인 문화권과는 상당한 거리가 있는 형태이다. 또 다른 예로는 내포지역에 소재하는 한 대학교의 '지역학생 특별전형제도'의 대상지역을 들 수 있다. 이 대학은 내포지역 출신의 학생들을 이제도의 대상으로 하고 있는데, 여기에는 예산군, 홍성군, 당진군, 서산시, 태안군이 포함되었다. 이들 시·군은 모두 내포의 영역에 포함되지만 해당 대학과 인접한 시·군만을 포함함으로써 일반적인 내포의 영역과는 다소 차이가 있다.

지역 간의 접촉이 활발해지고 경계를 뛰어넘는 인구 및 물자의 유통이 일반화됨으로써 지역경계의 의미는 변화하고 있다. 경계가 모호해짐에 따라 일면 그 의미가 약화되는 것처럼 보이는 경우도 있지만 내포의 경우는 정치적·경제적 이해가 지역의 경계와 밀접한 관련을 가짐으로써 그 의미가 상당히 크다는 사실을 알 수 있다. 전체적으로 '가야산 주변의 열 개 고을'이라는 『택리지』의 정의가 내포의 영역적 형상으로 가장 널리 받아들여진다. 그러나 영역적 형상에 다소간의 이견이 나타나고 있는데, 이해관계가 작용하는 경우에 영역에 대한 이견이 보다 적극적으로 드러남을 알 수 있다. 이는 내포의 영역에 대한 합의가 선행되지 못했기 때문에 정치적 입장의 차이에 따라 지역의 영역이 상당히 자의적으로 해석됨으로써 나타나는 현상이다.

행정구역과 내포의 영역적 형상이 일치하지 않음으로써 현재의 내포는 영역적 형상이 확정되고 강화되는 것에 상당한 어려움을 겪고 있다. 또한 문화 자체에 기반을 두지 못하고 정치적 논리에 문화권의 범위와 내용이 영향을 받을 경우 원칙을 상실함으로써 장기적으로 볼 때 '내포문화'와 '내포문화권'의 특성을 강화하기가 어려워질 가능성도 있다. '특정지역개발'이라는 법적 제한으로 인해 비정상적인 영역 설정이 불가피했다고 하더라도 원칙적으로 문화권에 대한 연구와 접근은 내포의 본래 영역을 다루어야 한다. 특히 정치적 이해관계에서 상대적으로 자유로운 연구단체, 또는 연구자들이 이러한 역할을 지속적으로 전개할 필요가 있다.

2) 상징적 형상의 성립

개인은 사회 속에서 자신이 누구이며, 자신의 역할이 무엇인가를 학습함으로써 시공간적 질서에 편입된다. 시공간적 질서에 편입된 개인은 자신의 역할을 통해 다시 시공간적 질서에 영향을 미친다. 이와 같은 학습과정에는 민족주의, 지역주의, 공동의 문화유산 등 다양한 영역적 상징이 활용된다. 그러므로 영역적 상징의 숫자가 늘고 이를 활용하는 경우가 많아지는 것은 지역의 특성을 창조하는 데 매우 중요한 의미를 갖는다. 다양한 특성을 가지고 생활하는 개인들을 포괄하는 의사소통은 지역의 상징적 중요성을 생산하고 확대하는 데 많은 영향을 미치기 때문이다.

영역적 상징은 대부분 역사 및 전통과의 관련성 속에서 성립되는 경우가 많다. 왜냐하면 장소-귀속적 정체성(place-bound identity)은 동기유발 측면에서 '전통'에 의존하는 것이 유리한 경우가 많기 때문이다. 내포지역 역시 역사 및 전통과 관련된 상징들이 많이 제시되고 있다. 그러나 수많은 상징적 요소들이 분포하지만 내포 전 지역을 공통적으로 대표할 수 있는 요소는 그다지 많지 않다. 특히 상징적 형상이 근본적으로 관광상품으로 접근되고 있기 때문에 지역민의 공감대에 기반을 둔 상징으로 부각되기에는 어려운 점이 많다. 즉, 방언이나 민요, 시조 등 문화적 동질성이 매우 큰

〈표 5-7〉 현재 제시되고 있는 내포의 상징

분류	내용
정신적 상징	• 애국 · 충절 · 충의로 상징되는 충남정신의 발원 • 민중문화(개방성, 진취성, 저항성) • 양반 · 선비정신
역사적 이미지	• 백제불교문화 유입의 관문 • 한양과 가까운 벽지 • 충청도에서 가장 살기 좋은 곳 • 서민 · 종교문화
현재의 지역 이미지	• 해안과 내륙평야를 갖춘 자급자족지역 • 각종 개발정책에서 소외된 지역 • 수도권과의 연계성이 큰 지역(서해안고속도로) • 살아 있는 박물관 • 내포문화권 • 충남의 중심(충남도청)

요소들은 현실적으로 관광상품화하기에 어려운 점이 많기 때문에 상징으로 부각되지 못하고 있다. 특히 방언의 경우는 내포만의 동질성을 강하게 가지고 있는 요소이지만 전혀 주목을 받지 못하는 상태이다. 사대부문화 역시 내포만의 독특성을 분명히 가지고 있는 요소이지만 내포 전 지역에 분포하는 관련 경관들이 동일한 속성을 가진 문화요소로서 유기적으로 연결되기까지는 나아가지 못하고 있다. 더욱이 내포의 사대부들은 정치적 경향성으로 볼 때 한양 · 경기도와의 관련성이 큰 집권층에 가까운 사람들이었음에도 오히려 서민문화, 저항성 등이 강하게 부각되고 있다.

<표 5-7>은 여러 제도화 요소들에 의해 내포지역의 상징적 형상으로 제시되는 것들을 요약한 것이다. 전반적으로 역사 및 전통과 관련된 것들이 대부분이지만 시대별, 지역별로 매우 다양한 상징들이 제시되고 있다. 상징의 숫자가 많다는 것은 우선 상징의 활용 가능성을 높이며 이것은 내포지역의 특성을 창조하는 데 긍정적 의미를 갖는다. 그러나 내포 전 지역

〈표 5-8〉 내포의 정신적 상징과 관련된 역사유산

분류	내용
인물	최영·성삼문(충절), 김정희·한원진(양반정신과 선비정신), 김복한(의병), 윤봉길·김좌진·한용운(항일)
유교	노은서원, 명종태실, 남연군 묘, 추사고택
항일	충의사, 홍주의사총, 승전목(동학)
개방성	천주교(해미읍성, 솔뫼마을, 갈매못 성지), 실학사상

〈표 5-9〉 역사적 이미지와 관련된 유적

분류	내용
백제 불교	서산마애삼존불, 태안마애삼존불, 백제문화 유입로상의 폐사지, 사면석불
종교	승전목(동학), 천주교(해미읍성, 솔뫼마을, 갈매못 성지)
서울과 가까운 벽지	추사고택, 포구

을 대표할 수 있는 내용보다는 일부 지역만을 대표하는 상징들이 산발적으로 제시되고 있기 때문에 뚜렷한 한계를 갖는다고 볼 수 있다.

정신적 상징의 측면에서 볼 때는 상당히 상반된 내용이 공존하는 것을 볼 수 있다. 즉, 민중문화와 양반·선비정신은 서로 상반되는 개념이며 애국·충절·충의와 민중문화의 저항성 역시 다소 상반되는 의미이다. 이러한 상반되는 상징이 공존하는 것은 내포의 매우 다층적인 역사에 기인한다. 일례로 내포에는 충절과 충의의 상징인 최영·성삼문과, 민중성과 항일의 상징인 윤봉길·김좌진·한용운이 지역의 상징으로 공존한다. 이 외에도 이와 관련된 역사적 유산들이 내포에 다수 분포하고 있다.

역사적 이미지와 관련된 상징으로는 시대적 동질성이 크지 않은 요소들이 제시되고 있다. 즉, 백제시대의 문화와 조선시대의 문화가 혼합되어 나타나는데, 초기 불교와 관련된 백제문화와, 서울과 가까운 벽지로서 사대부들에게 충청도에서 가장 살기 좋은 곳으로 인식되었던 조선시대의 역사가 공존하고 있다. 백제문화가 부각되었던 계기는 1993년에 시작된 백제문화권 특정지역개발사업으로, 향토학자들에 의한 초기 내포연구의 촉발제가 되었다. 이에 따라 초기의 내포연구는 백제문화의 일부로서 접근되었다.

조선시대에 형성된 역사적 특징 가운데서도 다소 이질적인 요소들이 섞여 있다. 즉, 서민적·종교문화적 속성은 양반·사대부 문화의 유입이 많지 않았던 조선 중기 이전까지의 특징이지만 조선 중기 이후에는 양반·사대부들의 유입이 많아짐에 따라 약화되었다.

이러한 특성들이 반영되어 형성된 오늘날의 지역 이미지 역시 매우 다양하게 제시된다. '해안과 내륙평야를 갖춘 자급자족지역이며 살아 있는 박물관임에도 각종 개발계획으로부터 소외된 지역'이라는 피해의식이 남아 있다. 이와 같은 지역인식은 문화·역사에 대한 자부심을 바탕으로 상징이 부각되고 이것이 경제적 가치로 가공되는 바람직한 경로보다는, 지역개발계획이 수립되고 이에 따라 '묻혀 있던' 자원을 발굴함으로써 의도적인 상징화로 이어지는 비정상적 과정이 일반화됨으로써 주민들이 내포의 문화에 대한 자부심을 많이 갖지 못했기 때문에 나타나는 것으로 보인다. 그러나 서해안고속도로의 개통과 함께 수도권과의 연계성이 커지고 충남도청의 이전계획으로 인해 지역을 충남의 중심으로 인식하려는 움직임도 나타나고 있다.

또 다른 내포지역의 상징으로서 '내포'라는 지역의 이름을 들 수 있다. 지역의 이름은 지역 이미지를 상징하며, 이러한 지역 이미지는 지역 인식과 연결된다. 특히 내포는 거의 사용되지 않던 이름을 다시 사용했기 때문에 이름의 의미가 더욱 크다. 내포에 대한 관심은 2000년 정부에서 발표한

제4차 국토종합개발계획에 '내포문화권'이 포함됨으로써 본격적으로 기울어지기 시작하여 논의의 단초를 마련했다. 이어서 충청남도에서 확정한 내포문화권 특정지역개발사업은 영역과 상징에 대한 관심을 폭발적으로 불러일으켰다. 이후 '내포지역 도청유치추진위원회', '내포지역 시장·군수회의', '내포권 의회협의회', '내포지역연구단' 등의 조직들이 '내포'라는 명칭을 사용함으로써 내포에 대한 사회적 인식의 재생산을 촉진했다.

한편, 홍성군과 예산군을 중심으로 자신을 내포지역의 중심으로 자리매김하기 위한 헤게모니 쟁탈이 나타나고 있다. 지역 간의 주도권 다툼은 일종의 지역주의로서 이해될 수 있다. 특정한 지역의 이권이나 우월성을 장악하기 위해 등장한 것이 지역주의(regionalism)이며 지역주의는 사회적 인식의 생산과 재생산에 중요한 역할을 하는 상징의 하나이기 때문이다. 그러므로 내포지역 내의 헤게모니 쟁탈은 지역주의의 일종으로 이해된다. 행정, 군사, 교통, 상업 등 옛 홍주의 중심지로서의 홍성과 내포(안개)의 중심으로서의 예산이 각각 상징적 형상으로서 주도권을 놓고 경쟁하고 있는 것이다. 그러나 내포지역 전체를 아우르는 지역주의가 아니라 내포지역 내부의 지역주의이므로 완전한 상징으로 보기에는 무리가 있다. 내포에는 아직 내포지역 전체를 통합하는 지역주의적 사고가 등장하지 않고 있다.

또한 내포지역에서 다양하게 제시되는 상징적 형상들은 시대적 동질성이 상당히 부족하다. 다양한 상징적 형상의 존재는 주체들의 관심을 불러일으킨다는 점에서 긍정적이다. 그러나 일관성이 없는 요소들이 나열되는 것은 정체성의 구성에 오히려 방해가 될 수도 있다. 정체성의 형성에서 요구되는 객체와 주체의 통합은 형식적인 것으로 논리적 통합은 아니기 때문에, 상징의 숫자가 많다는 것은 정체성의 구성에 원칙적으로 문제가 될 것이 없지만 지나치게 많은 요소들이 나열되는 것은 어려움을 끼칠 수도 있다. 이러한 사실들은 내포가 현재 상징적 형상이 성립되는 과정에 있음

<표 5-10> 현재의 지역 이미지와 관련된 요소

분류		내용
살아있는 박물관	유형 문화	• 성곽(임존성, 홍주읍성, 해미읍성, 서산읍성, 면천읍성, 백화산성, 안흥성, 태안읍성, 보령읍성, 소근진성) • 불교(수덕사, 개심사, 보덕사, 보현사지) • 경제(호서은행, 예덕상무사) • 기타 유적(금산과 목마장) ※ <표 5-5>의 내용 포함
	무형 문화	황도붕기풍어제, 기지시 줄다리기, 민간신앙, 결성농요, 박첨지놀이, 웃다리농악, 볏가릿대 세우기
자연 자원		해안관광자원, 온천, 봉수산 자연휴양림 및 리조트, 안개[內浦], 철새 도래지, 신두리 해안사구, 간월도, 왜목마을, 황도, 창리
시설		역사문화공원, 내포박물관, 한성준 민속무용 전수관, 결성농요 전수관, 충남도청, 화석전시관, 박첨지놀이 전수관, 내포문화발원탑
기타		내포한우 브랜드, 내포녹색체험프로그램, 천주교성지 연합미사, 내포 지역 도청유치추진위원회, 내포지역 시장·군수회의, 내포권 의회협의회

을 말해준다.

지역의 상징에 대한 내포 지역주민의 입장은 매우 다양하게 나타나지만 대체적으로 지역개발과 관련시켰을 때는 역사적·문화적 자원의 경제적 가치를 크게 인정하지 않는 것으로 나타났다(2절 '1) 주민' 참조). 이는 문화적·역사적 상징이 주민들에게 내포를 대표할 만큼 강력한 상징으로 인식되지 못함을 의미하는데, 내포를 대표하는 상징의 종류 및 숫자가 너무 많아서 하나의 주제로 묶기가 어렵고 이것이 오히려 두드러진 상징을 만들어내는 것을 방해하고 있기 때문으로 풀이된다. 내용적으로 매우 다양한 상징들이 제시되고 있지만, 내포에는 사회적 인식의 재생산을 촉진하는 뚜렷한 상징적 형상이 아직까지 확고하게 발달하지 못한 것이다. 상징적 형상의 발달과정이 뚜렷하게 진전되지 못한 이유는 무엇보다 내포 전체를 대표할 수 있는 요소들이 제시되지 못하고 있기 때문이다. 내포 전 지역을 포괄함으로써 내포의 모든 주민들이 동의할 수 있는 동질적 문화요소들이 상징으로 제시될 때 진정한 내포의 상징이 될 수 있을 것이다.

3) 제도의 출현

제도의 출현단계는 끊임없이 다양한 상징이 출현하고 사용되는 '상징적 형상의 발달'단계와는 반대로 비교적 영구적이고 통합적인 시설이나 제도가 등장하는 단계이다. 제도는 다양한 역할과 기대를 통제하고 표준화하는 상대적으로 영구적인 행동양식이나 시설을 말한다. 이러한 제도에는 영역적 상징과 기호의 역할을 강조하고 강화하는 기능을 하는 것으로 대중매체나 교육시설, 다양한 정치·사회·경제 조직이나 단체 등이 있다. 내포지역에서 이와 같은 역할을 하는 제도로는 각종 향토연구단체, 내포제시조 경창대회나 내포강연회와 같은 지속적으로 이루어지는 대중적 집회나 행사, 지역신문이나 출판물, 내포문화축제 등이 있다.

먼저 향토연구단체를 살펴보면 당진의 '향토문화연구소'는 ≪내포문화≫를 기관지로 발간함으로써 내포지역에서 '내포'를 가장 먼저 이름으로 사용한 단체이다. 내포 전체를 아우르는 학술활동을 전개하지는 못했으나 '내포'라는 이름(상징)을 알리고 이에 대한 관심을 불러일으키는 데 일정한 공헌을 한 것이다. 이후 등장하는 예산의 '내포문화연구원'과 기관지 ≪내포문화정보≫도 같은 의미를 갖는다. '내포문화연구연합회'는 각 시·군의 향토연구단체가 연합한 모임으로 내포지역의 문화 전반에 관해 연구활동을 하고 있다. 아직까지는 통일적 사업보다는 각 지역 중심의 연구를 주로 전개하고 있지만 연합회의 형태를 띰으로써 개별 향토연구단체보다 영역이나 상징을 강화하는 역할에서 더 큰 파급력을 발휘한다고 볼 수 있다.

<표 5-11> 내포의 제도

분류	내용
향토연구단체(간행물)	당진향토문화연구소(≪내포문화≫), 내포문화연구원(≪내포문화정보≫), 내포문화연구연합회
지역 언론	≪홍성신문≫, ≪무한정보신문≫, ≪당진시대≫, ≪보령신문≫, ≪태안신문≫
대중집회 및 행사	내포제시조 경창대회, 내포강연회, 내포현대미술제, 내포사랑큰축제

　내포제시조 경창대회는 홍성, 예산, 청양, 보령 등 네 지역에서 매년 개최되는 대회이다. 이 대회는 '내포'라는 이름을 내건 유일한 전국단위의 대회로서 내포제시조라는 문화요소를 인식시키고 강화하는 1차적 의미를 넘어 내포를 인식 · 강화시키는 데 중요한 역할을 하고 있다. 예산군 덕산면의 향토단체인 '월진회'가 매월 개최하는 '내포강연회'나 '한국미술협회 홍성군지부'에서 매년 개최하는 '내포현대미술제'도 내포제시조 경창대회와 비슷한 의미와 역할을 한다. 그러나 주로 내포지역 내에 국한되는 행사여서 내포제시조 경창대회만큼의 파급력은 갖지 못한 것으로 볼 수 있다.

　또한 내포사랑큰축제는 가장 대표적인 제도가 될 만한 성격을 갖고 있지만 현 단계에서는 상징의 의미를 강하게 띠고 있다. 내포 전체를 아우르는 내용을 추구하기는 하지만 여전히 본질은 홍성군 중심으로, 홍성군의 주도권을 강화하는 방향으로 진행되기 때문이다. 또한 지역의 이미지를 생산하고 재생산하는 역할보다는 내포지역에 대한 주민의 관심을 불러일으키는 데 성공적이라는 점에서 매우 효과적인 상징의 역할을 하고 있다. 일부에서는 홍성군이 이를 자각하고 기득권을 주장하기보다는 내포지역의 다른 시 · 군이 참여할 수 있는 여지를 만들어야 한다고 주장하고 있다. 이러한 시도가 성공적으로 이루어진다면 내포문화축제는 가장 영향력 있는 제도의 하나로 확대 · 정착될 수 있을 것이다.

내포지역에 현재 성립되어 있는 제도들은 전반적으로 다양한 역할이나 기대들을 통제하고 표준화하는 데는 아직 미흡한 편이다. 개별 지역을 넘어서 내포 전체를 포괄하는 집단적 사고체계나 가치가 아직 확고하게 제시되고 있지 않으며 따라서 구성원을 사회화시키고 지역정체성을 구성하는 데까지 나아가지 못하는 것이다. 그렇지만 영역적 상징과 기호의 역할을 강조하고 강화하는 기능을 점점 더 확대해가고 있는 중이다.

4. 내포의 부활: 진행 중인 제도화 과정

오늘날의 지역성립과정은 공간의 인지(영역적 형상), 공간의 의식(상징적 형상), 공간의 사회화(제도적 형상) 등의 과정을 거쳐 정신공간인 지역정체성을 구성하며 이를 통해 지역을 구성하는 것으로 이해된다. 제도화 과정으로 표현되는 이러한 과정은 끊임없이 지속되지만 결코 단계적으로 이루어지는 것은 아니다. 각 단계들이 동시에 일어날 수도 있으며 일부는 생략될 수도 있다. 또한 지역정체성의 구성에 실패함으로써 지역의 소멸을 경험할 수도 있으며 소멸된 지역이 영역, 상징, 제도 등을 다시 형성함으로써 새로운 지역형성과정을 진행할 수도 있다. 지역이 형성(또는 부활)된 후에는 또다시 재영역화, 재상징화, 재제도화를 거쳐 새로운 지역정체성을 끊임없이 구성해나간다.

내포는 한때 지역으로서의 의미를 상실했던 지역으로서 이와 같은 제도화 개념으로 설명하기에 적절하다. 즉, 지역정체성을 상실함으로써 지역의 소멸과정을 겪었으나 재영역화, 재상징화, 재제도화의 과정을 통해 새로운 지역정체성을 구성하려는 움직임을 보이고 있는 것이다.

내포에 관한 논의가 본격적으로 등장한 것은 1990년대 이후이다. 향토연구단체를 중심으로 출발한 논의는 개인 연구자, 지역 언론, 전문 연구기관, 지방자치단체, 중앙정부 등으로 점차 확대되어 매우 폭넓고 깊이 있게 진행되었다. 내포 논의에 관여하는 대표적인 제도화 관련 요소로는 주민, 지역 언론, 향토연구단체, 충남발전연구원, 내포지역연구단, 기초자치단체, 광역자치단체(충청남도), 정부 등을 들 수 있다. 이러한 제도화 요소들은 내포지역의 정체성 구성과정에 직간접적으로 많은 영향을 미친다. 이들의 역할을 중심으로 내포의 제도화 과정을 정리해보면 다음과 같다.

첫째, 영역적 형상의 발달과정은 전체적으로 가야산 주변의 여러 지역이라는 대전제에 합의하고 있다. 그러나 지역개발 논리가 개입되면서 전통적인 내포의 영역이 상당히 왜곡되는 현상도 나타난다. 특히 내포지역 내 시·군 지역 간의 이해관계에 따라 영역적 형상에 대한 입장차가 나타난다. 그러나 이러한 입장의 차이가 내포지역 내 지역 간의 갈등으로 연결되지는 않고 있는데, 이는 아직 포함과 배제의 문제가 표면화되지 않았기 때문이다. 또한 내포문화권 특정지역개발사업의 추진단위가 충청남도이기 때문에 개발사업지구 속에 포함시켜줄 것을 요구하는 기초자치단체와 충청남도 사이의 갈등으로 나타나고 있기 때문이다.

행정구역과 내포의 경계가 일치하지 않는 것도 영역적 형상의 발전을 방해하는 중요한 요인이 되고 있다. 시·군 단위가 실질적으로 경제·문화·정치의 기본단위로서 기능하고 있는 한국의 현실에서 몇 개의 시·군을 포괄하고 있는 내포가 명확한 영역적 형상을 얻기는 쉽지 않다. 그러므로 지금의 내포는 영역적 형상을 확정하고 강화하는 데 상당한 어려움을 겪고 있다. 내포의 영역적 형상에 대한 입장에서 절대 다수를 차지하는 입장은 있으나 완전히 합의된 단계에 이르지는 못한 상태라고 볼 수 있다.

둘째, 상징적 형상의 성립은 매우 다양한 양상으로 나타나고 있다. 이러한 현상의 원인은 주로 내포의 다층적이고 복잡한 역사에 있다. 또한 기초자치단체별로 자신에게 유리한 상징을 부각시키고자 함으로써 나타난 현상이기도 하다. 상징이 다양하고 많다는 사실은 상징의 활용 가능성을 높이기 때문에 1차적으로는 지역정체성의 구성에 유리하다고 볼 수 있다. 실제로 내포에서 제기되고 있는 상징적 형상은 정신적 상징, 역사적 이미지, 현재의 지역 이미지 등 다양한 형태로 나타나고 있다.

그러나 다양한 상징들은 대부분 시대적 공통성이 크지 않은 요소들로 이루어져 있다. 더욱이 정신적 상징과 역사적 이미지가 서로 대립되는 경우까지 나타난다. 이러한 경향은 잊힌 상태에 있던 내포가 관의 주도로 갑자기 부각되면서 일부 연구자들에 의해 설정된 상징이 주민에게 전파되는 형태를 띠었기 때문에 나타난 결과이다. 의도적인 상징 설정 과정은 필연적으로 상품성이 있는 상징을 먼저 고려하므로 주민들 사이에 널리 퍼져 있는 유효한 상징을 정확히 찾아내기 어려울 수도 있다. 예를 들면 내포지역의 방언은 아직까지도 지역 내에 통용되는 문화요소로서 상징의 성격을 강하게 띠고 있으나 상품성이 없기 때문에 상징적 형상으로 부각되지 못했다. 가장 대표적인 상징인 '내포'라는 지명은 여러 제도화 요소들을 중심으로 의도적으로 부각됨으로써 의미를 명확히 하는 데 상당한 성공을 거둔 것으로 평가된다.

내포지역의 상징적 형상은 주로 문화적·역사적 전통과의 관련성 속에서 공동의 문화유산에 대한 사고를 중심으로 성립되는 경향을 보인다. 그러나 내포지역 전체를 포괄하는 역할이나 가치를 강화하고 합리화하기 위한 상징적 형상의 성립은 아직까지 두드러지게 나타나지 않고 있다.

셋째, 내포지역의 영역과 상징을 강화하고 사회적 인식이나 소속감을 재생산하는 제도의 출현은 초보적인 단계에 머물러 있다. 정치·경제·법률·행정 관련 시설이나 행동양식으로서의 제도는 거의 발달하지 못했다. 따라서 내포지역의 제도는 내포지역 전체를 포괄하는 다양한 역할이나 기대를 통제하고 표준화하는 기능을 활발하게 수행하지는 못하고 있다. 현 상태에서 가장 대표적인 제도로는 지역 언론을 비롯하여 향토연구단체와 해당 단체의 간행물 그리고 대중집회 및 행사 등이 있다. 이들은 주로 영역적 형상과 상징을 설명하고 확대하는 역할을 중심으로 지역정체성 형성에 영향을 미치고 있다.

이상과 같은 제도화 단계들은 지역정체성의 형성으로 귀결된다. 지역정체성에 기초한 지역의 구성은 지역의식으로 대표되는 정신적 공간의 형성을 의미한다. 결론적으로 말하면 내포는 아직 지역정체성에 기초한 지역의 성립단계로 나아가지 못한 상태이다. 그 이유는 지역정체성 형성의 전제가 되는 제도화 과정의 각 단계들이 완벽하게 마무리되지 못했기 때문이다. 제도화 과정은 물론 시간적으로 연속성을 갖는 '단계(stage)'의 개념은 아니지만 지역정체성은 다른 단계들의 성립을 전제로 할 때 가장 확실하게 이해될 수 있다.

지역정체성은 지역주민들이 보편적인 능력을 통해 특수한 규범이나 특성을 추상화하여 다양한 특성들을 통일적으로 연관시킴으로써 구축된다. 이러한 지역정체성의 구축과정은 세계적 또는 국가적 획일성에 대항하여 지역에 '다름'의 위치를 부여함으로써 시작된다. 또한 정체성의 설계에는 지역과 관련을 맺고 있는 다양한 주체들의 입장을 충분히 고려해야 하며 정체성의 구성과정에 작용하는 권력관계도 고려해야 한다.

내포지역은 규모와 역사적·문화적 측면에서 한국의 다른 지역과 구별되는 독특한 특성을 가지고 있다. 이러한 내포의 '다름'은 제4차 국토종합개발계획에 의해 합당한 지위를 부여받음으로써 지역정체성의 구성 가능성을 외부적으로 보장받게 되었다. 그러나 정체성 구성의 주체인 주민이 객체화됨으로써 정체성의 구성과정에 수동적으로 반응하는 현상을 보이고 있다. 반면에 지방자치단체나 지역 언론, 각급 연구단체 등은 내포의 영역 및 상징에 대해 매우 능동적으로 관심을 보이고 연구를 지속함으로써 지역정체성의 구성에 중요한 역할을 하고 있다. 그러나 내포지역 내시·군 간의 입장 차이와 정치적 이해관계가 서로 엇갈리면서 지역정체성의 구축으로 쉽게 나아가지는 못하고 있다.

지역정체성은 장소판매나 자원과 권력을 차지하기 위한 이념적 투쟁에 강력한 무기로 활용된다. 그러나 이러한 현상은 내포에서 초보적인 단계이거나 아니면 찾아보기가 어렵다. 실제로 지역정체성을 자원 기반으로 활용하려는 움직임은 시·군 단위로 여전히 나타나고 있다. 가장 초보적인 형태의 지역주의조차도 내포지역에서 전체적으로 나타나는 것이 아니라 내포를 구성하는 기초자치단체를 기반으로 제기되는 상태이다. 이러한 현상의 원인은 내포지역 전체를 포괄할 수 있는 지역정체성이 확고하게 구성되지 못했기 때문이다. 이 때문에 관련 주체들의 폭넓은 동의를 바탕으로 지역 관련 논의가 힘 있게 진행되기 어려운 상황이다. 그러나 이 과정은 제도화 과정의 한 부분으로 지속적인 변화의 가능성을 가지고 있다. 제도화 과정을 통해 생산되는 영역, 상징, 정체성 등은 완성된 결과물이기도 하지만 새로운 제도화 과정에 재투입되는 역사적 실체이기 때문이다.

내포는 역사적으로 주민들의 능동적인 사고와 의식을 기반으로 형성된 지역이라기보다는 외부자의 요구와 필요에 의해 정의된 지역의 성격이 강했다. 따라서 내포는 이해관계와 영향력을 행사하는 주체의 변화에 따라 불연속적인 정의가 내려져 왔다. 최근의 내포에 대한 관심도 이러한 맥락으로 볼 수 있는데, 어느 시기보다도 다양한 제도적 요소들의 영향을 받으며 빠른 변화를 겪고 있다. 제도화의 개념으로 볼 때 내포에서는 영역적 형상의 발전과 상징적 형상의 성립 그리고 제도의 출현이 짧은 기간에 동시다발적으로 진행되고 있다. 따라서 각 단계들은 여전히 진행 중인 상태로서 확고한 지역정체성의 형성으로 이어지지는 못하고 있다.

제6장

결론: 지역정체성과 제도화

일제 강점기라는 왜곡된 역사와 급속한 산업화의 물결은 대부분의 지역에서 공통적으로 전통의 단절을 유발했다. 이와 같은 현상은 한국사회에서 보편적으로 나타나는 특징으로 많은 지역이 지역정체성과 제도화 개념을 적용하기에 적절한 지역임을 의미한다. 따라서 내포에 적용한 연구방법론은 한국의 여러 지역에 보편적으로 적용할 수 있는 가능성을 충분히 가지고 있다.

'지역'에 대한 전통적인 접근법은 다른 지역과 구별되는 그 지역의 특성을 규명하는 것이었다. 이러한 접근법은 미지의 세계에 대한 호기심의 차원을 넘어 정복과 교역, 식민지 확보 등의 현실적 필요성과 맞물리면서 많은 발전을 이룩했다. 특히 지역지리학의 발전은 근현대시기에 두드러졌는데, 유럽을 중심으로 시대별, 지역별로 당시의 상황에 적절한 다양한 지역개념이 생산되었다. 동질지역과 결절지역으로 대표되는 근현대시기의 지역개념은 구미사회에서 보편적으로 적용이 가능한 지역개념으로서 오랫동안 받아들여져 왔다. 그러나 경계가 불분명해지고 지역 간의 외형적 차별성이 줄어듦에 따라 전통적 지역지리학 방법론은 지역을 설명하는 데 일정한 한계를 드러냈다. 또한 교통, 통신의 급격한 발달은 시간적·공간적 장벽을 제거함으로써 지리 정보를 일반화시켰고 이것은 전통적 지역지리학의 위상을 축소시키는 원인이 되었다.

그러나 이러한 보편화, 표준화의 물결은 역설적으로 차별성에 대한 갈증을 유발했다. 이에 따라 지역의 독특한 이미지를 부각시키고자 하는 움직임은 오히려 강해지고 있으며 이를 활용하고 자원화하고자 하는 시도들은 이제 전 세계적으로 일반화된 현상이 되었다. 한국사회에서도 영역과 상징을 의도적으로 만들고 이를 강화·재생산함으로써 관련 주체의 의도에 따라 지역을 구성해나가는 것이 이제는 낯설지 않은 현상이 되었다.

이러한 맥락에서 세계화와 정보화로 대변되는 오늘날에 적합한 지역지리학 연구방법론을 모색해보는 것이 이 책의 출발점이었다. 이를 위해 먼저 지금까지 학계에서 제시한 다양한 지역개념을 검토했으며, 이러한 결과를 바탕으로 포스트모던 시대에 적합한 지역개념으로서 정체성(identity)개념을 설정했다. 정체성개념은 차이와 주관성, 권력관계 등을 수렴할 수 있는 개념으로 오늘날의 지역을 설명하는 데 적절하다. 지역정체성의 형성은 제도화(institutionalization) 과정을 통해 이루어진다. 제도화란 영역적 경계와 상징, 제도 등을 만들어내는 구성과정이다. 즉, 지역은 인지공간으로서 영역적 형상이 발달하고 주민의 의식공간으로서 상징적 형상이 성립되며 이들의 역할과 중요성을 강화하는 사회공간으로서 제도가 출현함으로써 이루어지는 지역정체성 구성과정을 거쳐 성립된다. 그러나 제도화 과정은 시간적 순서로 진행되는 개념이 아니기 때문에 단계가 뒤바뀌거나 생략될 수도 있으며 끊임없이 재구성을 지속하는 역동적 과정이다.

지역의 구성과정에서 지역정체성은 상징적·물질적 필수품으로 부상하고 있다. 따라서 최근에는 지역정체성 담론을 여론화하고, 정체성이 지역을 만드는 데 어떻게 작용하는지를 분석하며, 이것이 어떻게 사회문화적 실체 및 담론의 부분이 되는지, 그리고 특정 지역 또는 주민을 통합하거나 분리, 배제하는 데 어떻게 활용되는지를 분석하는 것이 중요한 과제가 되었다. 정체성이 '지역'의 '생산'과 '재생산'의 일부분이 되었기 때문에, 다양한 주체들은 특정한 목적을 위해 이것을 의제로 정립하고 이를 달성하기 위해 권력-지식관계 및 분리와 배제의 논리를 적절히 활용하고 있다. 이처럼 지역정체성의 구성과정에는 다양한 제도적 요소들이 개입하고 있기 때문에 '지역정체성'과 '제도화'의 개념은 지역정체성의 구성과정, 곧 지역의 구성과정에 대한 의미 있는 접근법이 될 수 있다.

내포의 경우도 지역정체성 구성과정에 다양한 제도적 요소들이 개입하고 있다. 이 제도적 요소들을 대표하는 각 단위들은 공통적으로 '내포 정체성의 확립'을 지역 연구의 목적 또는 지역개발의 전제조건으로 제시하고 있다. 그렇지만 각기 다른 원인과 방법으로 내포에 관심을 보이고 있고, 다양한 내용으로 내포를 형상화하고 있다. '내포문화권 특정지역개발사업'이라는 외부 주도의 지역개발사업이 지역에 대한 관심을 촉발하는 직접적인 계기가 되었으며, 각 시·군별로 지역개발을 둘러싼 이해관계에 따라 다양한 입장들을 표출하고 있기 때문이다. 따라서 내포에 대한 지역지리학적 연구는 주체들이 다양하게 제기하는 영역 및 상징, 그리고 제도의 실체 및 이에 대한 입장을 분석하는 과정을 필요로 한다.

그런데 한때 동질성과 결절성을 바탕으로 객관적으로 실재하는 지역이었던 내포는 최근까지 거의 화석화되어 있었다. 식민지시대 이후 오랫동안 지역으로서의 의미를 상실했으며, 이러한 긴 단절의 역사는 내포의 영역 및 상징에 대한 다양한 해석의 원인이 되었다. 따라서 내포의 영역 또는 상징과 관련된 주장은 역사적 사실에 근거할 수밖에 없다. 즉, 내포의 정체성 형성과정은 현상적으로 드러나는 영역과 상징에 대한 다양한 입장 이면에 자리 잡은 역사적 사실에 대한 분석 없이는 의미 있는 해석이 불가능한 것이다. 내포의 영역적 형상과 상징적 형상에 대한 접근은 내포가 이름을 얻고, 영역을 확정하고, 지역으로서 의미를 획득한 과정과 지역으로서의 의미를 상실해갔던 과정에 대한 역사적 이해를 필수적인 전제조건으로 한다.

1. 영역적 형상의 발달

내포 영역 인식의 가장 큰 특징은 영역이 지역 내부의 주민들보다는 외부인에 의해 먼저 인식되었다는 역사적 사실이다. 즉, 내포에 대한 역사적 기록들은 한결같이 지역의 특성이나 풍습보다는 조운이나 국방, 한양 사대부들의 가거지 등을 주로 언급하고 있다. 따라서 내포는 내포를 정의했던 외적인 조건들, 예를 들면 왜구 침입의 증감이나 조운제도의 변화 또는 한양 사대부들의 경제적·사회적 지위 변화 등과의 관련성 속에서 영역 범위의 변화를 경험했다.

또한 내포의 영역은 조선시대 행정구역과도 일정한 관계를 가지고 있었다. 즉, 진관체제상 홍주진관 관할지역에 해당하는 지역들이 대체로 내포의 영역에 포함되었다. 따라서 대한제국 시기와 일제 강점기에 이루어진 행정구역 체계의 변동도 내포의 영역적 형상의 발달에 큰 영향을 미쳤다.

이러한 원인으로 구획된 내포의 영역적 형상은 장시권을 통해서 잘 확인된다. 내포에 장시가 등장한 것은 16세기경으로 충청도의 다른 지역과 비슷한 시기였다. 그러나 18세기 이전까지 내포의 장시는 교류범위가 인접지역에 한정됨으로써 지역 간의 연계가 그다지 활발하지 못했으므로 내포 전체를 포괄하는 장시권을 형성하지 못했다. 당시의 장시는 주로 읍치와 진영 등의 행정, 군사 치소와 역원 등 교통의 중심지에 분산되어 발달했다.

18세기 말에서 19세기 초에는 대장의 형성과 이에 따른 소장의 흡수로 시장들 간의 계층관계가 형성되기 시작했고 결국 대장을 중심으로 시장권이 재형성되기 시작했다. 각각의 시장권은 대략 40리 안팎의 세력권을 형성했다. 그러나 이들은 각각 독립적인 세력권으로 기능하기보다는 일부 세력권을 공유함으로써 내포 전체에 상품을 유통시킬 수 있었다. 따라서 지리적으로 내포의 가운데에 위치한 홍주를 중심으로 다섯 개의 시장권이 유기적 관계망을 형성하기 시작했다. 그 범위는 신창에서 보령에 이르는 차령산지 서부지역으로 내포 전체를 아우른다. 이 범위는 예덕상무사와 원홍주육군상무사 등 보부상조직의 활동범위를 통해서도 확인된다.

일제의 침략이 본격화되는 1910년 이후로 식민지 수탈체제로의 변화가 시작되면서 내포의 공간구조는 크게 변화하기 시작했다. 이 시기의 시장은 항구나 도로 등 근대적 교통로의 결절점과 쌀의 주산지를 중심으로 발달했다. 예산과 광천이 이러한 성격을 잘 갖추고 있었던 곳으로 굴지의 시장으로 성장하기 시작했다. 예산장과 광천장의 성장은 조선시대 내포의 중심지였던 홍주의 위치를 크게 축소시켜 공간구조의 변화가 일어나는 계기가 되었다.

1920년대에는 인구의 증가와 교통의 발달로 전통적 시장권이 본격적으로 해체되기 시작했다. 외부로부터 유입되는 상품을 일방적으로 판매하고 농산물을 반출해가는 시장구조는 여러 개의 장시가 상호보완성을 바탕으로 연계되었던 전통적 구조를 변형시켰다. 거래량이 전국 20위권에 드는 대시장으로 성장한 예산은 인천, 서울과 연결되는 결절점으로서 내포 내의 1차 중심지로 부상했다. 또한 장항선을 매개로 천안이 내포와 연결됨으로써 내포의 전통적 공간구조가 변화하기 시작했다. 1920년대는 장시 간의 연결망과 지형적 폐쇄성을 바탕으로 형성되었던 내포 내부의 결절성이 붕괴됨으로써 지역으로서의 내포의 의미가 상실되기 시작한 시기였다. 이는 1914년 행정구역 개편과도 깊은 관련이 있었다. 1896년의 행정구역 개편으로 홍주목이 폐지됨으로써 내포를 하나의 행정구역으로 통합할 수 있는 틀이 사라졌다. 이어서 1914년의 행정구역 개편은 기존의 군·현을 통합하는 과정에서 내포의 전통적 영역을 넘어서는 행정구역을 만들어냄으로써 내포가 소멸하는 배경이 되었다. 해방 이후에는 각 시·군별로 독립적인 시장권을 유지했으며, 이들은 모두 서울의 상권에 포함되어 결절지역으로서의 내포의 의미는 찾을 수 없게 되었다.

이러한 사실들을 종합해보면 내포의 영역은 조선시대의 홍주를 중심으로 하는 차령산지 서북부지역으로 볼 수 있다. 내포가 지역으로서의 의미를 강하게 띠었던 것은 조선 중기~후기에 이르는 시기였으며 이러한 성격은 일제 강점기 초반부터 약화되기 시작했다.

2. 상징적 형상의 성립

내포는 지형적 고립성, 해안을 통한 다른 지역과의 연결성, 특히 한양이나 경기도와의 연결성이 높았다는 점 등이 원인이 되어 독특한 문화적 동질성을 형성했다. 내포의 대표적인 동질적 문화요소로는 방언, 민요, 시조, 사대부문화, 천주교문화 등을 꼽을 수 있다. 방언은 지금의 서산시를 중심으로 당진군, 태안군, 홍성군, 예산군 일대에서 가장 강한 동질성을 보인다. 민요는 홍성군을 중심으로 가야산 주변의 서산시, 당진군 일대에서 동질성이 가장 강하게 나타나고 있다. 양반관료층의 분포는 예산군, 홍성군, 보령시 지역에 많으며 지배층 문화요소인 시조는 예산군을 중심으로 홍성군, 청양군, 보령시 지역에 널리 퍼져 있다. 천주교의 초기 전파와 관련된 문화요소는 아산만 연안에서 가장 뚜렷한 동질성을 보였다.

이 요소들을 통해 드러나는 내포문화의 가장 큰 특징은 혼합지대적 성격이 강하다는 점이다. 이는 해안을 통한 남북방향의 교류가 활발했던 것에서 그 원인을 찾을 수 있다. 이러한 특성은 방언과 민요 등 민중문화요소에서 잘 나타난다. 그러나 전라도나 경기도와는 구별되는 독특한 동질성을 형성했다.

또한 내포문화에서는 근기권(近畿圈)으로서의 문화특성이 나타난다. 특히 지배층 문화에서 이러한 특성이 잘 나타나는데 시조, 사대부문화, 천주교문화 등은 이러한 특성을 잘 보여주고 있다. 내포제시조는 경제의 변형으로 한양과의 연결성이 뛰어난 예산현을 중심으로 발달하기 시작하여 주변지역으로 파급되었다. 내포의 사대부들은 한양이나 경기도와의 관련성이 깊고 중앙정부와의 유대관계를 지속적으로 유지해온 경우가 많았다. 초기 천주교의 포교과정도 한양, 경기도와의 연결성이 중요한 원인이 되었는데, 실제로 이 지역들과 연결성이 좋은 아산만 연안을 중심으로 초기 천주교가 전파되었다.

내포의 문화적 동질성이 뚜렷하게 나타난 시기는 조선 중기 이후로 볼 수 있다. 이는 시장권을 통해 알 수 있는 영역적 형상의 발달과정과도 시기적으로 일치한다. 시조, 유교문화, 천주교 전파과정 등에서는 문화적 동질성의 형성과정이 비교적 잘 드러난다. 즉, 내포의 사대부는 임진왜란 이후 그 수가 증가했으며 이주 정착한 경우가 많았다. 천주교의 초기 전파는 18세기 후반부터 활발하게 이루어졌다. 내포제시조는 19세기에 예산현을 중심으로 내포에 전파되었다.

방언, 민요, 시조, 사대부문화, 천주교문화 등의 문화요소들은 핵심과 주변의 구조에서 약간의 차이를 보이고 있으나 공통적으로 오늘날의 아산시 남서부에서 보령시 북서부지역에 이르는 차령산지 서부지역에 분포하고 있다. 따라서 이 요소들은 내포 전 지역을 포괄할 수 있는 대표적인 상징으로서 의미를 갖는다. 각 요소들이 공통적으로 분포하는 지역은 지금의 예산군과 홍성군 일대로서, 이 지역이 문화적 동질성이 가장 뚜렷하게 드러나는 내포의 핵심지역이라고 볼 수 있다.

3. 제도의 출현과 지역정체성의 구성

　내포 지역정체성의 구성과정에 깊이 개입하고 있는 제도화 요소로는 주민, 지역 언론, 향토연구단체, 전문연구단체, 지방자치단체, 정부 등을 들 수 있다. 정부와 광역자치단체는 '내포문화권 특정지역개발'이라는 지역개발계획의 주체로서 내포 논의를 촉발하는 역할을 했다. 그러나 지역개발의 차원에서 내포에 접근함으로써 영역적 형상의 왜곡, 기준이 모호한 문화요소의 나열 등 문제를 유발하기도 했다. 전문 연구단체 가운데 충남발전연구원은 충청남도의 용역 발주에 의해 연구를 수행했기 때문에 충청남도의 입장과 크게 다르지 않다. 1990년대 후반부터 내포와 관련하여 전문적인 논의를 시작함으로써 내포에 대한 관심을 불러일으키는 데 공헌했다. 내포연구단은 내포에 대한 순수 학술연구를 한 전문 연구단체이다. 또한 근대이행기의 지역엘리트라는 독특한 주제로 내포에 접근함으로써 내포의 역사성과 변화과정에 작용한 권력관계에 대해 심도 있는 정보를 제공했다. 향토연구단체들은 대체로 해당 시·군에 대한 연구에 집중하는 경향을 보였다. '연합회' 성격의 조직이 등장하기도 했으나 여전히 해당 시·군 중심의 연구가 주류를 이루었다. 내포지역에서 가장 활발한 활동을 하는 제도화 요소는 지역 언론이다. 지역 언론들은 상당히 적극적으로 의견을 개진하고 정보를 유통시킴으로써 내포 지역정체성의 구성에 영향을 미치고 있다. 한편 주민은 지역정체성 구성의 주체인 동시에 제도화 요소들로부터 영향을 받는 객체라는 이중적 성격을 갖는다. 그러나 긴 단절의 역사로 인해 내포에 대한 주민의 인식이 부족한 상태에서 관(官)과 연구단체 중심으로 논의가 매우 빠르게 진행됨으로써 내포의 주민은 주체로서의 역할이 미약한 상태이다. 이상과 같은 제도화 요소들은 서로 간에 약간의 이견을 노출하면서 의견을 적극적으로 개진하고 있는데, 특히 기초자치단체와 시·군 단위의 향토연구단체들 그리고 지역 언론이 가장 많은 이견을 드러내고 있다.

내포는 한때 지역으로서의 의미를 상실했던 지역으로서 정체성과 제도화 개념으로 설명하기에 적절하다. 즉, 지역정체성을 상실함으로써 지역의 소멸과정을 겪었으나 재영역화, 재상징화, 재제도화의 과정을 통해 새로운 지역정체성을 구성하려는 움직임을 보이고 있는 지역인 것이다. 각각의 제도화 요소들은 내포지역의 정체성 구성과정에 직간접적으로 많은 영향을 미치고 있다. 이들의 역할을 중심으로 내포의 제도화 과정을 정리해보면 다음과 같다.

첫째, 영역적 형상의 발달과정은 '가야산 주변의 여러 지역'이라는 정의가 가장 일반적으로 받아들여진다. 그러나 지역개발 논리가 개입되면서 전통적인 내포의 영역이 상당히 왜곡되는 현상도 나타났다. 행정구역과 지역의 경계가 일치하지 않는 것도 영역적 형상의 발전을 방해하는 중요한 요인이 되고 있다.

둘째, 상징적 형상의 성립은 매우 다양한 양상으로 나타나고 있다. 상징이 다양하고 많다는 사실은 상징의 활용 가능성을 높이기 때문에 1차적으로는 지역정체성의 구성에 유리하다. 그러나 다양한 상징들은 대부분 시대적 공통성이 크지 않은 요소들로 이루어져 있다. 심지어 정신적 상징과 역사적 이미지가 서로 대립되는 경우까지 나타나고 있다. 내포지역의 상징적 형상은 주로 문화적·역사적 전통과의 관련성 속에서 공동의 문화유산에 대한 사고를 중심으로 성립되는 경향을 보인다. 그러나 내포지역 전체를 포괄하는 역할이나 가치를 강화하고 합리화하기 위한 상징적 형상의 성립은 아직까지 뚜렷하게 나타나지 않고 있다.

셋째, 제도의 출현은 초보적인 단계에 머물고 있기 때문에 내포지역 전체를 포괄하는 다양한 역할이나 기대를 통제하고 표준화하는 기능을 활발하게 수행하지는 못하고 있다. 현 상태에서 가장 대표적인 제도로는 지역 언론을 비롯하여 향토연구단체와 해당 단체의 간행물 그리고 대중집회 및 행사 등이 있다. 이들은 주로 영역적 형상과 상징을 설명하고 확대하는 역할을 중심으로 지역정체성 형성에 영향을 미친다.

이상과 같은 제도화 단계들은 지역정체성의 구성으로 귀결된다. 결론적으로 내포는 아직 지역정체성에 기초한 지역의 성립단계로 나아가지 못한 상태이다. 내포지역은 규모와 역사적·문화적 측면에서 한국의 다른 지역과 구별되는 독특한 특성을 가지고 있다. 이러한 내포의 '다름'은 제4차 국토종합개발계획에 의해 합당한 지위를 인정받음으로써 지역정체성의 구성 가능성을 외부적으로 보장받게 되었다. 그러나 내포지역 내 시·군 간의 입장 차이와 정치적 이해관계가 서로 엇갈리면서 지역정체성의 구축으로 쉽게 나아가지는 못하고 있다.

내포는 역사적으로 주민들의 능동적인 사고와 의식을 기반으로 하여 형성되었다기보다는 외부자의 요구와 필요에 의해 정의된 지역의 성격이 강했다. 따라서 내포는 이해관계와 영향력을 행사하는 주체의 변화에 따라 불연속적인 정의가 내려져 왔다. 최근의 내포에 대한 관심도 이러한 맥락으로 볼 수 있는데, 어느 시기보다도 특히 다양한 제도적 요소들의 영향을 받고 있으며 빠른 변화를 겪고 있다. 제도화의 개념으로 볼 때 내포는 영역적 형상의 발전과 상징적 형상의 성립, 그리고 제도의 출현을 짧은 기간에 동시다발적으로 보이고 있다. 따라서 각 단계들이 여전히 진행 중인 상태로서 확고한 지역정체성의 형성으로 이어지지 못하고 있다.

4. 지역지리학의 발전을 위한 제언

이 책은 내포를 사례지역으로 지역정체성과 제도화의 개념을 적용하여 지역지리학적인 접근을 시도한 연구서이다. 내포는 문화요소가 비교적 풍부하고 시대적·계층적으로 다양하며, 또한 최근에 지역에 대한 관심이 다양하게 표출되고 있기 때문에 여기에서 적용한 접근법은 현 시기의 내포를 이해하는 데 적절하다고 본다. 이러한 시도는 급증하는 지역개발 논의에 배경이 될 수 있는 원론적인 지리학 연구결과물을 제시함으로써 지리학의 위상을 높이고, 지역에 대해 종합적인 분석과 해석을 시도함으로써 지역(향토)학습에 유용한 자료를 제공한다. 그러나 보다 큰 의미는 경험적인 지역지리학 연구결과가 부족한 한국 지역지리학 분야에 체계적인 연구사례를 제공한다는 데 두었다.

내포의 보편성과 특수성은 다양한 지역개념을 활용하는 통합적인 연구방법의 적용을 요구하며, 이러한 방법을 통해 내포의 특성을 밝히는 데 일정한 효과를 얻을 수 있었다.

그러나 연구과정에서 몇 가지 한계도 나타났다. 첫째, 상징적 형상과 영역적 형상으로 내포를 규정하기 위해서는 보다 많은 요소들이 고려될 필요가 있었으나 자료상의 한계로 인해 확대하지 못했다. 둘째, 제도화 요소가 더욱 다양하게 고려될 필요가 있었다. 특히 정체성 구성의 주체인 주민의 입장을 충분히 고려할 수 있는 방법론을 모색하는 것이 필요했다. 또한 경제 분야와 관계있는 제도화 요소에 대한 고려가 미흡했다. 최근의 지역에 대한 관심이 경제적인 부분에 초점이 맞춰지고 있음을 고려할 때 이러한 제도화 요소는 추후의 연구에서는 보다 비중 있게 다루어져야 한다.

내포뿐만 아니라 여타 지역에서도 지역정체성에 대한 관심이 증가하는 것이 최근 한국에서 일반화된 현상이다. 또한 역사적 유산이 풍부한 한국의 특성상 대부분의 지역에서는 특히 문화적·역사적인 상징을 통해 지역정체성을 구성하려는 경향이 강하게 나타나고 있다. 그러나 일제 강점기라는 왜곡된 역사와 급속한 산업화의 물결은 대부분의 지역에서 공통적으로 전통의 단절을 유발했다. 이와 같은 현상은 한국사회에서 보편적으로 나타나는 특징으로 많은 지역이 지역정체성과 제도화 개념을 적용하기에 적절한 지역임을 의미한다. 따라서 내포에 적용한 연구방법론은 한국의 여러 지역에 보편적으로 적용할 수 있는 가능성을 충분히 가지고 있다.

그러나 이러한 연구방법론을 모든 지역에 도식적으로 적용하기에는 무리가 있다. 왜냐하면 지역에 따라 지역 규모나 역사적 배경, 선행연구의 진행 정도, 지역에 대한 관련 주체들의 관심 정도 등이 상당히 다양하기 때문이다. 최상의 연구결과를 얻기 위해서는 지역에 따라 방법론을 융통성 있게 조절하여 적용하는 것이 필요하다. 무엇보다 중요한 것은 이러한 결과를 실제 연구에 활용함으로써 풍부한 결과물을 축적하는 것이며, 그것이 한국 지리학의 발전에 공헌하는 길일 것이다.

참고문헌

프롤로그

권정화. 1997. 「지역인식논리와 지역지리 교육의 내용 구성에 관한 연구」. 서울대학교 대학원 박사학위 논문.

김상호. 1983. 「지리학의 본질」. ≪지리학논총≫, 10. 1~14쪽.

대한민국학술원. 2002. 『한국의 학술연구: 인문지리학』.

손명철. 2002. 「근대 사회이론의 접합을 통한 지역지리학의 새로운 방법론」. ≪지역지리학회지≫, 8(2). 150~160쪽.

안영진. 2002. 「한국 지역지리학의 연구 추세와 전망」. ≪한국지역지리학회지≫, 8(2). 184~198쪽.

오홍식. 1995. 「지리과의 환경교육 목표와 내용에 관한 연구」. 서울대학교 대학원 박사학위 논문.

윤옥경. 2003. 「지역에 대한 학습 내용 구성에 관한 연구: 아산만 지역을 사례로」. 서울대학교 대학원 박사학위 논문.

이재하. 1997. 「세계화 시대에 적실한 지역연구 방법론 모색」. ≪한국지역지리학회지≫, 3(1). 115~134쪽.

임병조. 2000. 「조선시대 관료층의 내포지방 정착과정에 관한 연구」. 한국교원대학교 대학원 석사학위 논문.

최홍규. 2001. 「지역지리 내용 구성과 교수·학습에 관한 연구」. 한국교원대학교 대학원 박사학위 논문.

Claval, P. 1993. I. Thompson(trans). 1998. *An Introduction to Regional Geography*. Oxford: Blackwell.

Gilbert, A. 1988. "The New Regional Geography in English and French-speaking Countries." *Progress in Human Geography*, 12. pp. 208~228.

Hart, J. F. 1982. "The Highest Form of the Geographer's Art." *Annals of the Association of American Geographers*, 72(1). pp. 1~29.

Hartshorne, R. 1939. *The Nature of Geography: A Critical Survey of Current Thought in the Light of Past*. Lancaster: AAG.

Natoli, J. S. 1988. *Strengthening Geography In The Social Studies*. Washington D. C.: National Council for the Social Studies.

Paasi, A. 1991. "Deconstructing Region: Notes on the Scales of Spatial Life." *Environment and Planning A*, 23. pp. 239~256.

Sack, R. D. 1974. "Chorology and Spatial Analysis." *Annals of the Association of American Geographers*, 64(3). pp. 439~452.

Thrift, N. 1990. "Doing Regional Geography in a Global System: the New International Financial System, the City of London, and the South East of England, 1984~7." R. J. Johnston & G. A. Hoekveld(eds). *Regional Geography : Current Developments and Future Prospects*. London & New York: Routledge. pp. 180~208.

제1장 지역정체성의 구성과 제도화 과정

강희경. 2000. 「지역사회의 상징 구성 모형으로 본 지역정체성」. ≪사회와 문학≫, 12. 한국 사회문화학회. 97~120쪽.

권정화. 2005. 『지리교육의 이해를 위한 지리사상사 강의노트』. 한울아카데미.

김지영. 2004. 「들뢰즈의 타자 이론」. ≪비평과 이론≫, 9(1). 한국비평이론학회. 49~80쪽.

김형효. 1990. 『구조주의의 사유체계와 사상: 레비스트로쓰, 라캉, 푸꼬, 알뛰쎄르에 관한 연구』. 인간사랑.

류제헌. 1987. 「미국 지리학에 있어서 지역개념의 발달」. ≪지리학 논총≫, 14. 서울대학교 지리학과. 345~358쪽.

손명철. 1995. 「프랑스 지역지리연구의 전개 과정」. ≪지역지리학회지≫, 창간호. 81~91쪽.

_____. 2002. 「근대 사회이론의 접합을 통한 지역지리학의 새로운 방법론」. ≪지역지리학 회지≫, 8(2). 150~160쪽.

안영진. 2002. 「한국 지역지리학의 연구 추세와 전망」. ≪한국지역지리학회지≫, 8(2). 184~198쪽.

_____. 2004. 「근대 독일 지역지리학의 성립과 발달과정」. ≪한국지역지리학회지≫, 10(3). 554~567쪽.

양석원. 2001. 「욕망의 주체와 윤리적 행위: 라깡과 지젝의 주체이론」. ≪안과 밖≫, 10. 영 미문학연구회. 269~294쪽.

유원기. 2004. 「동일성(Identity)의 기준에 대한 고찰」. ≪인간연구≫, 6. 가톨릭대학교인간 학연구소. 126~149쪽.

이성백. 2002. 「동일성의 긍정성과 부정성: 데리다, 아도르노, 헤겔, 맑스의 동일성 개념 비 교」. ≪철학연구≫, 56. 61~77쪽.

_____. 2005. 「동일성 비판을 통해서 본 포스트구조주의의 사회비판」. ≪시대와 철학≫, 16(4). 7~38쪽.

이현재. 2005. 「정체성(Identity)' 개념 분석: 자율적 주체를 위한 시론」. ≪철학 연구≫,

71(1). 263~292쪽.

이희연 · 최재헌. 1998. 「지리학에서의 지역연구 방법론의 학문적 동향과 발전 방향 모색」.
≪지리학≫, 33(4). 대한지리학회. 557~574쪽.

하비(Harvey, D.). 1989. *The Condition of Postmodernity: An Enquiry of into the Origins of Cultural Change.* Oxford: Blackwell. 구동회 · 박영민 역. 1994. 『포스트모더니티의 조건』. 한울.

한국지리정보연구회. 2003. 『지리학을 빛낸 24인의 거장들』. 한울아카데미.

Agnew, J. 2000. "From the Political Economy of Regions to Regional Political Economy." *Progress in Human Geography*, 24(1). pp. 101~110.

Allen, J., D. Massey & A. Cochrane. 1998. *Rethinking the Region.* London: Routledge.

Amdam, J. 2000. "Confidence Building in Local Planning and Development: Some Experience from Norway." *European Planning Studies*, 8(5). pp. 581~600.

_____. 2002. "Sectoral versus Territorial Regional Planning." *European Planning Studies*, 10(1). pp. 99~111.

Anderson, B. 1991. *Imagined Communities : Reflections on the Origin and Spread of Nationalism.* London: Verso.

Anderson, K., M. Domosh, S. Pile & N. Thrift. 2003. *Handbook of Cultural Geography.* London: Sage.

Angehrn, E., 1985. *Geschichte und Identität.* Berlin: Walter de Gruyter (이현재. 2005. 재인용).

Baldwin, E. 2004. *Introducing Cultural Studies.* New York: Prentice Hall.

Bauman, Z. 1996. "From Pilgrim to Tourist or a Short History of Identity." S. Hall & P. Du Gay(ed.). *Questions of Cultural Identity.* London: Sage. pp. 18~26.

Bell, V. 1999. "Performativity and Belonging: An Introduction." *Theory, Culture and Society*, 16(2). pp. 1~10.

Bernstein, M. 1997. "Celebration and Suppression: the Strategic Uses of Identity by the Lesbian and Gay Movement." *The American Journal of Sociology*, 103(3). pp. 531~561.

Bhabha, H. 1994. *The Location of Culture.* London: Routledge.

Buttimer, A. 1971. *Society and Milieu in the French Geographic Tradition.* Chicago : Rand McNally and Company.

_____. 1976. "Grasping the Dynamism of Lifeworld." *Annals of the Association of American Geographers*, 66(2). pp. 277~292.

Calhoun, C. 1994. *Social Theory and the Politics of Identity.* Oxford: Blackwell.

Castells, M. 1997. *The Power of Identity: Economy, Society and Culture (The Informational Age)*. Oxford: Blackwell.

Claval, P. 1993. I. Thompson(trans.). 1998. *An Introduction to Regional Geography*. Oxford: Blackwell.

Crocker, J. & D. M. Quinn. 2004. "Psychological Consequences of Devalued Identities." M. B. Brewer & M. Hewstone(eds). *Self and Social Identity*. Malden: Blackwell. pp. 124~142.

Deleuze, G. 1969. Lester, M. & Stivale, C.(trans). 1990. *Michel Tournier and the World without Others, The Logic of Sense*. New York: Columbia University Press.

Donnan, H. & T. M. Wilson. 1999. *Borders: Frontiers of Identity, Nation and State*. Oxford: Berg.

Entrikin, J. N. 1994. "Place and Region." *Progress in Human Geography*, 18(2). pp. 227~233.

_____. 1996. "Place and Region 2." *Progress in Human Geography*, 20(2). pp. 215~221.

Erikson, E. 1976. *Identität und Lebenszyklus*. Frankfurt am Main: Suhrkamp.

Giddens, A. 1984. *The Constitution of Society*. Cambridge: Polity Press.

Gilbert, A. 1988. "The New Regional Geography in English and French-Speaking Countries." *Progress in Human Geography*, 12. pp. 208~228.

Gregory, D. 1978. *Ideology, Science and Human Geography*. London: Hutchinson.

Gren, J. 2002. "New Regionalism and West Sweden: Change in the Regionalism Paradigm." *Regional and Federal Studies*, 12(3). pp. 79~101.

Haggett, P. 1977. "Geography in a Steady-State Environment." *Geography*, 62. pp. 159~167.

Hall, S. 1993. "Minimal Selves." A. Gray & J. McGuigan(eds.). *Studying Culture*. New York: Edward Arnold. pp. 134~138.

_____. 1996. "Introduction: Who Needs Identity?" S. Hall & P. Du Gay(eds.). *Questions of Cultural Identity*. London: Sage. pp. 1~17.

Hart, J. F. 1982. "The Highest Form of the Geographer's Art." *Annals of the Association of American Geographers*, 72(1). pp. 1~29.

Hartshorne, R. 1939. *The Nature of Geography: A Critical Survey of Current Thought in the Light of Past*. Lancaster: AAG.

Harvey, D. 1969. *Explanation in Geography*. London :Arnold.

Hennrich, D. 1979. "Identitätsbegriffe, Probleme, Grenzen." in O. Marguard und K. Stierle (Hg.). *Identität*. München: Fink(이현재. 2005. 재인용-).

James, P. E. 1972. *All Possible World: A History of Geographical Ideas*. Indianapolis,

New York: The Odyssey Press.

Johnston, R. J., D. Gregory, G. Pratt, & M. Watts(ed.). 2001. *The Dictionary of Human Geography*. Oxford: Blackwell.

Johnston, R. J., J. Hauer, & G. A. Hoekveld. 1990. *Regional Geography: Current Development and Future Prospects*. London & New York: Routledge.

Jordan, T., M. Domosh & L. Rowntree. 1997. *The Human Mosaic: A Thematic Introduction to Cultural Geography*, 7th edition. New York: Longman.

Keating, M. 2001. "Rethinking the Region, Culture, Institutions and Economic Development in Catalonia and Galicia." *European Urban and Regional Studies*, 8(2). pp. 217~234.

Knox, D. 2001. "Doing the Doric: The Institutionalization of Regional Language and Culture in the North-East of Scotland." *Social and Cultural Geography*, 2(3). pp. 315~331.

Lovering, J. 1999. "Theory Led by Policy: The Inadequacies of the 'New Regionalism' (Illustrate from the Case of Wales)." *International Journal of Urban and Regional Research*, 23(2). pp. 379~395.

Massey, D. 1994. *Space, Place, and Gender*. Cambridge: Polity Press.

McSweeney, B. 1999. *Security, Identity, and Interests: A Sociology of International Relations*. Cambridge: Cambridge University Press.

Oysterman, D. 2004. "Self-Concept and Identity." in M. Brewer & M. Hewstone(eds.). *Self and Social Identity*. Oxford: Blackwell. pp. 5~24.

Paasi, A. 1986. "The Institutionalization of Region: a Theoretical Framework for the Understanding of the Emergence of Region and the Constitution of Regional Identity." *Fenia*, 164. pp. 105~146.

_____. 1991. "Deconstructing Region: Notes on the Scales of Spatial Life." *Environment and Planning A*, 23. pp. 239~256.

_____. 2002. "Place and Region: Regional Worlds and Words." *Progress in Human Geography*, 26(6). pp. 802~811.

_____. 2003. "Region and Place: Regional Identity in Question." *Progress in Human Geography*, 27(4). pp. 475~485.

Pudup, M. B. 1988. "Argument within Regional Geography." *Progress in Human Geography*, 12(3). pp. 369~390.

Raagmaa, G. 2002. "Regional Identity in Regional Development and Planning." *European Planning Studies*, 10(1). 55~76.

Sauer, C. O. 1925. *The Morphology of Landscape*. University of California Publications in Geography 2.

Taylor, G. & Spencer, S.(ed.). 2004. *Social Identities: Multidisciplinary Approach*. London: Routledge.

Thrift, N. 1990. "Doing Regional Geography in a Global System: The New International Financial System, the City of London, and the South East of England, 1984~7." R. J. Johnston, J. Hauer & G. A. Hoekveld(eds). *Regional Geography: Current Developments and Future Prospects*. London & New York: Routledge. pp. 180~208.

Tuan, Yi-Fu. 1974. Space and Place: Humanistic Perspective. *Progress in geography*, 16. pp. 211~252.

Tugendhat, E. 1979. *Selbestbewußtein und Seblstbestimmug*. Frankfurt am Main: Suhrkamp(이현재. 2005. 재인용).

Ward, Stephen V. 1998. *Selling Places: The Marketing and Promotion of Town and Cities 1850~2000*. London: Routledge.

Woodward, K. 2002. Concepts of Identity and Difference. K. Woodward(eds). *Identity and Difference*. London: Sage Publication.

제2장 영역적 형상 발달의 역사적 과정

『고려사(高麗史)』.
『대동여지전도(大東輿地全圖)』.
『동국문헌비고(東國文獻備考)』.
『사연고(四沿考)』(申景濬).
『산해경(山海經)』.
『성호사설(星湖僿說)』(李瀷).
『십승기(十勝記)』(南師古).
『여지도서(輿地圖書)』.
『임원십육지(林園十六志)』.
『조선왕조실록(朝鮮王朝實錄)』.
『택리지(擇里志)』(李重煥).
『호구총수(戶口總數)』.
『호산록(湖山錄)』.
『호서읍지(湖西邑誌)』(1871).
현채(玄采) 편. 1899(광무 3년). 『대한지지(大韓地誌)』, 권1. 광문사.

건설교통부 국토지리정보원. 2003. 『한국지리지 충청도 편』.

곽호제. 2004. 「조선시대~일제시대 내포지역 장시의 형성과 변화」. ≪지방사와 지방문화≫, 7(2). 역사문화학회, 101~147쪽.

구만리경로당. 2004. 『구만리지』. 금오인쇄사.

권정화. 2005. 『지리교육의 이해를 위한 지리사상사 강의노트』. 한울아카데미.

김추윤. 1997. 『소들문화 축제의 이론과 실재』. 당진문화원.

김대길. 1997. 『조선후기 장시연구』. 국학자료원.

김순배. 2009. 「한국 지명의 문화정치적 변천에 관한 연구: 구 공주목 진관 구역을 중심으로」. 한국교원대학교 대학원 지리교육과 박사학위 논문.

김이열. 1965. 「한국지방제도사서설(1)」. ≪행정논총≫, 10(2). 중앙대학교법정대학, 78~110쪽.

김정배. 1985. 「목지국 소고」. 천관우선생환력기념 한국사학논총간행위원회. 『천관우선생 환력기념 한국사학논총』. 정음문화사. 121~133쪽.

김준식 · 김권수. 1996. 「한국정기시장의 변천에 관한 연구」. ≪산업경제≫, 19(1). 경남대학교 산업경영연구소, 153~171쪽.

미셸(Michell, T.). 1979~1980. "Fact and Hypothesis in Yi Dynasty Economic History: The Demographic Dimension." *Korean Studies Forum*, 5(Winter · Spring). 김혜정 역. 1989. 「조선시대의 인구변동과 경제사: 인구통계학적인 측면을 중심으로」. ≪부산사학≫, 17(1). 부산사학회, 75~107쪽.

손정목. 1977. 『조선시대 도시사회 연구』. 일지사.

노도양. 1979. 「내포평야고」. 『청파집』. 명지대학교 출판부. 245~248쪽.

오홍식. 1995. 「지리과의 환경교육 목표와 내용에 관한 연구」. 서울대학교 대학원 박사학위 논문.

윤규상. 2000. 『이 땅에 남은 마지막 보부상 예덕상무사』. 금오인쇄사.

이태진. 1985. 「16세기 동아시아의 역사적 상황과 문화」. ≪퇴계학보≫, 48(1). 26~31쪽.

이헌창. 1986. 「우리나라 근대경제사에서의 시장문제」. ≪태동고전연구≫, 2. 태동고전연구소. 59~90쪽.

_____. 1992. 「조선 말기 보부상과 보부상단」. 제35회 전국 역사학대회 논문 및 발표 요지.

_____. 1994. 「조선 후기 충청도지방의 장시망과 그 변동」. ≪경제사학≫, 18(1). 경제사학회. 1~56쪽.

임동권 · 정형호 · 임장혁. 2006. 『청양의 시장민속』. 청양문화원.

임병조. 2000. 「조선시대 관료층의 내포지방 정착과정에 관한 연구」. 한국교원대학교 대학원 석사학위 논문.

천관우. 1989. 『고조선사 · 삼한사연구』. 일조각.

최범호. 2001. 『백제 온조왕 대의 부 연구』, 전북대학교대학원 박사학위 논문.

최완기. 1989. 『조선 후기 선운업사 연구』. 일조각.

충청남도. 1962 · 1972. 『충남통계연보』.

한상권. 1981. 「18세기 말~19세기 초의 장시발달에 대한 기초연구: 경상도 지방을 중심으로」. ≪한국사론≫, 7. 서울대학교 인문대학 국사학과. 179~237쪽.

홍금수. 2004. 「역사지리학의 기초연구: 호서지방을 사례로」. ≪문화역사지리≫, 16(2). 한국문화역사지리학회, 1~35쪽.

황의천. 1992. 「개항기 보부상의 조직과 활동에 대한 연구: 충남 서남부지방을 중심으로」. 공주대학교 교육대학원 석사학위 논문.

宮原兎一. 1956. 「十五 · 六世紀 朝鮮における 地方市」. 韓國人文科學院 編輯部. 1989. 『朝鮮時代 商業(影印本)』. pp. 55~74.

文定昌. 1941. 『朝鮮の市場』. 日本評論社.

野口保興. 1910. 『續帝國大地誌－韓國 · 南滿洲』. 錦江條.

朝鮮總督府. 1912. 『舊韓國地方行政區域名稱一覽』.

_____. 1919a · 1923. 『朝鮮總督府統計年報』.

_____. 1919b. 『朝鮮地誌資料』. 東城: 日韓書房.

_____. 1926. 『市街地の 商圈』.

超智唯七 編. 1917. 『新舊對照朝鮮全道府郡面里洞名稱一覽』. 朝鮮總督府.

統監府. 『統監府統計年報』. 1908.

Jordan, T., M. Domosh & L. Rowntree. 1997. *The Human Mosaic: A Thematic Intro-duction to Cultural Geography*, 7th edition. New York: Longman.

제3장 상징적 형상의 성립

『세종실록지리지(世宗實錄地理志)』.

『조선왕조실록(朝鮮王朝實錄)』.

『용재총화(慵齋叢話)』.

『사마방목(司馬榜目)』.

『호구총수(戶口總數)』.

강희경. 2000. 「지역사회의 상징 구성 모형으로 본 지역정체성」. ≪사회와 문학≫, 12. 한국사회문화학회. 97~120쪽.

경희대학교 민속학연구소 편. 2005. 『서산민속지』, 상 · 하. 서산문화원.

구만리경노당. 2004. 『구만리지』. 금오인쇄사.

권정화. 2005. 『지리교육의 이해를 위한 지리사상사 강의노트』. 한울아카데미.

김형규. 1972. 「충청남북도 방언 연구」. ≪학술원논문집≫, 11. 대한민국학술원. 109~154쪽.

_____. 1989. 『한국방언연구』. 서울대학교출판부.

노길명. 1988. 『가톨릭과 조선 후기 사회변동』. 고려대학교 민족문화연구소.

노튼(Norton, W.). 1944. *Explorations in the Understanding of Landscape: A Cultural Geography*. 이전 · 최영준 역. 1994. 『문화지리학원론』. 법문사.

달레(Dallet, C. C.). 1874. *Histoire de l'eglise de Coree*, tome 2v. 2. Paris: Librairie Victor Palme. 안응렬 · 최석우 역. 1990. 『한국천주교회사, 상』. 분도출판사.

도수희. 1965. 「충청도 방언의 위치에 대하여」. ≪국어국문학≫, 28. 국어국문학회. 237~239쪽.

_____. 1977. 「충남방언의 모음변화에 대하여」. 『이숭녕선생 고희기념논총』. 탑출판사. 87~106쪽.

_____. 1987. 「충청도 방언의 특징과 그 연구」. ≪국어생활≫, 9. 국어연구소. 88~101쪽.

류제헌. 1994. 『한국근대화와 역사지리학: 호남평야』. 한국정신문화연구원.

배동순. 2000. 『충청남도무형문화재 제20호 결성농요』. 홍성군 · 결성농요보존회.

서영숙. 2002. 『우리민요의 세계』. 역락.

서한범. 1996. 「내포제시조와 경제시조의 비교 연구」. ≪공연예술연구소논문집≫, 2. 단국대학교 공연예술연구소. 165~192쪽.

성낙수. 1993. 「충청남북도 방언연구 및 방언지도 작성」. ≪청람어문학≫, 9(1). 청람어문학회. 7~59쪽.

송기영. 1997. 「내포지방의 천주교 수용」. ≪내포문화정보≫, 창간호. 94~98쪽.

송방송. 1984. 『한국음악통사』. 일조각.

아산군 · 공주대박물관. 1993. 『아산의 문화유적』.

예산문화원. 1994. 『내포제시조정악보』.

유병기 · 주명준. 1982. 「충청도의 천주교 전래」. 『한국교회사 논총』. 27~58쪽.

이규원. 1995. 『우리가 정말 알아야 할 우리 전통 예인 백사람』. 현암사.

이기백. 1992. 『한국사신론』. 일조각.

이두현 · 이광규 · 장주근. 1996. 『한국민속학개설』. 일조각.

이병기. 1966. 『가람문선』. 신구문화사.

이소라. 1990. 『한국의 농요 4』. 현암사.

_____. 2001. 『농요의 길을 따라』. 밀알.

이우성. 1997. 「내포지역의 실학자들」. ≪내포문화정보≫, 창간호. 44~51쪽.

이원국. 1999. 『태안의 사투리』. 태안문화원.

이태진. 1976. 「15세기 후반기의 거족과 명족의식」. ≪한국사론≫, 3. 서울대학교 국사학과. 229~319쪽.

인권환 · 성낙수 · 김연호. 2000. 『충남 북부지역의 전통언어와 문학』. 백산서당.

임병조. 2000. 「조선시대 관료층의 내포지방 정착과정에 관한 연구」. 한국교원대학교 대학원 석사학위 논문.

장사훈. 1983. 『국악사론』. 대광문화사.

전용우. 1993. 「호서사림의 형성에 대한 연구: 16~17세기 호서사림과 서원의 동향을 중심으로」. 충남대학교 대학원 박사학위 논문.

조 광. 1988. 『조선 후기 천주교사 연구』. 고려대학교 민족문화연구소.

채기병. 1993. 「내포지방의 천주교 교우촌 연구」. 고려대학교 교육대학원 석사학위 논문.

최상일. 2002. 『우리의 소리를 찾아서 1』. 돌베개.

최완기. 1993. 『한국 성리학의 맥』. 느티나무.

최학근. 1976. 「남부방언군과 북부방언군과의 사이에 개재하는 등어지대 설정을 위한 방언조사연구」. ≪어학연구≫, 12(2). 서울대학교 어학연구소. 209~240쪽.

충청남도. 2004. 『내포문화권 특정지역 지정 및 개발계획』.

학원출판공사사전편찬국. 1994. 『학원세계대백과사전』. 학원출판공사.

한국가톨릭대사전편찬위원회. 1992. 『한국가톨릭대사전: 부록』. 한국교회사연구소.

한국경제사학회. 1984. 『한국사 시대구분론』. 을유문화사.

한국민중사연구회(편). 1986. 『한국민중사 I』. 풀빛.

한국자원연구소. 1996. 『대전 지질 도폭 설명서』. 건설교통부.

한국정신문화연구원. 1987. 『한국방언자료집』(충청북도 편, 충청남도 편). 한국정신문화연구원.

한영목. 1999. 『충남방언의 연구와 자료』. 이회문화사.

홍금수. 2004. 「역사지리학의 기초연구: 호서지방을 사례로」. ≪문화역사지리≫, 16(2). 한국문화역사지리학회. 1~35쪽.

당진군지편찬위원회. 1997. 『당진군지』.

보령군지편찬위원회. 1991. 『보령군지』.

서산군지편찬위원회. 1975. 『서산군지』.

서산시지편찬위원회. 1998. 『서산시지』.

아산군지편찬위원회. 1983. 『아산군지』.

예산군지편찬위원회. 1980. 『예산군지』.

예산군지편찬위원회. 1987. 『예산군지』.

예산군지편찬위원회. 2000. 『예산군지』.

예산군지편찬위원회. 2001. 『예산군지』.

태안군지편찬위원회. 1998. 『태안군지』.

홍성군지편찬위원회. 1990. 『홍성군지』.

≪청양신문≫, 2001. 5. 20.

小倉進平. 1944.『朝鮮語方言の研究』. 東京: 巖波書店.

Jordan, T., M. Domosh & L. Rowntree. 1997. *The Human Mosaic: A Thematic Intro-
　　duction to Cultural Geography*, 7th edition. New York: Longman.

Taylor, G., S. Spencer(eds). 2004. *Social Identities: Multidisciplinary Approach*. Oxon:
　　Routledge.

Woodward, K. 2002. "Concepts of Identity and Difference." K. Woodward(eds). *Identity
　　and Difference*. London: Sage Publication.

제4장 내포의 소멸

『고려사(高麗史)』.

『조선왕조실록(朝鮮王朝實錄)』.

『대동여지도(大東輿地圖)』.

『반계수록(磻溪隨錄)』(柳馨遠).

『증보문헌비고(增補文獻備考)』

『택리지(擇里志)』(李重煥).

『호구총수(戶口總數)』.

건설교통부 국토지리정보원. 2003. 한국지리지 충청도 편.

건설교통부. 2006.『도로현황조서』.

곽호제. 2004.「조선시대~일제시대 내포지역 장시의 형성과 변화」. ≪지방사와 지방문화≫,
　　7(2). 역사문화학회. 101~147쪽.

김대길. 1997.『조선 후기 장시연구』. 국학자료원.

김종혁. 2003.「조선시대 행정구역 복원과 베이스맵 작성」. ≪민족문화연구≫, 38. 고려대
　　학교 민족문화연구원 한국문화연구소. 1~14쪽.

김준식 · 김권수. 1996.「한국 정기시장의 변천에 관한 연구」. ≪산업경제≫, 19(1). 경남대
　　학교 산업경영연구소. 153~171쪽.

김추윤. 1995.『삽교천의 역사문화』. 당진문화원.

노도양. 1979.「내포평야교」.『청파집』. 명지대학교출판부. 245~248쪽.

대천시지편찬위원회. 1994.『대천시지』.

도도로키 히로시(轟博志). 2004a.「20세기 전반 한반도 도로교통체계 변화: '신작로' 건설과
　　정을 중심으로」. 서울대학교 대학원 박사학위 논문.

_____. 2004b.「구한말 '신작로'의 건설과정과 도로교통체계」. ≪문화역사지리학회지≫,
　　39(4). 한국문화역사지리학회. 585~601쪽.

류제헌. 1994.『한국근대화와 역사지리학: 호남평야』. 한국정신문화연구원.

윤규상. 2000. 『이 땅에 남은 마지막 보부상 예덕상무사』. 금오인쇄사.

이재하 · 홍순완. 1992. 『한국의 장시』. 민음사.

이항복. 1999. 『땅과 사람이 만나 서로 빛나는 곳 예산』. 내포문화연구원.

이해경. 1992. 「조선 후기 조세의 금납화와 화폐유통에 관한 연구: 전세를 중심으로」. ≪논 문집≫, 22. 전북대학교산업경제연구소. 265~278쪽.

이헌창. 1986. 「우리나라 근대경사에서의 시장문제」. ≪태동고전연구≫, 2. 한림대학교 태 동고전연구소. 59~90쪽.

_____. 1994. 「조선 후기 충청도지방의 장시망과 그 변동」. ≪경제사학≫, 18(1). 경제사학 회. 1~56쪽.

임병조. 2000. 「조선시대 관료층의 내포지방 정착과정」. ≪문화역사지리≫, 12(2). 한국문 화역사지리학회. 73~96쪽.

임선빈. 2003. 「내포지역의 지리적 특징과 역사문화적 성격」. ≪문화역사지리≫, 15(2). 한 국문화역사지리학회. 21~42쪽.

조성욱. 2006. 「도시주변 면단위 행정구역의 지역변화」. ≪한국지역지리학회지≫, 12(1). 한국지역지리학회. 59~71쪽.

최남선. 1948. 『朝鮮常識(地理篇)』. 동명사.

최완기. 1989. 『조선 후기 선운업사 연구』. 일조각.

최완수. 1997. 「내포의 불교」. ≪내포문화정보≫, 창간호. 내포문화연구원. 53~64쪽.

충청남도. 1962 · 1974. 『충남통계연보』.

_____. 1997. 『충청남도 개도 100년사 1896~1996(하)』.

_____. 2005. 『도정백서』. 신광사.

허수열. 2006. 『호서은행과 일제하 조선인 금융업, 근대이행기 지역엘리트 연구 II』. 충남대 학교 내포지역연구단. 341~389쪽.

홍금수. 2004. 「역사지리학의 기초연구: 호서지방을 사례로」. ≪문화역사지리≫, 16(2). 한 국문화역사지리학회. 1~35쪽.

홍성군지편찬위원회. 1990. 『홍성군지(증보판)』.

Kosis 통계정보시스템.

文定昌. 1941. 『朝鮮の市場』. 日本評論社.

尾西要太郎. 1913. 『鮮南發展史』. 朝鮮新聞社.

鮮交會. 1986. 『朝鮮交通史』. 東京: 三信圖書.

善生永助. 1927. 『朝鮮の人口現象』. 附圖, 朝鮮總督府.

野口保興. 1910. 『續帝國大地誌: 韓國南滿州』. 東京: 日黑書店(노도양. 1979. 재인용).

朝鮮總督府. 1912. 『舊韓國地方行政區域名稱一覽』.

_____. 1919. 『朝鮮地誌資料』. 京城: 日韓書房.

_____. 1926. 『市街地の商圏』.

_____. 1930. 『朝鮮國勢調査報告』.

_____. 1915. 『朝鮮總督府忠淸南道年報』.

_____. 1913 · 1919 · 1923 · 1938. 『朝鮮總督府統計年報』.

_____. 1945. 『朝鮮國勢調査報告』.

統監府. 1908. 『統監府統計年報』.

超智唯七 編. 1917. 『新舊對照朝鮮全道府郡面里洞名稱一覽』. 朝鮮總督府.

湖南日報社. 1932. 『忠淸南道發展史』.

제5장 지역정체성의 형성과 지역의 부활

『여지고(輿地考)』.

『증보문헌비고(增補文獻備考)』.

『택리지(擇里志)』.

곽소연. 2000. 「내포지방 관광개발을 위한 한 제안적 연구」. 공주대학교 대학원 석사학위
    논문.

국토연구원. 2001. 「내포문화권 특정지역 개발 구상 및 지정 타당성 조사연구」. 충청남도.

권병웅. 1999. 「조선 후기 금강문화권과 내포문화권의 음악문화 매카니즘 고찰」. 목원대학
    교 대학원 석사학위 논문.

김연소. 2000. 「내포제시조」. ≪한국전통음악학≫, 1. 한국전통음악학회. 23~38쪽.

김영숙. 2000. 「한말 내포지역 천주교의 교세확장과 향촌사회」. 건국대학교 교육대학원 석
    사학위 논문.

김정연. 2001. 「내포문화권 특정지역 지정 및 개발계획 수립 연구」. 충남발전연구원.

내포문화연구원. 1997~1998. ≪계간 내포 문화정보≫, 창간호~제3호.

당진향토문화연구소. 1988~2005. ≪내포문화≫, 창간호~제17호.

박진희. 2001. 「지역문화재 고찰을 통한 감상지도 방안: 충남의 내포지역을 중심으로」. 한
    국교원대학교 교육대학원 석사학위 논문.

박찬주 · 이차영. 2004. 「내포지역 고등학생의 진학 의식 분석 연구」. ≪내포지역발전연구≫,
    2(1). 한서대학교 내포지역발전연구소. 1~28쪽.

박철희. 2003. 「내포문화권 특정지역 지정 및 개발계획(안) 관련 의견 수렴」. 충남발전연
    구원.

_____. 2004. 「내포문화권 특정지역 개발 및 개발계획(안) 변경 요구」. 충남발전연구원.

_____. 2005. 「내포문화권개발사업 기본계획 연구」. 충남발전연구원.

서종완. 1998. 「조선 후기 내포지역 천주교 박해의 추이」. 공주대학교 교육대학원 석사학위 논문.

서한범. 2004. 「내포제시조의 현황과 확산을 위한 과제」. ≪한국전통음악학≫, 5. 한국전통음악학회. 261~282쪽.

송기영. 1991. 「조선 후기 내포지방의 천주교 전래와 수용에 관한 연구」. 충남대학교 교육대학원 석사학위 논문.

송두범·심문보. 2004. 「특정지역 개발에 관한 사례 연구: 내포문화권 특정지역을 중심으로」. ≪한국토지행정학회보≫, 11(1). 한국토지행정학회. 193~214쪽.

심응섭. 2005. 「한국의 지역문화 활성화 방안에 관한 연구: 내포문화권을 중심으로」. 건국대학교 대학원 박사학위 논문.

예산문화원. 1976~2005. ≪예산문화원보(예산문화)≫, 제1집~제38집.

오석민. 1999. 「내포지방 문화관광 개발을 위한 기초연구」. 충남발전연구원.

_____. 2005. 「내포문화권 개발의 역사·문화적 의의」. 내포문화권 특정지역 개발 활성화를 위한 심포지엄 자료집. 3~44쪽.

오윤희. 1999a. 「내포지방의 매향비」. ≪사학연구≫, 59. 한국사학회. 657~676쪽.

_____. 1999b. 「내포지방의 미륵불 1」. ≪불교어문논집≫, 4. 한국불교어문학회. 85~109쪽.

원재연. 2000. 「오페르트의 덕산굴총사건과 내포 일대의 천주교 박해: 문호개방론과 관련하여」. ≪백제문화≫, 29. 공주대학교 백제문화연구소. 171~187쪽.

이영민. 1999. 「지역정체성 연구와 지역신문의 활용: 지리학적 연구 주제의 탐색」. ≪한국지역지리학회지≫, 5(2). 1~14쪽.

이원순. 2000. 「내포 천주교회사의 의의(기조강연)」. ≪백제문화≫, 29. 공주대학교 백제문화연구소. 143~152쪽.

이인배. 2004. 「내포문화제 성공적 개최 방안에 관한 연구」. 충남발전연구원.

이인화. 1997. 「내포지역 동학농민운동의 전개과정과 그 결과: 충남 당진지역을 중심으로」. 객현연구소.

_____. 2005. 「내포지역 마을제당의 형성시기 및 소멸과정」. ≪내포문화≫, 17. 당진향토문화연구소. 255~288쪽.

_____. 2006. 「충청남도 내포지역 마을제당에 관한 연구: 민속지리적 접근」. 동국대학교 대학원 박사학위 논문.

이재규. 2004. 「내포지역 중소기업의 경영실태 분석: 서산시를 중심으로」. ≪내포지역발전연구≫, 2(1). 한서대학교 내포지역발전연구소. 63~96쪽.

이해준. 1997. 「문화배경과 역사적 변천」. 『도서지 (상)』. 충청남도·한남대학교충청문화연구소. 360~370쪽.

임병조. 2000. 「조선시대 관료층의 내포지방 정착과정에 관한 연구」. 한국교원대학교 대학원 석사학위 논문.

임선빈. 1998. 「충남의 역사문화 관광자원을 찾아서: 내포문화권과 계룡산 문화권」. ≪문화 도시 · 문화복지≫, 47. 한국문화정책개발원. 19~23쪽.

_____. 2000. 「조선 후기 내포지방의 역사지리적 성격: 천주교 전래와 관련하여」. ≪백제문 화≫, 29. 공주대학교 백제문화연구소. 153~170쪽.

_____. 2001. 「내포문화권 특정지역 종합개발사업 기초조사 연구」. 충남발전연구원.

_____. 2003. 「내포지역의 지리적 특징과 역사 · 문화적 성격」. ≪문화역사지리≫, 15(2). 한 국문화역사지리학회. 21~42쪽.

_____. 2005. 「조선 후기 내포지역의 통치구조와 외관: 홍주목을 중심으로」. ≪호서사학≫, 40. 호서사학회. 1~34쪽.

_____. 2006. 「조선 후기 성호가학의 내포지역 확산배경」. ≪성호학보≫, 3. 성호학회. 29~ 59쪽.

임승범. 2005. 「충남 내포지역의 앉은굿 연구: 태안지역을 중심으로」. 한남대학교대학원 석 사학위 논문.

정경희 · 신승미. 2006. 「충남 내포지역의 향토 음식에 대한 대학생의 인지도 및 기호도 조 사 연구」. ≪동아시아식생활학회지≫, 16(3). 동아시아식생활학회. 227~241쪽.

차미숙. 2005. 「내포문화권 특정지역 개발사업의 효율적 추진 방안」. 내포문화권 특정지역 개발 활성화를 위한 심포지엄 자료. 충남발전연구원. 72~97쪽.

채기병. 1994. 「내포지방의 천주교 교우촌 연구」. 고려대학교 교육대학원 석사학위 논문.

채영문. 2003. 「내포지역 문화관광 특성화에 따른 관광도자기념품 개발에 관한 연구」. ≪논 문집≫, 21. 혜전대학. 539~562쪽.

최영준. 1999. 「19세기 내포지방의 천주교 확산」. ≪대한지리학회지≫, 34(4). 대한지리학 회. 395~418쪽.

충남대학교 내포지역연구단. 2006. 『근대이행기 지역엘리트 연구 I, II: 충남 내포지역의 사 례』. 경인문화사.

충청남도. 2004. 『내포문화권 특정지역 지정 및 개발계획』.

_____. 2005. 『도정백서』. 신광사.

하비(Harvey, D.). 1989. *The Condition of Postmodernity: An Enquiry of into the Origins of Cultural Change*. Oxford: Blackwell. 구동회 · 박영민 역. 1994. 『포스트모더니 티의 조건』. 한울.

홍동현. 2003. 「충청도 내포지역의 농민전쟁과 농민군 조직」. 연세대학교대학원 석사학위 논문.

Bloom, W. 1990. *Personal Identity, National Identity and International Relations*. Cambridge: Cambridge University Press.

Jenkins, R. 2000. "Categorization: Identity, Social Process and Epistemology." *Current*

Sociology, 48(3). pp. 7~25.

Jordan, T., M. Domosh, L. Rowntree. 1997. *The Human Mosaic: A Thematic Intro-duction to Cultural Geography*, 7th edition. New York: Longman.

Raagmaa, G. 2002. "Regional Identity in Regional Development and Planning." *European Planning Studies*, 10(1). pp. 55~76.

≪대전일보≫ 2006. 7. 30.

대통령 공고 제134호(1993. 6. 11).

≪무한정보신문≫(1998. 4. 16 ~ 2007. 5. 27).

≪충남도정신문≫ 제403호(2006. 2. 5).

≪충남도정신문≫ 제420호(2006. 8. 15).

충남발전연구원. 2001. 「내포문화의 재조명」(충남발전연구원 제7회 정기 심포지엄 자료).

충남발전연구원·충청남도역사문화원. 2005. 내포문화권 특정지역 개발 활성화를 위한 심포지엄 자료.

홍성내포사랑큰축제추진위원회. 2005. 홍성 내포사랑 큰 축제 행사 기본계획.

http://www.djtimes.co.kr(당진시대), 1996. 1. 15 ~ 2007. 3. 11.

http://www.brtimes.co.kr(보령신문), 2001. 8. 26 ~ 2007. 3. 10.

http:// www.taeannews.co.kr(태안신문), 2002. 12 .21~2007. 2. 28.

http://www. hsnews.kr(홍성신문), 1999. 10. 18 ~ 2007. 3. 10.

http://seocheon .newsk.com(서천신문), 2006. 6. 26 ~ 2007. 2. 28.

http://www.cynews.co.kr(청양신문), 1996. 9. 24~2007. 2. 28.

http://www.cdi.re.kr/cdi/sub01/sub0102.jsp?menu=01(충남발전연구원).

http://www.cnu.ac.kr/%7Ecci/naepo/contents/introduce.htm(내포연구단).

http://festival.naepo.go.kr/festival_2006/html/html_contents.jsp?md1=1&md2=1(내포사랑큰축제).

지은이 임 병 조

충남 홍성에서 출생했다. 공주사범대학 지리교육과를 졸업하고 한국교원대학교(석사, 박사)에서 공부했다. 결성공고, 갈산고, 대천고, 천안두정고 등에서 지리를 가르쳤고 한국교원대학교, 공주교육대학교에서 강의했다. 2008년 대한지리학회 남계논문상을 수상했다. 지금은 천안월봉고등학교 교사로 재직 중이며 한국교원대학교에서 강의하고 있다. 문화·역사지리학, 지역지리학, 지리교육에 관심을 갖고 있다.

주요 논문으로「조선시대 관료층의 내포지방 정착과정」,「ICT를 활용한 전통지리학습」,「지리부도 활용실태에 관한 연구」,「근대 민란의 발생과 자연환경 변화」,「포스트모던 시대에 적합한 지역 개념의 모색: 동일성(Identity) 개념을 중심으로」,「지역정체성의 구성과 제도화: 홍성신문에 투영된 내포 만들기」,「근대화시기 전통지역의 변화: 내포에 대한 역사지리적 접근」 등이 있다.

한울아카데미 1215

지역정체성과 제도화 지역지리학의 새로운 모색: 내포(內浦)지역 연구

ⓒ 임병조, 2010

지은이 | 임병조
펴낸이 | 김종수
펴낸곳 | 도서출판 한울
편집책임 | 박록희

초판 1쇄 인쇄 | 2009년 12월 21일
초판 1쇄 발행 | 2010년 1월 14일

주소 | 413-832 파주시 교하읍 문발리 507-2(본사)
      121-801 서울시 마포구 공덕동 105-90 서울빌딩 3층(서울 사무소)
전화 | 영업 02-326-0095, 편집 02-336-6183
팩스 | 02-333-7543
홈페이지 | www.hanulbooks.co.kr
등록 | 1980년 3월 13일, 제406-2003-051호

Printed in Korea.
(양 장) ISBN 978-89-460-5215-4 93980
(학생판) ISBN 978-89-460-4210-0 93980

* 이 도서는 강의를 위한 학생판 교재를 따로 준비하였습니다.
  강의 교재로 사용하실 때에는 본사로 연락 주십시오.

* 가격은 겉표지에 표시되어 있습니다.